EXPOSITION

DE LA THÉORIE

DES CHANCES

ET

DES PROBABILITÉS

PARIS

TYPOGRAPHIE DE FIRMIN DIDOT FRÈRES

RUE JACOB, 56

EXPOSITION

DE LA THÉORIE

DES CHANCES

ET

DES PROBABILITÉS

PAR M. A. A. COURNOT

INSPECTEUR GÉNÉRAL DES ÉTUDES

Quantominus rationis terminis
comprehendi posse videbantur quæ fortuita
sunt atque incerta, tanto mirabilior ars
censebitur, cui ista quoque subjacent

HUYGENS.

PARIS

LIBRAIRIE DE L. HACHETTE

RUE PIERRE-SARRAZIN, N° 12

1843

PRÉFACE.

Je me suis proposé deux buts dans cet ouvrage : d'abord de mettre à la portée des personnes qui n'ont pas cultivé les hautes parties des mathématiques, les règles du calcul des probabilités, sans lesquelles on ne peut se rendre un compte exact, ni de la précision des mesures obtenues dans les sciences d'observation, ni de la valeur des nombres fournis par la statistique, ni des conditions de succès de beaucoup d'entreprises commerciales ; en second lieu, j'ai voulu rectifier des erreurs, lever des équivoques, dissiper des obscurités dont il m'a paru que les ouvrages des plus habiles géomètres, sur ce sujet délicat, n'étaient point exempts. Comme les erreurs ou les obscurités portent sur les principes du calcul bien plus que sur les déductions purement mathématiques, j'ai pensé que ces deux buts pouvaient se concilier, et que, sans faire un livre exclusivement à l'usage des géomètres, je ne manquerais pas d'occasion de placer des remarques utiles à ceux d'entre eux pour qui cette théorie a de l'attrait, ne fût-ce que comme spéculation purement philosophique.

J'ai donc tâché de faire en sorte que la lecture de cette *Exposition* n'exigeât que la connaissance de l'algèbre élémentaire, ou même, à la rigueur, n'exigeât que la connaissance des notations algébriques, qu'il faudrait remplacer par de longues circonlocutions, aux dépens de la concision et de la clarté. J'ai voulu indiquer les résultats du calcul, en faire comprendre la raison quand cela était possible, mais en m'abstenant généralement d'entrer dans les détails techniques de la démonstration. J'ai rejeté en notes les explications pour lesquelles l'emploi des signes du calcul infinitésimal devenait nécessaire; et, même dans les notes, j'ai plutôt indiqué que démontré les résultats.

Le calcul des probabilités n'a d'importance réelle qu'autant qu'il s'applique à des nombres assez grands pour qu'il faille avoir recours à des formules d'approximation, si l'on veut que les calculs numériques deviennent praticables. J'ai dû faire un usage perpétuel de ces formules, et donner une table à l'aide de laquelle on pourra les appliquer à tous les exemples numériques qui se présenteront, sans qu'il soit besoin pour cela de connaissances autres que celles de l'arithmétique usuelle. La détermination précise de l'approximation que ces formules donnent, et des conditions sous lesquelles on peut en toute sûreté les employer, est un problème très-épineux d'analyse, qui n'a pas encore été, à beaucoup près, complétement résolu, et qu'il ne m'était nullement permis d'aborder. Il arrive, dans la théorie des probabilités, quelque chose d'analogue à ce que présente la théorie mathématique de la chaleur. On sait que, si un corps primitivement échauffé d'une manière quelconque est ensuite soumis à l'action régulière et constante de sources de chaleur ou de froid, la température de chaque point du corps se rapproche graduellement d'un certain état qu'on appelle l'*état final*, où toute trace des irrégularités de l'état initial aurait disparu. Mais, avant d'atteindre à cet état final (ce qui, dans la rigueur mathématique, exigerait un temps infini), la température de chaque point passe par un certain état, qu'on a proposé d'appeler l'*état pénultième*, pendant la durée duquel la loi de variation des températures comporte, sans erreur sensible, une expression mathématique, régulière et simple. De même la théorie des probabilités a pour objet certains rapports numériques qui prendraient des valeurs fixes et complétement déterminées, si l'on pouvait répéter à l'infini les épreuves des mêmes hasards, et qui, pour un nombre fini d'épreuves, oscillent entre des limites d'autant plus resserrées, d'autant plus voisines des valeurs *finales*, que le nombre des épreuves est plus grand. La liaison mathématique entre l'amplitude des oscillations et le nombre des épreuves se simplifie beaucoup lorsque ce dernier nombre a atteint une grandeur convenable; et alors commence un état de choses qu'on peut nommer aussi, par analogie, l'*état pénultième*, soumis à des lois qui sont ce qu'il y a de plus important dans la théorie mathématique des hasards, et l'objet principal de la présente *Exposition*. En géné-

ral, il n'est pas nécessaire que les nombres soient fort
grands pour que les choses se passent comme dans
cet état pénultième. J'ai à plusieurs reprises donné
des exemples qui le montrent; mais je n'ai pas pré-
tendu fixer avec une précision mathématique les
conditions de l'état pénultième; ce qui, au surplus,
aurait plus d'intérêt dans la spéculation que dans la
pratique.

La partie de mon travail à laquelle, je l'avoue,
j'attache le plus de prix, est celle qui a pour objet
de bien faire comprendre la valeur philosophique
des idées de chance, de hasard, de probabilité, et le
vrai sens dans lequel il faut entendre les résultats des
calculs auxquels on est conduit par le développement
de ces notions fondamentales. Les explications que
j'ai données à plusieurs reprises sur l'indépendance
et la solidarité des causes, sur le double sens du mot
de probabilité, qui tantôt se rapporte à une certaine
mesure de nos connaissances, et tantôt à une mesure de la possibilité des choses, indépendamment
de la connaissance que nous en avons : ces explications, dis-je, me semblent propres à résoudre les
difficultés qui ont rendu jusqu'ici suspecte à de
bons esprits toute la théorie de la probabilité mathématique. On y trouvera des définitions, des idées
que je crois neuves, ou qui du moins n'ont jamais
été nettement aperçues. Elles m'ont conduit à envisager la doctrine des probabilités *à posteriori*, et la
plupart des applications qui s'y rattachent, tout autrement que ne l'ont fait des hommes justement célèbres. Je ne crois pas céder à une illusion d'auteur,
en me figurant que les idées que j'émets mériteront

au moins d'être discutées ; qu'elles seront susceptibles d'intéresser, non-seulement les géomètres, mais les philosophes; et qu'en fixant l'attention de ceux qui cultivent cette branche des connaissances humaines, elles pourront contribuer aux perfectionnements qu'on y apportera plus tard.

Le terme de *probabilité* a été la source de tant d'équivoques, que j'avais eu d'abord l'intention de l'éviter tout à fait, pour n'employer, selon les cas, que les expressions de *chances* et de *possibilité;* mais j'ai trouvé ensuite plus d'inconvénients à rejeter un terme tellement consacré par l'usage des géomètres. Je crois d'ailleurs, et j'ai essayé de le montrer, que le mot de *probabilité* a d'autres acceptions, distinctes de celles qui donnent lieu aux calculs des géomètres, mais néanmoins assez voisines de celles-ci pour qu'on ne doive pas les isoler complétement dans une exposition philosophique. Je tâcherai un jour, si les circonstances me le permettent, de développer les idées qui ne sont qu'indiquées dans le dernier chapitre de cet ouvrage. J'ai craint qu'on ne me reprochât, si j'y insistais davantage ici, de trop mêler la métaphysique à la géométrie. *Est modus in rebus.* C'est pourtant à la langue des métaphysiciens que j'ai emprunté sans scrupule les deux épithètes d'*objective* et de *subjective,* qui m'étaient nécessaires pour distinguer radicalement les deux acceptions du terme de *probabilité,* auxquelles s'appliquent les combinaisons du calcul; mais j'y étais autorisé par l'exemple de Jacques Bernoulli.

On trouvera, je l'espère, dans cet ouvrage, un choix d'applications assez variées pour que le lecteur se fasse une juste idée des applications de la théorie des chances, et pour que tous ceux qui cherchent dans la statistique autre chose que des résultats bruts, soient mis sur la voie des applications nouvelles qu'ils pourront être eux-mêmes tentés d'en faire. J'ai donné plus de détails sur deux questions curieuses que j'avais déjà traitées à part : l'une, qui a pour objet la distribution des orbites des comètes dans l'espace ; l'autre, qui porte sur la théorie de la probabilité des jugements, et sur l'application de cette théorie aux documents statistiques publiés en France par l'Administration de la justice. Les personnes compétentes prononceront sur la valeur de la solution que j'ai donnée de la question théorique, en la comparant aux solutions données par d'autres auteurs, et notamment à celle qui fait l'objet principal du grand ouvrage de M. Poisson, publié en 1837 (¹). Quant à l'application à la statistique judi-

_____

(¹) On me pardonnera de transcrire ici, bien moins pour conserver mes droits à la priorité de certaines idées, que comme témoignage d'une amitié dont le souvenir me sera toujours précieux, et aussi comme renseignement sur quelques opinions d'un homme célèbre, relativement au sujet qui nous occupe, la lettre que M. Poisson m'écrivait, en réponse à une autre où je lui soumettais l'esquisse du livre que je publie en ce moment :

Paris, le 26 janvier 1836.

MONSIEUR,

Ce sera avec grand plaisir que je lirai l'ouvrage que vous vous proposez de publier sur la *Doctrine des chances*. Celui que j'achève actuellement n'y sera aucunement un obstacle, et je laisserai encore bien de la marge pour un livre plus complet. J'ai mis entre les mots *chance* et *probabilité* la même différence que vous, et j'ai beaucoup insisté sur cette différence. Quant à votre manière d'envisager la question principale, celle de la probabilité des jugements, je la comparerai à la mienne, lorsque je reverrai et arrêterai définitivement cette

ciaire, j'ai pu faire usage ici, pour la première fois, de données plus précises, dont l'insertion dans les *Comptes généraux* de l'Administration de la justice criminelle, est une conséquence des changements apportés dans l'institution du jury par la loi du 9 septembre 1835.

Je ne terminerai pas cette préface, peut-être trop longue, sans exprimer ici ma reconnaissance à mon excellent ami, M. Bienaymé, inspecteur général des finances, dont les travaux, en matière de statistique et de probabilités, sont bien connus des géomètres. Longtemps occupés à notre insu des mêmes objets d'études, nous nous sommes enfin trouvés rapprochés par une singulière conformité d'idées et de goûts. Il a bien voulu m'aider de ses conseils dans l'impression de mon livre; il a poussé la complaisance jusqu'à en revoir les épreuves et à refaire une partie des calculs numériques. Il l'a fait avec un désintéressement d'autant plus grand qu'il était arrivé depuis longtemps, en partant de considérations d'ailleurs très-différentes de celles qui m'ont guidé, à une théorie des probabilités *à posteriori*, laquelle m'a paru

---

partie de mon ouvrage. Il ne me reste guère que cela à faire, et à copier le tout, pour être en mesure de commencer l'impression. Il y a aussi quelques problèmes dont je placerai la solution dans un dernier chapitre, si je parviens à les compléter de manière que moi, au moins, j'en puisse être content. Enfin, vous trouverez dans cet ouvrage quelques considérations métaphysiques qui vous feront voir que je suis loin de repousser cette partie des connaissances humaines. C'est du Conseil que je vous écris, et la parole allant m'être accordée, je ne peux pas faire une lettre plus longue.

Agréez, Monsieur, l'assurance de mon attachement et de mon entier dévouement.

POISSON.

revenir pour le fond à celle que l'on trouvera dans le chapitre VIII du présent ouvrage. On pourra juger des ressemblances et des différences, s'il se décide à publier ses propres recherches, dans lesquelles je m'empresse de reconnaître dès à présent qu'il aura tout le mérite de l'originalité, et où son habileté à manier l'analyse lui aura fait trouver sans doute bien des choses qui m'ont échappé.

EXPOSITION

DE LA

THÉORIE DES CHANCES

ET

DES PROBABILITÉS.

CHAPITRE PREMIER.

DES COMBINAISONS ET DE L'ORDRE.

---

1. Parmi les idées abstraites que l'esprit humain ne crée pas arbitrairement, mais que la nature même des choses lui suggère, l'idée de *combinaison* est l'une des plus générales et des plus simples. Après avoir considéré isolément des objets individuels, on est amené à concevoir que ces objets, suivant leur nature, se combinent ou se groupent un à un, deux à deux, trois à trois, etc., pour former certains systèmes ou objets complexes, qui peuvent se combiner à leur tour pour former d'autres groupes ou systèmes plus composés, et ainsi de suite.

La théorie des combinaisons, à laquelle les Allemands ont donné le nom de *Syntactique*, est une science abstraite et purement rationnelle, comme la science des nombres et la géométrie. Elle a des connexions intimes avec toutes les branches des mathématiques, et notamment avec l'algèbre : si bien que la perfection ou, comme on dit, l'élégance des formules algébriques consiste à mettre, par une notation bien choisie, la loi des combinaisons dans la plus grande évidence.

Au fond, toute synthèse scientifique s'opère par une suite de combinaisons de certains principes ou faits primordiaux. Sous ce point de vue, la logique, la grammaire générale, la chimie, relèvent de la syntactique aussi bien que l'algèbre. La logique notamment nous offre, dans la théorie des syllogismes, un curieux exemple de synthèse combinatoire. Les logiciens ont toujours donné le précepte de former soigneusement toutes les combinaisons possibles : l'oubli d'une seule d'entre elles suffisant pour détruire la légitimité d'un raisonnement. A la vérité, ils se sont peu occupés de tracer des règles pour opérer d'une manière sûre le recensement complet des combinaisons. Ils ont pensé, non sans fondement, que, dans les cas simples, les règles seraient inutiles, et qu'elles deviendraient d'une application impraticable dans les cas compliqués.

A défaut de procédés systématiques et réguliers, inconnus à la plupart des hommes, ou d'une application trop lente pour les besoins de la pratique, l'art de former des combinaisons et d'en embrasser simultanément un plus ou moins grand nombre, est resté dépendant des aptitudes et des éducations individuelles. On désigne communément dans le monde, sous le nom d'esprits calculateurs, ceux qui possèdent plus éminemment cette puissance de combinaison, et qui l'appliquent à des objets divers; quoique le plus souvent le calcul proprement dit, la supputation des nombres n'y entre pour rien. Le mécanicien, le géomètre, le tacticien, le joueur d'échecs se distinguent, chacun dans une spécialité différente, par leur aptitude à former et à classer des combinaisons; et le sentiment commun admet une affinité entre ces aptitudes, d'ailleurs si variées quant aux objets auxquels elles s'appliquent.

2. Il est aisé de comprendre que les règles en vertu desquelles on serait sûr de former toutes les combinaisons possibles, doivent renfermer implicitement des règles pour calculer le nombre de ces combinaisons, sans qu'on ait besoin de les former une à une, ou de porter l'attention sur chacune d'elles en particulier. Pour prendre l'exemple le plus simple, supposons qu'un chimiste veuille essayer toutes les combinaisons des acides en nombre m, avec les bases en nombre n. Il sera assuré de n'en omettre aucune si, après avoir distingué par des signes ou numéros d'ordre ses acides et ses bases, il combine successivement l'acide n° 1 avec chacune des bases, puis l'acide n° 2 avec chacune de ces mêmes bases, et ainsi de suite. Mais par là même on voit *à priori* que le nombre de tous les essais à faire, ou de toutes les combinaisons abstraitement possibles, est égal au produit mn des deux nombres m et n. Pour peu que m et n soient des nombres considérables, comme 100 ou 200, le produit mn sera un si grand nombre que la formation, ou seulement le dénombrement une à une de toutes les combinaisons possibles, seraient choses impraticables ou d'une fatigante prolixité; tandis qu'il n'y a rien de plus simple et de plus court que l'opération arithmétique qui donne le nombre mn.

Nous verrons que, pour la solution de questions très-importantes et très-curieuses, dont ce livre est destiné à donner une idée, il importe beaucoup de pouvoir assigner le nombre des combinaisons d'une espèce donnée, ou du moins le rapport entre le nombre des combinaisons rangées dans une certaine espèce ou catégorie, et celui des combinaisons qui appartiennent à une catégorie différente : tandis qu'il importe peu et qu'il serait souvent impossible de considérer ces combinaisons une à une. En conséquence on entend plus spécialement par théorie des combinaisons la science qui a pour objet d'assigner le nombre des combinaisons d'une espèce donnée. La syntactique, ainsi réduite à des déterminations de nombres, rentre naturellement dans le cadre des mathématiques, auxquelles nous avons dit qu'elle tient d'ailleurs par d'étroites affinités.

3. Soient des objets quelconques, en nombre m, à combiner entre eux ; et, pour fixer les idées, désignons-les par les lettres

$$a, b, c, \ldots k, l.$$

Pour épuiser les combinaisons deux à deux, ou les combinaisons *binaires* dont ces objets sont susceptibles, on pourra combiner l'objet ou l'élément a avec chacun des $m - 1$ éléments $b, c, \ldots l$; puis l'élément b avec chacun des $m - 1$ éléments $a, c, \ldots l$, et ainsi de suite ; ce qui donnera en tout un nombre de combinaisons exprimé par le produit $m(m-1)$. Mais de cette manière il est évident que chaque combinaison (celle de a et de b par exemple) aura été obtenue deux fois, savoir en combinant d'abord b avec a, puis en combinant a avec b : donc le nombre des combinaisons binaires distinctes sera exprimé par

$$\frac{m(m-1)}{2}.$$

Les combinaisons trois à trois, ou *ternaires*, seront épuisées, si l'on associe successivement chaque combinaison binaire (ab) avec chacun des $m-2$ éléments $c, \ldots k, l$. Par là on obtiendra trois fois la même combinaison (abc), savoir en combinant (ab) avec c, (ac) avec b, et (bc) avec a : donc le nombre des combinaisons ternaires se réduira à

$$\frac{m(m-1)\,(m-2)}{2.3}.$$

Sans avoir besoin de pousser plus loin ce raisonnement, on en conclut, par une induction évidente, que le nombre des combinaisons distinctes entre m éléments pris n à n, a pour valeur le quotient

$$\frac{m(m-1)\,(m-2)\,(m-3)\ldots(m-n+1)}{2.3.4\ldots n}.$$

Ordinairement on donne à ce quotient, pour plus de symétrie, la forme

$$\frac{m(m-1)\,(m-2)\,(m-3)\ldots(m-n+1)}{1.2.3.4\ldots n}; \qquad \text{(A)}$$

de manière que les facteurs soient en nombre n au dénominateur comme au numérateur : les facteurs du numérateur composant la suite descendante des nombres entiers, de m à $m-n+1$ inclusivement, tandis que la série des facteurs du dénominateur se compose de la suite ascendante des nombres entiers, de 1 à n inclusivement.

Si l'on associait à l'idée pure de combinaison celle

de certains rapports d'ordre ou de situation, tellement que la combinaison *ba* dût être réputée différente de *ab*, les combinaisons regardées comme identiques dans le précédent raisonnement, cesseraient de l'être; de sorte que *m* éléments fourniraient $m(m-1)$ combinaisons binaires, $m(m-1)(m-2)$ combinaisons ternaires, et en général

$$m(m-1)(m-2)(m-3)\ldots(m-n+1) \qquad (0)$$

combinaisons *n* à *n*. Les auteurs ne se sont point accordés sur la dénomination à donner à ces combinaisons dans lesquelles on tient compte, non-seulement des éléments associés, mais de l'ordre dans lequel ils sont associés, ou du rôle que joue chaque élément. La dénomination qui nous paraît la plus convenable, en ce qu'elle ne se rattache pas à des considérations trop particulières, est celle de *combinaisons ordonnées.* Par opposition, nous appellerons *combinaisons absolues,* ou simplement *combinaisons,* celles dans lesquelles on ne tient point compte de l'ordre ou du rôle des éléments.

4. Puisque le nombre des combinaisons ordonnées, entre *m* éléments pris *n* à *n*, est exprimé par le produit (0), tandis que le nombre des combinaisons absolues se trouve exprimé par le quotient (A), il faut que le dénominateur du quotient (A) exprime le nombre de tous les changements d'ordre ou de toutes les *permutations* possibles entre *n* éléments. C'est ce qu'il est facile de prouver par un raisonnement direct, qui nous montrera d'ailleurs que la théorie des permutations et de l'ordre en général, n'est au fond que la théorie des combinaisons, présentée sous un autre point de vue.

Supposons, dans un ordre quelconque relatif à l'espace ou au temps, ou même (s'il est permis de le concevoir) indépendant de l'espace et du temps, m places déterminées, désignées, si l'on veut, par les numéros 1, 2, 3, ... m : et supposons en outre deux éléments à placer, a et b. On épuisera tous les *arrangements* [1] possibles, en fixant d'abord l'élément a à la place 1, et en portant successivement l'élément b à chacune des places 2, 3, ... m; puis en fixant a à la place 2 pour faire ensuite occuper successivement par b chacune des places 1, 3, ... m; et ainsi de suite. Par conséquent le nombre des arrangements dont le système des deux éléments est susceptible, a pour expression $m(m-1)$. Si le système comprend un troisième élément c, on prendra un à un chacun des arrangements précédents, tel que celui qui met a à la place 1 et b à la place 2, pour faire ensuite occuper successivement à l'élément c chacune des $m-2$ places 3, 4, ... m. Le nombre des arrangements que comporte le système de 3 choses est donc $m(m-1)(m-2)$; et en général le produit (O) exprime le nombre des arrangements ou permutations d'ordre avec n éléments, le nombre des places

---

[1] Dans les traités élémentaires d'algèbre, où la théorie des combinaisons n'est enseignée qu'en vue de ses applications à l'algèbre, on a coutume maintenant d'appeler *arrangement* ce que nous désignons par *combinaison ordonnée*. Cette dénomination est impropre. *Arranger*, dans la langue commune, signifie mettre des choses dans un certain ordre, et non choisir ou combiner les choses que l'on arrange. La *permutation* est l'opération par laquelle on substitue un arrangement à un autre, les choses arrangées restant les mêmes.

étant toujours m. Ce produit deviendra

$$1.2.3.4\ldots n, \qquad\qquad \text{(N)}$$

si l'on pose $m = n$, ou si le nombre des places devient égal à celui des éléments qu'il s'agit de placer ou
d'ordonner.

On peut supposer que les éléments ordonnés sont des
lettres écrites à la suite les unes des autres, de manière
à former une série de l'espèce de celles que les géomètres nomment *linéaires*; mais cette hypothèse n'a pour
but que de soulager la pensée par l'emploi d'un signe :
car d'ailleurs il n'y a en ceci rien d'essentiel que les notions d'éléments et d'ordre, entendues dans le sens le
plus général. On pourrait imaginer n points distribués
d'une manière quelconque dans l'espace, et n sphères
de rayons divers, dont les centres viendraient successivement coïncider avec chacun de ces points : le produit
(N) indiquerait encore le nombre des arrangements ou
des configurations diverses que le système de ces sphères
est susceptible d'offrir. On pourrait supposer que n personnes remplissent dans une hiérarchie sociale des fonctions différentes, et qu'elles ont la faculté d'échanger
leurs emplois : le nombre (N) indiquerait toujours en
combien de manières peut se modifier la composition
du système hiérarchique.

Cette idée de l'*ordre absolu* peut se restreindre en se
particularisant, et l'on obtient alors un moindre nombre d'arrangements distincts. Par exemple, si n éléments
devaient être rangés dans une série *circulaire*, ou dans
une série périodique, indéfiniment progressive et régres-
sive, et qu'on ne dût pas avoir égard aux lieux absolus
qu'ils occupent, mais seulement à l'ordre suivant lequel

ils se succèdent, le nombre des arrangements distincts se réduirait à

$$1.2.3.4\ldots(n-1).$$

Mais, s'il n'y avait ni droite, ni gauche; si rien ne distinguait l'ordre progressif de l'ordre régressif, il faudrait prendre la moitié du précédent produit.

5. Quand, sur m éléments, on en prend n pour former une combinaison n à n, on partage le groupe total en deux groupes partiels, l'un qui comprend n éléments, l'autre qui en comprend $m-n$, et le quotient (A) indique de combien de manières distinctes ce partage peut s'opérer. Par conséquent ce quotient doit exprimer aussi le nombre de combinaisons distinctes, $m-n$ à $m-n$, et il ne devrait pas changer de valeur, si l'on y remplaçait n par $m-n$. Afin de rendre ceci plus sensible, désignons, pour plus de symétrie, par $m+n$ le nombre total des éléments, par m et n les nombres respectifs d'éléments dans chaque groupe partiel, il faudra remplacer dans le quotient (A) m par $m+n$, et il deviendra

$$\frac{(m+n)(m+n-1)(m+n-2)\ldots(m+1)}{1.2.3.4\ldots n}.$$

Il est permis de multiplier les deux termes de cette expression fractionnaire par le produit $1.2.3.\ldots m$, ce qui n'en changera pas la valeur, et ce qui la mettra sous la forme

$$\frac{1.2.3\ldots(m+n)}{1.2.3\ldots m.1.2.3\ldots n} \qquad \text{(B)}$$

Comme les lettres m et n entrent symétriquement dans l'expression (B), il est parfaitement évident qu'elle ne change pas de valeur, quand on y change m en n, et réciproquement.

On aurait pu obtenir directement cette expression (B) par des considérations prises dans la théorie de l'ordre. En effet, étant donné un système de $m + n$ places, concevons-le décomposé en deux systèmes ou groupes partiels A, B : l'un qui comprend m places, l'autre qui en comprend n. Le nombre des arrangements distincts, que pourront présenter $m + n$ éléments, sera $1.2.3....$ $(m + n)$; mais, si l'on n'a en vue que le partage des éléments entre les deux groupes partiels A, B, il ne faudra plus regarder comme distincts les arrangements qui ne diffèrent que par des permutations d'ordre dans le groupe A, ou par des permutations d'ordre dans le groupe B; d'où il suit qu'il faudra diviser le produit précédent, d'abord par le produit $1.2.3.... m$, et ensuite par le produit $1.2.3.... n$.

La même question d'ordre peut être présentée d'une autre manière. Si l'on a m lettres A et n lettres B, le quotient (B) exprimera en combien de manières distinctes on peut les placer les unes à la suite des autres : car, lorsque l'on considère toutes ces lettres comme individuellement distinctes, le nombre des permutations est $1.2.3.... (m + n)$; et dans le cas contraire il faut regarder comme identiques les arrangements qui ne diffèrent que par des transpositions d'ordre dans le groupe des lettres A ou dans celui des lettres B.

Si les lettres A et B désignent respectivement des événements de même nature, et qui se succèdent, le quotient (B) exprimera le nombre des modes de succession distincts, quand le nombre des événements A doit être égal à m, et celui des événements B égal à n.

L'analogie indique suffisamment que, s'il s'agissait de partager un groupe total de $m+n+p$ éléments en trois groupes partiels, comprenant respectivement m, n et p éléments, le quotient

$$\frac{1.2.3\ldots(m+n+p)}{1.2.3\ldots m.1.2.3\ldots n.1.2.3\ldots p}$$

exprimerait en combien de manières distinctes ce partage peut s'opérer; qu'il exprimerait pareillement combien de séries distinctes on peut former avec m lettres A, n lettres B, p lettres C; et ainsi de suite. Il est inutile d'insister sur des généralisations qui se présentent d'elles-mêmes.

Les produits de la forme $1.2.3\ldots n$ revenant sans cesse dans la théorie de l'ordre et des combinaisons, et par suite dans les applications de cette théorie à d'autres branches des mathématiques, les analystes leur ont donné le nom de *factorielles*, et se sont attachés à en étudier les propriétés. Les nombres (B), donnés par une certaine combinaison arithmétique de trois factorielles, jouissent aussi de propriétés qui ont été étudiées soigneusement. On a vu que les propriétés de ces nombres se rattachent à celles de certaines *fonctions* qui se présentent dans la haute analyse, et que l'on connaît maintenant sous la dénomination de *fonctions eulériennes*, du nom d'Euler qui en a fort avancé la théorie. Mais la nature de notre ouvrage ne nous permet que d'indiquer à certains lecteurs ces liaisons du sujet qui nous occupe avec d'autres spéculations abstraites, d'une application moins immédiate.

6. Si les mêmes éléments pouvaient être répétés dans les combinaisons (comme les lettres dans les combinai-

sons alphabétiques, les chiffres dans les combinaisons numérales), les factorielles se trouveraient remplacées par les puissances des nombres. Ainsi, avec m lettres

$$a, b, c, \ldots k, l,$$

on formera de la sorte m^2 combinaisons deux à deux

$$aa, ab, ac, \ldots ak, al; \quad ba, bb, bc, \ldots bk, bl; \text{ etc.,}$$

qui diffèrent toutes les unes des autres, ou par les lettres employées, ou par l'ordre dans lequel elles sont écrites. On formerait avec les mêmes lettres m^3 combinaisons trois à trois, et plus généralement m^n combinaisons n à n. Ce nombre devra être remplacé par

$$\frac{m(m+1)\,(m+2)\ldots(m+n-1)}{1.2.3\ldots n}, \qquad \text{(C)}$$

si l'on n'a égard qu'aux combinaisons absolues, ou si l'on cesse de considérer comme distinctes les combinaisons formées des mêmes éléments, mais différemment ordonnés. Au lieu de l'expression (C) on peut écrire, conformément à la remarque du n° précédent,

$$\frac{1.2.3\ldots(m+n-1)}{1.2.3\ldots(m-1).1.2.3\ldots n}.$$

Ainsi, quand on projette deux dés à jouer, chacune des six faces du premier dé peut se combiner avec chacune des six faces de l'autre dé, aussi bien avec la face similaire qu'avec les autres, ce qui donne un nombre de combinaisons exprimé par le carré de 6 ou par 36; mais si l'on n'a égard qu'aux points amenés, par exemple *deux et trois*, sans examiner si le point *deux* se trouve sur le premier dé et le point *trois* sur le second, ou inversement, le nombre des coups distincts se réduira à

$$\frac{6.7}{1.2} = 21.$$

Avec trois dés, le nombre des combinaisons ordonnées s'élèverait à $6^3 = 216$, et celui des combinaisons absolues ou des coups distincts serait seulement

$$\frac{6.7.8}{1.2.3} = 56.$$

7. Ce qui précède indique suffisamment le lien qui rattache la théorie des combinaisons à l'une des quatre opérations fondamentales du calcul, à celle qui prend le nom de *multiplication*.

Cette opération en effet a cela de caractéristique, que, si l'on considère chaque facteur comme complexe, ou comme formé par l'addition de parties ou de *termes*, le produit total est la somme des produits partiels qu'on obtient en multipliant chaque terme de l'un des facteurs par chaque terme de l'autre. Donc, si l'on a deux nombres entiers m et n que l'on peut considérer, le premier comme l'agrégat de m unités, le second comme l'agrégat de n unités, le produit mn contiendra autant de produits partiels 1×1, c'est-à-dire autant d'unités que l'on peut former de combinaisons binaires en prenant un élément dans une série qui en contient m, pour l'associer à un autre élément pris dans une seconde série qui en contient n.

De là résulte immédiatement la preuve de ce théorème, le premier qu'on rencontre dans la théorie des nombres : Le produit de deux nombres ne change pas, quel que soit celui que l'on considère comme multiplicande ou comme multiplicateur. On en conclut aisément que le produit d'un nombre quelconque de facteurs ne change pas, quelque permutation qu'on opère dans l'ordre des facteurs.

Il suit encore de là que la multiplication algébrique du polynôme

$$a + b + c + \text{etc.}$$

par le polynôme

$$a' + b' + c' + \text{etc.}$$

amènera toutes les combinaisons binaires que l'on peut former, en prenant une lettre dans la série a, b, c, etc., pour l'associer à une autre lettre prise dans la série a', b', c', etc. De là le nom de *produits différents*, donné par les algébristes aux combinaisons *absolues*, pour les distinguer des combinaisons *ordonnées*.

Lorsqu'on ordonne par rapport aux puissances de x, en commençant par la plus haute, le développement du produit

$$(x + a)\,(x + b)\,(x + c)\ldots(x + k)\,(x + l),$$

dont les facteurs binômes sont en nombre m, le coefficient de x^{m-1} est la somme des m quantités

$$a, \; b, \; c, \ldots k, \; l;$$

le coefficient de x^{m-2} est la somme des produits différents qu'on peut former avec ces m quantités, en les combinant deux à deux; le coefficient de x^{m-3} est la somme des produits différents qu'on peut former avec ces m quantités, combinées trois à trois, et ainsi de suite, jusqu'au terme indépendant de x, qui est le produit de ces m quantités.

Quand on suppose toutes les quantités a, b, c, etc., égales entre elles, leur somme est remplacée par $m\,a$; la somme de leurs produits deux à deux est remplacée par

$$\frac{m(m-1)}{1.2} a^2;$$

la somme de leurs produits trois à trois est remplacée par

$$\frac{m(m-1)(m-2)}{1.2.3} a^3;$$

et ainsi de suite; de manière que le quotient (A) exprime le coefficient numérique du terme $a^n x^{m-n}$ dans le développement de $(x + a)^m$.

La formule de ce développement, qui est fondamentale en algèbre, est appelée la formule du *Binôme de Newton*, du nom du grand géomètre qui l'a découverte. Un peu avant Newton, Pascal avait donné, dans la construction de son *triangle arithmétique*, l'équivalent de cette formule, mais sans l'écrire en algèbre, et en se privant ainsi des avantages immenses attachés à l'emploi de l'écriture algébrique (¹).

Les coefficients de la formule du binôme reparaissent dans une foule d'autres formules qui jouent un rôle

---

(¹) Les premières traces de la théorie des combinaisons se trouvent dans la correspondance de Pascal et de Fermat (*OEuvres de Pascal*, t. IV de l'édition de 1819, p. 360 et suiv.), et dans l'opuscule de Pascal intitulé : *Usage du triangle arithmétique pour les partis de jeu* (*ibid.* t. V, p. 31). On ne peut pas oublier que la glorieuse carrière de Leibnitz s'est ouverte par sa thèse sur les combinaisons (*Disputatio arithmetica de complexionibus*), soutenue dans l'Université de Leipzig, le 7 mars 1666. On retrouve dans toutes les parties du système philosophique de ce grand homme, et notamment dans ses vues sur une *Caractéristique universelle*, des traces de ces premières spéculations de sa jeunesse.

considérable dans les parties supérieures de l'analyse. La raison de ces analogies est facile à saisir : elle tient évidemment à ce que la loi des coefficients est donnée par une règle de synthèse combinatoire, tout à fait indépendante de la nature des opérations de calcul que chaque combinaison représente, ou de l'idée accessoire de multiplication qui vient s'associer, dans les éléments d'algèbre, à l'idée abstraite de combinaison.

8. La formule du binôme

$$(x+a)^m = x^m + \frac{m}{1}ax^{m-1} + \frac{m(m-1)}{1.2}a^2 x^{m-2} + \text{etc}\ldots + a^m, \quad (1)$$

donne, quand on pose $x = 1$, $a = 1$, et qu'on fait passer le premier terme du second membre dans le premier,

$$2^m - 1 = \frac{m}{1} + \frac{m(m-1)}{1.2} + \frac{m(m-1)(m-2)}{1.2.3} + \ldots + 1. \quad (2)$$

Donc, le nombre de toutes les combinaisons possibles entre m éléments, quand on les prend un à un, deux à deux, trois à trois, etc., et enfin tous ensemble, est égal à $2^m - 1$. Posons, dans la formule (1), $x = 1$, $a = -1$, faisons passer le premier terme du second membre dans le premier, et changeons tous les signes : il viendra

$$1 = \frac{m}{1} - \frac{m(m-1)}{1.2} + \frac{m(m-1)(m-2)}{1.2.3} - \frac{m(m-1)(m-2)(m-3)}{1.2.3.4} + \text{etc.} \quad (3)$$

La partie positive du second membre de cette dernière équation est la somme des nombres de combinaisons *d'ordre impair*, ou des combinaisons un à un, trois à trois, cinq à cinq, etc. La partie négative est la somme des nombres de combinaisons *d'ordre pair*, ou des combinaisons deux à deux, quatre à quatre, etc. Si l'on ajoute membre à membre les équations (2) et (3), la somme des combinaisons d'ordre pair disparaîtra, et l'on trouvera la somme des combinaisons d'ordre impair égale à la moitié de 2^m, ou à 2^{m-1}. En conséquence, le nombre des combinaisons d'ordre pair est égal à $2^m - 1 - 2^{m-1} = 2^{m-1} - 1$. Le nombre des combinaisons d'ordre impair surpasse donc toujours d'une unité celui des combinaisons d'ordre pair, quel que soit le nombre m, pair ou impair. On a trouvé singulier ce fait de calcul, et l'on en a voulu donner des raisons *à priori*, qui sont sans fondement, comme nous l'avons fait voir ailleurs en traitant une question plus générale ([1]).

9. Nous terminerons par quelques exemples numériques cette exposition bien succincte des principes les plus généraux de la théorie des combinaisons. Tout le monde sait que l'ancienne *Loterie de France* comprenait 90 numéros, dont 5 sortaient à chaque tirage. Ces 90 numéros donnaient :

90 *extraits*, ou combinaisons un à un,

$$\frac{90.89}{1.2} = 4005 \; ambes, \text{ ou combinaisons deux à deux,}$$

$$\frac{90.89.88}{1.2.3} = 117\,480 \; ternes, \text{ ou combinaisons trois à trois,}$$

$$\frac{90.89.88.87}{1.2.3.4} = 2\,555\,190 \; quaternes, \text{ ou combinaisons quatre à quatre,}$$

$$\frac{90.89.88.87.86}{1.2.3.4.5} = 43\,949\,268 \; quines, \text{ ou combinaisons cinq à cinq;}$$

([1]) *Bulletin des sciences mathématiques*, de Férussac, t. XI, p. 93. 1829.

tandis que les 5 numéros du tirage offraient :

5 extraits, $\dfrac{5.4}{1.2} = 10$ ambes, $\dfrac{5.4.3}{1.2.3} = 10$ ternes,

$$\dfrac{5.4.3.2}{1.2.3.4} = 5 \text{ quaternes,}$$

et enfin un quine; de sorte qu'il n'y avait, pour celui qui prenait 3 numéros à la loterie, que 10 combinaisons sur 117 480 qui pussent lui faire gagner un terne, et ainsi de suite.

L'opération qu'on appelle *donner*, au jeu de piquet, revient à distribuer 32 cartes en quatre groupes, deux de chacun 12 cartes, qui sont pris respectivement par chaque joueur, et deux autres groupes, l'un de cinq, l'autre de trois cartes, qui forment ensemble le *talon*. Le nombre des combinaisons auxquelles peut donner lieu cette distribution en quatre groupes partiels, a pour expression

$$\frac{1.2.3 \ldots 32}{1.2.3 \ldots 12.1.2.3 \ldots 12.1.2.3.4.5.1.2.3}$$
$$= 2^7.3^2.5^2.7^2.13^2.17.19.23.29.31 = 1\ 592\ 814\ 947\ 068\ 800.$$

À cause de l'énormité de ce nombre, et vu la date assignée à l'invention des cartes à jouer, on s'assure par des calculs bien simples qu'il s'en faut de beaucoup que les cartes aient pu être données au jeu de piquet de toutes les manières possibles. D'ailleurs, comme les mêmes séries de cartes, qui ne diffèrent que par un changement de *couleur*, ont la même valeur au jeu de piquet, on peut regarder comme identiques les distributions qui ne diffèrent que par une permutation entre les couleurs, ce qui réduit considérablement le nombre des combinaisons distinctes.

Parmi toutes les combinaisons dont le nombre vient d'être donné, si l'on ne considérait que celles où les quatre as se trouvent à la fois dans l'un des paquets de douze cartes, par exemple dans celui que doit relever le joueur en premier, on en trouverait le nombre en imaginant que les quatre as sont mis à part, et que les 28 cartes restantes sont distribuées de toutes les manières possibles en quatre groupes ou paquets, le premier de 8 cartes pour le joueur en premier, le second de 12 cartes pour le joueur qui donne, les deux autres de 5 et de 3 cartes pour le talon. Le nombre cherché a donc pour expression

$$\frac{1.2.3\ldots 28}{1.2.3\ldots 8.1.2.3\ldots 12.1.2.3.4.5.1.2.3}$$
$$= 21\,925\,567\,263\,600.$$

Le rapport de ce nombre au nombre trouvé plus haut est évidemment

$$\frac{9.10.11.12}{29.30.31.32} = \frac{99}{7192} = 0,0137653;$$

et ce rapport peut être commodément calculé, sans qu'on ait besoin de former deux nombres, l'un et l'autre si considérables.

10. On a pu voir par ces exemples avec quelle rapidité croît le nombre des combinaisons, pour peu que le nombre des choses à combiner croisse lui-même. Bientôt il devient impossible, non-seulement de former ou d'examiner ces combinaisons une à une, mais même d'effectuer les opérations de calcul desquelles dépend la détermination arithmétique du nombre des combinaisons. Supposons une assemblée composée, comme l'est maintenant en France notre Chambre des Députés, de

459 membres, que le sort répartit en 9 bureaux, chacun
de 51 membres. Le nombre des distributions possibles
a pour expression

$$\frac{1.2.3\ldots459}{(1.2.3\ldots51)^9}; \qquad\qquad (x)$$

mais le calcul de ce nombre, par les procédés de l'arithmétique ordinaire, serait une opération impraticable
ou d'une excessive longueur. Avec des tables de logarithmes, ou plutôt de sommes de logarithmes, comme
on en a calculé spécialement pour cet objet ([1]), on peut
déterminer, au moins jusqu'aux décimales du 12e ordre, le logarithme du nombre (x), que l'on trouve
égal à

428, 445 125 155 760...

Ceci nous apprend que le nombre (x), exprimé dans
notre système de numération décimale, aurait 429 chiffres ou figures : les premiers chiffres sur la gauche,
qui expriment les plus hautes unités, étant 278692....;
de sorte qu'il tombe entre le nombre exprimé par les
chiffres 278692, suivis de 423 zéros, et le nombre exprimé par les chiffres 278693, suivis aussi de 423 zéros.

([1]) Tabularum ad faciliorem et breviorem probabilitatis com-
putationem utilium enneas; auct. *Degen;* Havniac, 1824.

CHAPITRE II.

DES CHANCES ET DE LA PROBABILITÉ MATHÉMATIQUE.

—

11. Nous avons déjà annoncé [2] (¹) que la théorie des combinaisons s'applique principalement aux cas où des combinaisons très-multipliées peuvent se distribuer, sous un certain point de vue, en un petit nombre de catégories différentes : de sorte qu'on ait seulement intérêt à connaître combien de combinaisons, sur le nombre total, viennent se ranger dans une catégorie, et combien dans une autre.

Par exemple, lorsqu'un joueur se met au jeu avec la résolution de jouer un nombre déterminé de parties, tel que trente, le nombre des hypothèses ou des combinaisons auxquelles donne lieu la succession incertaine des pertes et des gains [8], est égal à 2^{30} ou au nombre 4 194 304. Mais d'un autre côté il est clair que le nombre des parties gagnées ou perdues en fin de compte est tout ce qui intéresse le joueur; en sorte qu'il doit comprendre dans une même catégorie toutes les combinaisons où le nombre final est le même, et qui ne diffèrent l'une de l'autre que par l'ordre suivant lequel les parties gagnées ou perdues se succèdent. Il n'y a plus

_____

(¹) Les chiffres entre crochets [ ] indiquent les nᵒˢ du texte auxquels on renvoie.

alors évidemment que 31 hypothèses distinctes, comme
on le conclurait d'ailleurs de la formule (C) du n° 6. Il
en serait autrement, si la somme dont le joueur dispose
pouvait être absorbée par des pertes consécutives qui
l'empêcheraient de jouer le nombre de parties fixé à
l'avance : l'ordre de succession cesserait d'être indifférent, et de là dériverait la nécessité de distribuer les
combinaisons possibles en un plus grand nombre de
catégories distinctes.

En général, dans les jeux dits de hasard, la forme
du jeu détermine un certain nombre de combinaisons
ou d'hypothèses qui toutes peuvent se réaliser, sans qu'on
ait aucune raison de supposer à l'avance que l'une se
réalisera plutôt que l'autre. Ces hypothèses ou combinaisons se nomment des *chances*, et viennent naturellement se distribuer en deux catégories : celles qui sont
favorables au joueur ou qui le font gagner; celles qui
lui sont défavorables ou qui le font perdre. Il est clair
que l'intérêt du joueur, de ceux qui s'associent à ses espérances et à ses craintes, n'est pas d'énumérer ou
d'examiner une à une toutes les chances possibles, opération qui deviendrait presque toujours impraticable,
mais de pouvoir directement calculer combien il y a de
chances favorables et combien de chances contraires.

12. Il est même aisé de voir que le joueur connaî-
trait tout ce qu'il lui importe de connaître, s'il pouvait
seulement calculer le rapport du nombre des chances
favorables au nombre des chances contraires, ou, ce
qui revient au même, le rapport du nombre des chances
favorables au nombre total des chances. Cette proposition
revient à dire qu'il est indifférent pour le joueur que le
nombre des chances favorables et celui des chances con-

traires augmentent ou diminuent, pourvu que ces nombres augmentent ou diminuent proportionnellement.

Quoique la proposition énoncée puisse passer pour une de ces notions fondamentales qu'on risque d'obscurcir en voulant les développer, voici une image physique à laquelle il est permis de recourir, à l'exemple de Laplace, afin d'en rendre au besoin la vérité plus sensible.

Concevons deux urnes : l'une qui renferme 20 billets blancs et 15 billets noirs, l'autre qui renferme 40 billets de la première couleur et 30 de la seconde. L'extraction d'un billet blanc fera gagner le joueur, celle d'un billet noir le fera perdre. Cela supposé, nous disons qu'il est indifférent au joueur que le tirage se fasse dans la première urne ou dans la seconde. Car on peut imaginer tous les billets blancs de la seconde urne, comme aussi les billets noirs, réunis deux à deux par des fils, de manière à former 20 couples blancs et 15 noirs. Il en résultera que la main qui viendra saisir et extraire un billet, en entraînera un autre de même couleur ; mais cela ne changera rien aux chances que l'on a de mettre la main sur un billet blanc ou sur un noir. D'un autre côté, n'est-il pas évident qu'en vertu des liaisons établies par les fils, le tirage dans la première urne équivaut parfaitement au tirage dans la seconde, chaque couple de celle-ci remplaçant un billet simple de l'autre ? Si l'on niait cette proposition, autant vaudrait dire que les conditions du tirage changeraient, suivant qu'on emploierait des billets non pliés, ou tous pliés de la même manière.

Concluons donc que, lorsqu'il s'agit d'un événement aléatoire, ce qu'on a intérêt à connaître, ce n'est point le nombre total des chances, ni le nombre absolu des chances favorables ou contraires à l'apparition de l'événement, mais seulement *le rapport du nombre des chances favorables à l'événement, au nombre total des chances*, rapport qui reste le même quand ses deux termes varient proportionnellement. Il faut donner à ce rapport un nom qui dispense d'en reproduire sans cesse la définition : on l'appelle la *probabilité mathématique,* ou simplement la *probabilité* de l'événement.

13. Par cette substitution du calcul d'un rapport au calcul des deux termes de ce rapport, la théorie des combinaisons subit une transformation et reçoit une extension dont il faut bien apprécier l'importance.

On a vu dans le premier chapitre combien croissent rapidement, avec le nombre des éléments à combiner, les nombres donnés par les formules de la synthèse combinatoire. Bientôt ces formules conduisent à des calculs inexécutables, et cependant on conçoit que la valeur approchée du rapport de deux nombres incalculables, ne dépendant sensiblement que des chiffres qui expriment les plus hautes unités de l'un et de l'autre nombre, peut encore être susceptible d'évaluation.

Par exemple, nous avons trouvé [9] pour le nombre total des combinaisons auxquelles donne lieu la distribution des cartes au jeu de piquet,

$$1\ 592\ 814\ 947\ 068\ 800\,,$$

et pour le nombre des combinaisons qui donnent les quatre as au joueur en premier, avant qu'il n'aille aux cartes,

$$21\ 925\ 567\ 263\ 600.$$

Ces deux nombres, quoique déjà très-considérables,

ont pu être déterminés par un calcul qui n'est pas trop laborieux; et leur rapport exact

$$\frac{99}{7192} = 0,0137653$$

(ou la *probabilité* que le joueur en premier relèvera les quatre as dans son paquet) a pu être calculé sans qu'on ait eu besoin d'effectuer le calcul de l'un et de l'autre nombre. Mais supposons qu'on n'ait pas eu cette facilité, et que, par un calcul de logarithmes, semblable à celui qui a été indiqué au n° 10, on ait trouvé pour l'expression approchée du premier nombre les chiffres 15928 suivis de onze zéros, pour celle du second nombre les chiffres 219 suivis pareillement de onze zéros : on en conclura que la probabilité de la levée des quatre as par le joueur en premier a sensiblement pour valeur la fraction

$$\frac{219}{15928},$$

laquelle, convertie en décimales, donne 0,0137169, et se confond par conséquent avec la valeur exacte, à moins d'un dix-millième près.

Le calcul des probabilités se compose en quelque sorte tout entier d'artifices analogues, auxquels on est conduit par l'introduction de la probabilité mathématique dans la théorie des combinaisons, et qui multiplient singulièrement les applications de cette théorie. Cependant, plus les questions se compliquent, plus ces artifices exigent de sagacité et de savoir dans l'analyse mathématique. En général, les obstacles que rencontrent les applications des sciences exactes naissent, ou de la nature même des choses, qui les rend inaccessibles à nos calculs, ou de la longueur et de la complication des calculs qui les rendent impraticables pour nous, après que nous en avons conçu la théorie. Ce sont principalement des obstacles de cette dernière espèce qui se présentent dans le calcul des probabilités ; et c'est pour vaincre ces difficultés de pure exécution, que les analystes ont dû employer toutes les ressources que leur offrait le perfectionnement de l'analyse. La nature de cet ouvrage ne nous permet point d'exposer leurs méthodes : mais il était à propos de donner au moins une idée du but vers lequel elles tendent essentiellement ([1]).

14. Non-seulement les chances ou les combinaisons

([1]) Si l'on devait calculer le logarithme d'un produit

$$1.2.3\ldots x,$$

par l'addition des logarithmes de ses facteurs, il faudrait, pour peu que le nombre x fût considérable, et qu'on tînt à une certaine précision, employer des logarithmes calculés avec beaucoup plus de décimales que n'en donnent les tables ordinaires ; et l'addition deviendrait une opération très-laborieuse. On en est heureusement dispensé au moyen d'une formule très-remarquable, due à Stirling, et qui rentre dans une autre formule beaucoup plus générale, qu'Euler a donnée pour la conversion des sommes en intégrales et des intégrales en sommes. La formule de Stirling est

$$\log(1.2.3\ldots x) = \log \sqrt{2\pi} + \left(x + \frac{1}{2}\right) \log x$$

$$- x + \frac{1}{12x} - \frac{1}{360x^3} + \frac{1}{1260x^5} - \text{etc.} \qquad (1)$$

Dans cette formule la caractéristique *log* désigne des logarithmes népériens ; pour qu'elle s'appliquât à des logarithmes vulgaires, il faudrait multiplier par le module des tables 0,4342945... les termes écrits en seconde ligne, où il n'entre pas de logarithmes.

se multiplient prodigieusement avec le nombre des éléments combinés; mais les choses mêmes à combiner,

---

C'est par le secours de cette formule qu'ont été construites les tables indiquées dans la note sur le n° 10.

La formule de Stirling peut être considérée comme le type de toutes celles qui servent dans les applications numériques de la théorie des probabilités. Toutes ont cette propriété singulière et caractéristique d'engendrer des séries dont les termes successifs décroissent d'abord très-rapidement, dès que le nombre entier qui y figure comme variable est seulement de l'ordre des dizaines, et finissent toujours par prendre, quoique très-lentement, des valeurs croissantes; ce qui suffit pour ranger les séries dont il s'agit dans la classe des séries divergentes. Des séries de cette classe peuvent néanmoins être employées avec sûreté, pour le calcul numérique des fonctions dont elles sont le développement, si l'on est à même d'assigner des limites supérieures à l'erreur commise quand on les arrête à un terme de rang quelconque, et si ces valeurs limites sont de l'ordre des quantités qu'on est autorisé à négliger. On a effectivement assigné de telles limites pour la série de Stirling; mais en général ces valeurs limites surpassent beaucoup trop l'erreur commise; elles ne donnent pas une juste idée de l'approximation obtenue, et semblent exiger, ou qu'on prenne dans la série plus de termes qu'il n'en faut en réalité, ou qu'on attribue à x des valeurs plus grandes que celles qui suffisent effectivement. Cette grave imperfection entache plus ou moins toutes les formules analogues employées dans la théorie des probabilités. On peut dire qu'elles tiennent plus qu'elles ne promettent, en ce sens qu'elles donnent une approximation suffisante dans des cas où l'on n'a pas pu jusqu'ici démontrer, comme l'exigerait la rigueur mathématique, que l'approximation suffit.

Prenons $x = 10$: le produit $1.2.3...10$ est le nombre 3 628 800, et son logarithme vulgaire est 6,559 7630... Si l'on arrête la série (1) au terme $\dfrac{1}{12x}$, en négligeant les termes affectés

et à plus forte raison les combinaisons, peuvent être en nombre infini et non assignable : ce qui n'empêche pas que, si on les distribue en deux catégories, les nombres de combinaisons de chaque catégorie, en devenant infinis et non assignables, conservent entre eux un rapport fini et assignable. Comme il s'agit ici d'une notion fondamentale, nous voudrions l'éclaircir par un exemple, de manière à la faire bien saisir par tous nos lecteurs.

Supposons que A B (*fig.* 1) soit une bande de billard, à laquelle nous donnerons, pour fixer les idées, la longueur d'un mètre. Concevons-la d'abord divisée en dix parties égales par des traits menés à la distance d'un décimètre, et distinguons ces parties par une

---

de plus hautes puissances de $\frac{1}{x}$, on trouve pour le logarithme cherché 6,559 7642 : l'erreur surpasse à peine un millionième, et elle est sans influence sur les cinq chiffres significatifs du nombre entier donné plus haut.

On tire de l'équation (1) cette autre formule

$$1.2.3\ldots x = \sqrt{2\pi}.x^{x+\frac{1}{2}}\,e^{-x}\left(1 + \frac{1}{12x} + \frac{1}{288x^2} + \text{etc.}\right).$$

Si l'on s'en sert pour calculer le rapport

$$\frac{1.2.3\ldots 28.1.2.3\ldots 12}{1.2.3\ldots 32.1.2.3\ldots 8},$$

qui exprime la probabilité, au jeu de piquet, que le joueur en premier relèvera les quatre as, on trouvera d'abord, en réduisant à l'unité la série comprise entre parenthèses, 0,013807 : l'erreur est seulement $\frac{1}{335}$ de la vraie valeur. En conservant le terme $\frac{1}{12x}$, on trouvera, jusqu'au chiffre des dix-millionièmes inclusivement, l'expression exacte 0,0137653.

série de n°ˢ 1, 2, 3, ...10, ainsi qu'on le voit sur la figure. On lance au hasard une bille qui va frapper la bande en un point; et si ce point tombe, par exemple, dans l'espace numéroté 7, on dira qu'on a amené le point 7. La bille étant lancée de cette manière deux fois de suite, la différence des points amenés pourra varier de 0 à 9 inclusivement : on demande la probabilité d'obtenir une différence qui ne soit pas moindre que 3. Le nombre des chances ou des combinaisons de points qui peuvent se présenter, sans qu'on ait (par hypothèse) aucune raison de supposer que l'une se présentera plutôt que l'autre, est le carré de 10 ou 100 : sur quoi il y en a 44 qui donnent une différence de points moindre que 3. En conséquence la probabilité demandée est exprimée par la fraction 0,56.

Supposons la même bande A B divisée en cent parties par des traits menés à la distance d'un centimètre : chacun des deux points amenés pourra varier de 1 à 100, et la probabilité que leur différence ne sera pas inférieure à 30, deviendra 0,497.

Si la bande était divisée en mille parties par des traits menés à la distance d'un millimètre, chacun des deux points amenés pourrait varier de 1 à 1000, et la probabilité que leur différence ne serait pas moindre que 300, deviendrait 0,4907.

En suivant toujours la même progression, les valeurs des probabilités deviendraient successivement

$$0,49007; \quad 0,490007; \text{ etc.};$$

et l'on voit que ces valeurs tendraient sans cesse à se rapprocher de la fraction 0,49, dont elles ne différe-

raient bientôt que par une fraction d'une extrême petitesse.

Posons maintenant la question d'une autre manière,
et, sans imaginer de traits de division sur la bande,
supposons qu'à chaque fois on mesure la distance de
l'extrémité A au point où la bille vient la frapper, et
qu'on demande la probabilité que la différence des deux
longueurs ainsi obtenues ne tombera pas au-dessous des
trois dixièmes de la longueur de la bande.

Il est clair que, dans cette manière de poser la question, le nombre des *points* à combiner, et à plus forte
raison celui des combinaisons ou des chances est infini :
car chaque jet de la bille peut donner, pour la distance
du point de choc à l'extrémité de la bande, une infinité
de valeurs comprises entre zéro et un mètre. Mais il est
clair aussi qu'en divisant la bande successivement en dix,
en cent, en mille, en dix mille parties numérotées, nous
nous sommes de plus en plus rapprochés du cas que nous
envisageons actuellement; puisque cela revient à négliger, dans la mesure de chacune des distances, d'abord
les centimètres, puis les millimètres, les dixièmes et enfin
les centièmes de millimètre.

Or, on fait connaître en mathématiques des procédés
généraux de calcul, à l'aide desquels on détermine les
limites dont certains rapports s'approchent de plus en
plus, lorsqu'on fait varier les termes de ces rapports par
degrés de plus en plus petits (¹); et dans la question

(¹) Le rapprochement des principes mathématiques du calcul
des probabilités, et de ceux du calcul infinitésimal., met en relief
des analogies qu'il est bon d'indiquer au lecteur instruit dans
l'un et dans l'autre. La probabilité mathématique est un rapport

présente, l'application de ces règles donne, pour la probabilité cherchée, précisément la fraction 0,49.

15. C'est ainsi que le calcul de la probabilité mathématique, qui ne se présentait d'abord que comme une branche de la syntactique ou de la théorie des combinaisons, devient plus vaste que la syntactique même : en ce sens qu'il s'applique à des cas où il n'y aurait lieu, ni de former les combinaisons une à une, ni d'en calculer le nombre, parce que ce nombre est illimité.

La transformation dont il s'agit est d'un intérêt spécial dans l'ordre des faits naturels, où le nombre des combinaisons ou des chances est pour l'ordinaire infini, à cause que dans la nature presque tout varie avec continuité et non par sauts. *Natura non facit saltus*, disaient les anciens scolastiques : adage qu'il ne faut pas prendre à la lettre, mais qui est vrai en ce sens que, dans les phénomènes naturels, la continuité est la règle, le saut ou la discontinuité l'exception ; tandis que l'in-

---

dont les deux termes peuvent croître jusqu'à l'infini, pendant que le rapport converge vers une limite finie et assignable : la fluxion, la fonction dérivée ou le coefficient différentiel (car tous ces termes sont équivalents) est un rapport dont les deux termes décroissent indéfiniment, tandis que le rapport converge vers une limite finie et assignable. Lorsque l'on considère directement, dans le raisonnement et dans les calculs, la probabilité mathématique au lieu des combinaisons, c'est-à-dire le rapport au lieu des deux termes du rapport, on fait la même chose que lorsqu'on opère directement, comme dans les théories de Newton ou de Lagrange, sur les fluxions ou les dérivées, au lieu d'opérer sur les quantités infinitésimales, comme dans la théorie de Leibnitz. On introduit dans l'un et l'autre cas un signe auxiliaire ; on substitue au procédé direct, pris dans la nature des choses, un procédé artificiel, accommodé à notre organisation intellectuelle.

verse a lieu pour les combinaisons qui sont l'ouvrage de l'homme.

Aussi la plus belle découverte qu'on ait faite dans les sciences exactes a été de trouver des méthodes pour passer des cas de discontinuité aux cas de continuité. C'est ainsi que les géomètres passent de la considération d'un polygone dont les côtés varient brusquement d'inclinaison, à celle d'une courbe : et, pour ne pas quitter le sujet qui nous occupe, c'est ainsi qu'après s'être formé les idées de chances et de probabilités, d'après des jeux qui n'offrent qu'un nombre limité de combinaisons, ils étendent ces idées en les appliquant aux cas de la nature où les rapports et les combinaisons peuvent varier à l'infini.

16. Par exemple, lorsqu'un ménage donne une somme pour assurer une pension au survivant des époux, la question qui se présente à l'assureur est celle de savoir quelle probabilité il y a que la *différencè* des temps que chacun des époux doit vivre, à partir de l'époque de l'assurance, n'excédera pas un temps déterminé : la durée de la vie de chaque époux pouvant avoir une infinité de valeurs différentes. Le problème a donc de la ressemblance avec celui auquel nous avons donné plus haut des formes purement géométriques, quoiqu'il en diffère d'ailleurs sous un rapport essentiel. En effet, il nous a été loisible d'admettre qu'à chaque jet de la bille, la distance de l'extrémité de la bande au point choqué comportait toutes les valeurs de zéro à un mètre, sans qu'il y eût de motifs de supposer qu'une de ces valeurs s'offrirait de préférence à une autre : au lieu qu'il n'est pas permis de mettre ainsi sur la même ligne, et de regarder comme indifféremment susceptibles de se réali-

ser, toutes les hypothèses sur la durée de la vie de l'un et de l'autre des époux. Chacune de ces hypothèses a déjà sa probabilité propre, c'est-à-dire qu'il y a pour chacune d'elles un rapport entre les chances ou combinaisons qui peuvent en amener la réalisation, et le nombre total des chances. Ce rapport varie d'une hypothèse à l'autre; et il faudrait préalablement connaître la loi de ses variations, pour résoudre ensuite par le calcul le problème de probabilité qui intéresse l'assureur.

Le problème géométrique du n° 14 peut être modifié de manière à offrir, sous ce rapport, plus d'analogie avec celui de l'assurance. Supposons que, sur une aire plane et circulaire, d'un mètre de rayon, on projette une bille au hasard, deux fois de suite : la distance du point choqué à la circonférence de l'aire pourra prendre toutes les valeurs possibles entre zéro et un mètre, mais ces valeurs correspondent à autant d'hypothèses inégalement probables. Ceci résulte de ce que la bille est censée frapper au hasard un point quelconque du plan circulaire, en sorte que, si l'on considère deux portions de ce plan ayant même superficie, il n'y a pas de raison pour que la bille tombe sur l'une de ces portions plutôt que sur l'autre. Soit en effet CA (*fig.* 2) le rayon du plan circulaire, et du point C comme centre, avec des rayons CB, CD, l'un de 8 décimètres, l'autre de 4, traçons deux cercles; par les points b et d, pris respectivement à la distance d'un millimètre des points B et D, faisons passer aussi deux cercles concentriques : la surface de la couronne comprise entre les cercles de rayons CB, Cb est sensiblement double de la surface de la couronne limitée par les cercles de rayons CD, Cd. Les probabilités que

le point de contact de la bille et du plan tombera dans
le premier et dans le second espace, sont entre elles
dans le rapport des aires des deux couronnes, ou sensiblement dans le rapport de 2 à 1. Rigoureusement et
à la limite, la probabilité de l'hypothèse suivant laquelle
le point de contact se trouverait à une distance de
8 décimètres du centre, ou de 2 décimètres de la circonférence, est double de la probabilité de l'hypothèse
selon laquelle ce point se trouverait à une distance de
4 décimètres du centre, ou de 6 décimètres de la circonférence. En général, la distance du point de contact à
la circonférence du plan est une grandeur inconnue x,
qui peut recevoir toutes les valeurs de zéro à 1^m, mais
de telle sorte que la probabilité de la valeur x varie en
raison directe de la grandeur $1 - x$. Cette probabilité
diminue donc à mesure que x augmente, à peu près
comme dans la question d'assurance, la probabilité de
la durée de vie diminue à mesure qu'on suppose cette
durée plus grande. Mais, attendu la multitude de combinaisons et de chances de natures diverses qui influent
sur la durée de la vie, la loi de cette probabilité ne peut
être assignée théoriquement comme celles qui se trouvent
implicitement contenues dans un énoncé géométrique.
Elle doit être déterminée par l'expérience, ainsi que
nous l'expliquerons plus tard.

17. Citons encore comme exemple de conditions
géométriques très-simples le jeu du *franc-carreau*, déjà
indiqué par Buffon dans son *Essai d'arithmétique morale*. Sur un sol pavé de carreaux hexagones on projette au hasard un écu, et un joueur parie pour franc-
carreau, c'est-à-dire pour que l'écu après sa chute repose
tout entier sur un seul carreau : l'adversaire parie qu'il

tombera sur un joint. Si l'on inscrit dans l'un des hexagones ABCDEF (*fig.* 3) un autre hexagone régulier et
concentrique *a b c d e f*, qui ait ses côtés respectivement
parallèles à ceux du premier, les distances des côtés parallèles étant égales au demi-diamètre de l'écu, il est clair
que le premier joueur gagnera lorsque le centre de l'écu
tombera dans l'intérieur du polygone inscrit *a b c d e f*,
et qu'il perdra quand le centre de l'écu tombera entre
les contours des deux polygones. D'ailleurs, comme tous
les compartiments hexagonaux sont supposés égaux entre eux, il suffit d'en considérer un seul; et dès lors on
voit que la probabilité du gain du premier joueur est
mesurée par le rapport de l'aire de l'hexagone inscrit à
celle de l'hexagone circonscrit.

18. Nous avons défini la probabilité mathématique,
le rapport du nombre des chances favorables à un événement, au nombre total des chances : cette définition
suppose que les chances peuvent être énumérées et
qu'elles constituent autant d'unités *discrètes*. Pour modifier cette définition de manière à la rendre applicable
aux cas où les chances sont en nombre infini, et où le
passage d'une chance à l'autre s'opère sans discontinuité,
il faut substituer aux nombres des grandeurs continues.
Or, entre toutes les grandeurs continues, celle dont
l'idée tombe le plus immédiatement sous nos sens est
l'étendue. Nous pourrons donc définir aussi la probabilité mathématique : *le rapport de l'étendue des chances
favorables à un événement, à l'étendue totale des
chances;* mais ce mot d'*étendue* ne sera employé en
général que par assimilation, quoiqu'il puisse être pris
aussi dans le sens propre, lorsque la probabilité sera déterminée immédiatement par un rapport entre des gran-

deurs géométriques, comme dans les exemples rapportés plus haut.

19. Après avoir passé, suivant la marche naturelle à l'esprit humain, du cas où les chances peuvent être énumérées comme autant d'hypothèses distinctes, au cas où les chances se fondent en un tout continu, les géomètres font souvent l'inverse : c'est-à-dire que, lorsque l'énumération des chances, quoique théoriquement possible, mènerait à des calculs impraticables, ils introduisent une continuité fictive dans les données de la question; et c'est là une des méthodes d'approximation les plus fécondes auxquelles ils aient recours pour l'évaluation des rapports de grands nombres [13]. Au fond cet artifice est le même que celui qui se pratique tous jours dans les circonstances les plus vulgaires. C'est ainsi qu'au lieu de compter des graines on les mesure, comme si ces graines formaient une masse continue : le rapport des volumes, si les graines sont de même espèce, ne devant pas différer sensiblement du rapport entre les nombres de graines comprises dans les volumes mesurés.

20. Nous donnerons ici quelques principes généraux, d'une application fréquente, qui dérivent immédiatement de la notion de la probabilité mathématique. Pour plus de simplicité dans l'exposition, nous supposerons que les chances sont en nombre fini, et qu'ainsi les probabilités sont exprimées par des fractions commensurables : on reconnaîtra sans peine que les mêmes principes sont applicables aux probabilités mesurées par des fractions incommensurables, et considérées comme des grandeurs continues.

(I). « La probabilité d'un événement qui peut arriver

dans diverses hypothèses, dont les probabilités sont inégales, est la somme des probabilités de chaque hypothèse favorable à l'événement. »

Ainsi, pour fixer les idées par l'exemple le plus simple, admettons que dans une urne qui contient N boules,
il y en ait n blanches, n' rouges, n'' jaunes, les autres
étant de couleurs différentes quelconques, et que l'événement aléatoire, le gain d'un joueur, soit subordonné
à l'extraction d'une boule de l'une des trois couleurs
précitées : le joueur aura évidemment pour probabilité
de gain,

$$\frac{n + n' + n''}{N} = \frac{n}{N} + \frac{n'}{N} + \frac{n''}{N}.$$

21. On pourrait demander, non pas la probabilité
absolue que le joueur gagnera, mais la probabilité *relative* qu'il gagnera par suite de l'extraction d'une
boule blanche, plutôt que par suite de l'extraction d'une
boule rouge ou jaune. Si une personne proposait ce
pari et qu'une autre le tînt, elles regarderaient comme
nuls les coups qui feraient perdre le premier joueur.
Cela revient à faire abstraction des boules ou des chances défavorables à ce joueur, et alors la probabilité relative cherchée est

$$\frac{n}{n + n' + n''}.$$

La probabilité absolue d'amener une boule blanche, et
celle d'amener une boule rouge ou jaune, sont respectivement

$$\frac{n}{N}, \quad \frac{n' + n''}{N};$$

donc :

(II). « La probabilité relative d'un événement est le

quotient qu'on obtient en divisant la probabilité absolue
de cet événement, par la somme des probabilités absolues des événements que l'on compare. »

22. Tout à l'heure une personne pariait que, si le
premier joueur gagnait, il gagnerait par le fait de l'extraction d'une boule blanche : maintenant on peut faire
le pari composé, que le premier joueur gagnera, et
qu'il gagnera par suite de l'extraction d'une boule
blanche. La probabilité en faveur de ce pari étant

$$\frac{n}{N} = \frac{n + n' + n''}{N} \cdot \frac{n}{n + n' + n''},$$

on peut en conclure cette règle :

(III). « La probabilité absolue d'un événement composé de deux autres, dont le second ne peut arriver
qu'autant que le premier a eu lieu, est le produit qu'on
obtient en multipliant la probabilité absolue du premier
événement par la probabilité que, le premier arrivant,
le second arrivera aussi, ou par la probabilité relative
du second événement.»

L'emploi de ce principe facilite souvent le calcul des
probabilités, comme on en peut juger par cet exemple
très-simple, emprunté à M. Lacroix.

Supposons qu'on ait assemblé au hasard dans un paquet les 13 cartes d'une même couleur, qui se trouvent
dans un jeu complet de 52 cartes, et qu'on demande la
probabilité que les deux premières cartes soient un as et
un *deux*. La probabilité que l'as se trouve à la première
place est $\frac{1}{13}$, puisque cette carte pourrait occuper l'une
quelconque des 13 places du paquet; l'as ôté, il reste
douze cartes, et par la même raison la probabilité que

le *deux* se trouvera la première des douze cartes restantes est $\dfrac{1}{12}$; la probabilité du concours de ces deux événements, dont le second est subordonné au premier, a donc pour valeur

$$\frac{1}{13} \cdot \frac{1}{12} = \frac{1}{156} \cdot$$

Pour résoudre directement cette question par l'énumération des chances, on remarquerait que le nombre des arrangements possibles entre les 13 cartes [4] est $1 . 2 . 3 \ldots 13$, et qu'après qu'on a fixé l'as et le *deux* aux premier et second rangs, il reste 11 cartes entre lesquelles le nombre des permutations est $1 . 2 . 3 \ldots 11$. La probabilité cherchée est donc

$$\frac{1 . 2 . 3 \ldots 11}{1 . 2 . 3 \ldots 11 . 12 . 13} = \frac{1}{12 . 13} = \frac{1}{156},$$

comme on l'a trouvé précédemment, à l'aide d'un principe qui dispensait de connaître la formule des permutations.

23. Nous venons de considérer un événement composé, résultant du concours de deux autres dont le second est subordonné au premier; mais il arrive aussi fréquemment qu'un événement composé résulte du concours de deux ou de plusieurs événements, indépendants les uns des autres, et qui ont chacun leurs probabilités propres, d'où il faut déduire la probabilité de l'événement composé. Admettons que deux urnes renferment, l'une m boules blanches et m' boules noires, l'autre n boules blanches et n' boules noires : on demande la probabilité d'extraire deux boules blanches, une de chacune des deux urnes. Il y a évidemment autant de

combinaisons ou de chances égales que d'unités dans le produit qu'on obtient en multipliant le nombre total des boules de la première urne par le nombre total des boules de la seconde [2] : il y autant de combinaisons ou de chances favorables à l'événement composé dont il s'agit, que d'unités dans le produit qu'on obtient en multipliant le nombre des boules blanches de la première urne par le nombre des boules blanches de la seconde. Donc la probabilité cherchée est

$$\frac{mn}{(m+m')(n+n')} = \frac{m}{m+m'} \cdot \frac{n}{n+n'};$$

et en généralisant ce raisonnement on pourra énoncer la règle suivante :

(IV). « Le produit des probabilités de plusieurs événements, indépendants les uns des autres, est la probabilité de l'événement composé, résultant du concours de ces événements; »

Ou plus brièvement :

« La probabilité composée est le produit des probabilités simples. »

Si p et q désignent les probabilités de deux événements *contradictoires* A et B, c'est-à-dire de deux événements dont nécessairement l'un doit se réaliser; si p', q' désignent les probabilités de deux autres événements contradictoires A', B', et ainsi de suite; de sorte qu'on ait

$$1 = p + q = p' + q' = \text{etc.},$$

le produit

$$(p+q)\ (p'+q')\ (p''+q'')\cdots$$

se développera en une suite de termes tels que $p\,p'\,q''\cdots$, qui correspondront chacun à un événement composé, tel que A A' B''...., résultant du concours des événements simples A, A', B'', etc.; et il y aura autant de termes semblables dans le développement du produit, et autant d'événements composés, que de combinaisons possibles dans l'ensemble des épreuves aléatoires [7]. La somme de tous les termes de ces produits sera égale à l'unité, comme cela doit être, puisque l'un des événements composés, fournis par toutes les combinaisons possibles entre les événements simples, doit nécessairement arriver.

Si p, q, r désignent les probabilités de trois événements A, B, C, dont l'un doit nécessairement résulter de l'épreuve aléatoire, de sorte qu'on ait

$$1 = p + q + r,$$

le facteur binôme $p + q$, dans le produit indiqué ci-dessus, se trouvera remplacé par le facteur trinôme $p+q+r$, et ainsi de suite.

24. Voici encore un principe qui est un corollaire évident du précédent :

(V). « La probabilité absolue d'un événement qui a des probabilités différentes dans diverses hypothèses, est la somme des probabilités composées qu'on obtient en multipliant la probabilité de l'événement, dans chaque hypothèse, par la probabilité de l'hypothèse correspondante. »

Ainsi, admettons qu'on ait deux urnes, l'une qui contienne m boules blanches et m' boules noires, l'autre qui contienne n boules blanches et n' boules noires : on demande la probabilité d'amener une boule blanche en tirant au hasard dans l'une ou dans l'autre de ces urnes. La probabilité de faire le tirage dans la première urne est

$\frac{1}{2}$; celle d'en extraire ensuite une boule blanche est

$\frac{m}{m+m'}$. Pareillement, la probabilité de faire le tirage

dans la seconde urne est $\frac{1}{2}$; celle d'en extraire une

boule blanche est $\frac{n}{n+n'}$: donc la probabilité d'amener

une boule blanche est en somme

$$\frac{1}{2}\cdot\frac{m}{m+m'} + \frac{1}{2}\cdot\frac{n}{n+n'};$$

et par la même raison il vient, pour la probabilité d'amener une boule noire,

$$\frac{1}{2}\cdot\frac{m'}{m+m'} + \frac{1}{2}\cdot\frac{n'}{n+n'}.$$

La somme de ces quantités se réduit à l'unité, parce qu'en effet on doit nécessairement amener une boule blanche ou une boule noire.

On tomberait dans une grave erreur, si l'on prenait, pour la probabilité d'amener une boule blanche, le rapport du nombre total des boules blanches contenues dans les deux urnes, au nombre total des boules, sans égard à l'agencement des combinaisons, résultant de la répartition des boules dans deux urnes différentes. Supposons, par exemple, que la première urne renferme une boule blanche et deux boules noires, la seconde cinq blanches et trois noires : comme le nombre des boules blanches excède celui des boules noires, on pourrait croire qu'il y a plus de chances d'amener une blanche qu'une noire, ou que la probabilité d'amener une blanche est une fraction plus grande que $\frac{1}{2}$; mais, par la manière dont se fait le tirage, cette probabilité est réduite, d'après la formule précédente, à

$$\frac{1}{2}\cdot\frac{1}{3}+\frac{1}{2}\cdot\frac{5}{8}=\frac{23}{48},$$

fraction plus petite que $\frac{1}{2}$.

25. Le même problème de combinaisons ou de probabilités peut souvent être présenté sous des faces diverses, parmi lesquelles il convient de choisir celle qui conduit à la solution la plus élégante ou la plus simple. Prenons comme exemple un problème auquel donne lieu le tirage annuel pour le recrutement militaire. N est le nombre des jeunes gens inscrits sur la liste du canton, parmi lesquels il s'en trouve N' qui ont des motifs légaux d'exemption; c désigne le contingent cantonal : on demande la probabilité que le n° n sera atteint par le sort, n étant un nombre plus grand que c et plus petit que $c + N'$.

Pour résoudre ce problème, nous pouvons supposer qu'on nous donne $N - N'$ boules blanches et N' boules noires, et un casier de N cases, numérotées depuis 1 jusqu'à N. Le nombre total des permutations qu'on obtient en faisant occuper successivement chaque case à chaque boule, est $1.2.3.....N$. Tous les arrangements dans lesquels le nombre des boules noires contenues dans les n premières cases sera plus grand que $n - c$, ou égal à $n-c$, correspondront à des chances qui atteignent le n° n. Soit S le nombre de ces arrangements :

$$\frac{S}{1.2.3...N}$$

sera la probabilité cherchée, et la question est ramenée

à la solution du problème de permutation, qui a pour objet de déterminer le nombre S.

Mais l'on peut aussi imaginer une urne qui contiendrait N — N′ boules blanches avec N′ boules noires, et la probabilité cherchée sera la même que celle d'extraire de cette urne au moins $n - c$ boules noires dans n tirages consécutifs, la boule extraite une fois n'étant pas remise dans l'urne. Ce mode de tirage, qui se présente dans beaucoup d'autres questions, n'a physiquement aucune ressemblance avec celui qui est usité pour le recrutement militaire; mais le problème, posé de la sorte, se résout facilement par le principe des probabilités composées, comme nous l'indiquerons dans le chapitre suivant.

26. Quelquefois même des considérations très-particulières, tirées des conditions physiques de la question, peuvent dispenser de toute énumération de chances et de tout calcul. Le jeu de *passe-dix* en offre un exemple : on jette trois dés sur une table, et un joueur parie contre l'adversaire que la somme des points amenés excédera *dix*. Parmi les 216 combinaisons possibles [6], il faudrait énumérer celles qui donnent un nombre plus grand que dix pour la somme des points amenés. On trouverait facilement des formules qui dispensent de faire cette énumération une à une, mais il est encore plus simple de profiter de la remarque suivante. Les points sont disposés sur les dés ordinaires, de manière que la somme des points sur deux faces opposées soit constamment *sept*, l'as étant opposé au *six*, et ainsi de suite; et quand même les fabricants de dés n'auraient pas adopté cet usage, on pourrait toujours, sans changer les conditions du sort, admettre qu'on emploie des dés

où les points sont ainsi arrangés. Dans cette supposition, la somme des points amenés, et la somme des points qui se trouvent sur les faces opposées, par lesquelles les dés reposent sur la table, font ensemble le nombre 21. Donc, à chaque combinaison qui fait gagner le joueur pariant pour *passe-dix*, en correspond une autre qui le fait perdre : savoir celle qu'on obtiendrait en retournant les trois dés, ou en faisant la lecture sur les faces infé-rieures au lieu de la faire sur les faces supérieures. Donc les deux joueurs ont chacun autant de chances en leur faveur que de chances contraires, et parient avec des probabilités égales chacune à $\frac{1}{2}$.

CHAPITRE III.

DES LOIS DE LA PROBABILITÉ MATHÉMATIQUE, DANS LA RÉPÉTITION DES ÉVÉNEMENTS.

27. La théorie mathématique des chances n'aurait guère qu'un attrait de spéculation, si elle se bornait à nous apprendre combien il y a de chances favorables ou contraires à un événement isolé, qui ne se reproduira plus, ou qui ne se reproduira que dans des circonstances très-rares : tandis qu'elle acquiert, comme la suite le montrera, une très-grande importance, même pour la pratique, lorsque les épreuves des mêmes hasards sont de nature à être répétées un grand nombre de fois dans des circonstances semblables.

On peut assimiler toutes les épreuves répétées des mêmes hasards à des tirages répétés dans une urne qui contiendrait des boules de diverses couleurs, et où l'on rejetterait après chaque tirage la boule extraite, afin que les chances restent les mêmes à chaque tirage.

La solution de tous les problèmes qu'on peut se proposer au sujet des épreuves répétées, se trouve implicitement dans la règle déduite [23] du principe des probabilités composées. En supposant que les événements A', A'', ... soient autant de répétitions de l'événement A, les événements B', B'', ... autant de répétitions de l'événement B, on a

$$p = p' = p'' = \text{etc.}, \quad q = q' = q'' = \text{etc.};$$

et si l'on désigne par m le nombre des épreuves, le produit

$$(p+q)\,(p'+q')\,(p''+q'')\ldots$$

se changera dans la puissance m du binôme $p + q$. Il viendra donc, par la formule du binôme de Newton,

$$(p+q)^m = p^m + \frac{m}{1}\cdot p^{m-1}q + \frac{m(m-1)}{1.2}p^{m-2}q^2 + \cdots$$

$$+ \frac{m(m-1)(m-3)\ldots(n+1)}{1.2.3\ldots(m-n)}p^n q^{m-n} + \cdots q^m.\quad (m)$$

Le terme général

$$\frac{m(m-1)(m-2)\ldots(n+1)}{1.2\ 3\ldots(m-n)}p^n q^{m-n}, \qquad (n)$$

que l'on peut [5] mettre encore sous la forme

$$\frac{1.2.3\ldots m}{1.2.3\ldots n.1.2.3\ldots(m-n)}p^n q^{m-n},$$

exprime la probabilité que, dans m épreuves, les événements A et B arriveront respectivement n et $m-n$ fois. La somme des termes du développement (m), depuis le premier jusqu'au terme (n) inclusivement, exprime la probabilité que, dans m épreuves, l'événement A n'arrivera pas moins de n fois, ou, ce qui revient au même, la probabilité que l'événement contradictoire B n'arrivera pas plus de $m-n$ fois.

Si, par exemple, on demande la probabilité d'amener l'as au moins deux fois, dans quatre jets successifs d'un dé à jouer, on fera

$$p = \frac{1}{6}, \quad q = \frac{5}{6}, \quad m = 4,$$

et il viendra pour cette probabilité

$$p^4 + 4p^3q + 6p^2q^2 = \frac{1}{6^4} + 4 \cdot \frac{1 \cdot 5}{6^4} + 6 \cdot \frac{1 \cdot 5^2}{6^4} = \frac{171}{1296},$$

fraction comprise entre $\frac{1}{7}$ et $\frac{1}{8}$.

Supposons que l'on demande en combien d'épreuves on aurait la probabilité $\frac{1}{2}$ d'amener au moins une fois l'événement A, ou, ce qui revient au même, la probabilité $\frac{1}{2}$ d'amener constamment l'événement B : il faudra trouver la valeur de m qui convient à l'équation

$$q^m = \frac{1}{2},$$

et cela est facile par les tables de logarithmes. Si, par exemple, l'événement A consistait dans l'arrivée d'un *sonnez* (de deux *six*) au jeu de trictrac où l'on jette deux dés à la fois, comme il n'y a qu'une combinaison sur 36 qui donne le sonnez [6], on ferait

$$p = \frac{1}{36}, \quad q = 1 - p = \frac{35}{36};$$

et l'équation précédente donnerait

$$m = \frac{\log 2}{\log 36 - \log 35} = 24,6\ldots$$

Ainsi l'on parierait avec supériorité de chances, d'amener au moins une fois un sonnez en 25 coups, et avec infériorité de chances, d'amener au moins une fois un sonnez en 24 coups. C'est l'unique manière d'interpréter en ce cas la valeur incommensurable trouvée pour le nombre m qui, de sa nature, doit être entier (¹).

28. Chaque terme du développement (m) correspond à l'une des hypothèses possibles sur le rapport du nombre des événements A au nombre des événements B, le nombre total des épreuves étant m. La somme de tous les termes ou de toutes les probabilités correspondant à ces diverses hypothèses est égale à l'unité; et comme le nombre des termes ou des hypothèses est $m + 1$, on comprend bien que les valeurs absolues des divers termes doivent devenir de plus en plus petites à mesure que le nombre des épreuves devient plus grand. Mais, pendant que ces valeurs décroissent, elles conservent entre elles de certains rapports dont la loi est ce qu'il y a de plus important dans le sujet qui nous occupe.

Le terme (n) du développement est précédé par un autre qui a pour expression

$$\frac{m(m-1)(m-2)\ldots(n+2)}{1.2.3\ldots(m-n-1)} \, p^{n+1} q^{m-n-1},$$

en sorte que le rapport du terme (n) à celui qui vient immédiatement avant lui est exprimé par

$$\frac{n+1}{m-n} \cdot \frac{q}{p} = \frac{n+1}{m-n} \cdot \frac{1-p}{p}. \qquad (r)$$

(¹) Le problème relatif au jeu de trictrac, dont nous venons de faire mention, est célèbre comme ayant été l'occasion des premières recherches de Pascal, qui ont fondé le calcul des probabilités. La correspondance de ce grand homme nous apprend que la question lui avait été posée par le chevalier de Méré, homme du monde, étranger aux mathématiques, dont le nom, grâce à cet heureux accident, appartient désormais à l'histoire des sciences.

Selon que ce rapport est plus grand ou plus petit que l'unité, ou suivant qu'on a $n + 1$ plus grand ou plus petit que $p(m + 1)$, la valeur du terme (n) est plus grande ou plus petite que celle du terme qui le précède.

Si le produit du nombre entier $m + 1$ par la fraction p était un nombre entier k, il y aurait, dans la série des nombres de o à m, une valeur de n égale à k, et le terme (k) qui correspond à k événements A, $m - k$ événements B, serait suivi d'un autre terme qui aurait la même valeur numérique. Dans le cas contraire, si l'on désigne par k le plus grand nombre entier contenu dans $p(m + 1)$, le terme (k) sera plus grand que celui qui le précède et que celui qui le suit, et dès lors il sera le plus grand de tous les termes du développement.

Si le produit $p\,m$ est un nombre entier, $p\,m$ sera précisément le plus grand entier k contenu dans $p(m + 1)$, $m - k$ sera un autre nombre entier égal à $q\,m$; et le plus grand terme du développement correspondra à la combinaison pour laquelle le rapport du nombre des événements A au nombre des événements B, est précisément le même que celui de la probabilité de l'événement A à la probabilité de l'événement B.

En tout cas, le plus grand nombre entier k contenu dans $p(m + 1)$ différera de moins d'une unité de $p\,m$; et si l'on néglige cette fraction d'unité par rapport aux nombres pm, qm (comme cela est permis quand le nombre m devient très-grand, à moins que p ou q ne soit une fraction extrêmement petite), on pourra dire qu'en général la combinaison la plus probable est celle où le nombre des événements A est au nombre des événements B dans le rapport de la probabilité de A à celle de B.

Il est évident d'ailleurs que, si l'on suppose $n = p\,m$,

$m - n = qm$, le rapport (r) prenant la forme

$$\frac{pm + 1}{qm} \cdot \frac{q}{p},$$

approchera d'autant plus de l'unité que le nombre m sera plus grand. En comparant ainsi au plus grand terme, non-seulement ceux qui le précèdent et qui le suivent immédiatement, mais les termes situés à deux, trois, quatre rangs de distance, etc., on s'assurera que, de part et d'autre de ce terme, le décroissement devient de moins en moins rapide, à mesure qu'on fait croître le nombre m. De là résulte l'agglomération, dans le voisinage du plus grand terme, de ceux qui ont après lui les valeurs les plus grandes et dont la somme fait la plus grosse part de la somme totale des termes du développement.

29. Afin d'éclaircir ces notions par un exemple, supposons qu'il s'agisse d'extraire au hasard une boule d'une urne qui contient deux boules blanches et une noire : l'événement A consistera dans l'apparition d'une boule blanche et aura pour probabilité $\frac{2}{3}$; l'événement contraire B, dont la probabilité est $\frac{1}{3}$, consistera dans l'apparition d'une boule noire. Pour la commodité de la notation, désignons par (u, v) l'événement composé qui consiste dans l'apparition de u boules blanches et v boules noires, et inscrivons au-dessous la probabilité correspondante; la formule (m) donnera successivement :

1° pour une série de 3 tirages,

$$(3,0) \quad (2,1) \quad (1,2) \quad (0,3)$$
$$\frac{8}{27}, \quad \frac{12}{27}, \quad \frac{6}{27}, \quad \frac{1}{27};$$

2° pour une série de 6 tirages,

(6,0)	(5,1)	(4,2)	(3,3)	(2,4)	(1,5)	(0,6)
$\dfrac{64}{729}$,	$\dfrac{192}{729}$,	$\dfrac{240}{729}$,	$\dfrac{160}{729}$,	$\dfrac{60}{729}$,	$\dfrac{12}{729}$,	$\dfrac{1}{729}$;

3° pour une série de 9 tirages,

(9,0)	(8,1)	(7,2)	(6,3)	(5,4)	(4,5)	(3,6)
$\dfrac{512}{19683}$,	$\dfrac{2304}{19683}$,	$\dfrac{4608}{19683}$,	$\dfrac{5376}{19683}$,	$\dfrac{4032}{19683}$,	$\dfrac{2016}{19683}$,	$\dfrac{672}{19683}$,

(2,7)	(1,8)	(0,9)
$\dfrac{144}{19683}$,	$\dfrac{18}{19683}$,	$\dfrac{1}{19683}$.

On remarque que, dans les trois séries, le plus grand terme est la probabilité correspondant à la combinaison qui donne un nombre de boules blanches précisément double de celui des boules noires. Les termes vont en décroissant de part et d'autre de ce terme *maximum*. Les rapports des plus grands termes à ceux qui les précèdent ou qui les suivent immédiatement, vont en diminuant et en se rapprochant de l'unité, à mesure que la série comprend un plus grand nombre de termes. Au contraire, les rapports des plus grands termes aux termes extrêmes vont toujours en augmentant : les termes extrêmes diminuant avec une grande rapidité, tandis que le plus grand terme diminue aussi, mais bien plus lentement.

Pour une série de 9 tirages, qui donne dix termes ou combinaisons différentes, la somme du plus grand terme, de celui qui le précède et de celui qui le suit immédiatement, forme plus des sept dixièmes de la somme totale des termes du développement.

Si l'on embrasse une série de 90 tirages, on trouvera, avec le secours des tables logarithmiques [10], pour les valeurs du plus grand terme, des deux termes qui le précèdent et des deux termes qui le suivent immédiatement,

(62,28)   (61,29)   (60,30)   (59,31)   (58,32)
0,081817;   0,087460;   0,088918;   0,086049;   0,079327.

La somme de ces cinq termes est égale à 0,423 571, ou à plus des deux cinquièmes de la somme totale des 91 termes du développement. Au contraire, les valeurs numériques des deux termes extrêmes sont d'une excessive petitesse : puisque celle du terme (90,0) serait exprimée par une fraction ayant pour numérateur l'unité et pour dénominateur un nombre de 16 chiffres, tandis que la valeur de l'autre terme extrême (0,90) se trouverait exprimée par une fraction incomparablement plus petite encore, ayant pour numérateur l'unité et pour dénominateur un nombre de 43 chiffres (¹).

(¹) Soit encore $p = q = \dfrac{1}{2}$, $m = 100$; les termes à égales distances du terme moyen seront égaux entre eux, et le calcul donnera :

$$(50,50) = 0,079\ 5892$$
$$(51,49) = (49,51) = 0,078\ 0286$$
$$(52,48) = (48,52) = 0,073\ 5270$$
$$(53,47) = (47,53) = 0,066\ 5905$$
$$(54,46) = (46,54) = 0,057\ 9584$$
$$(55,45) = (45,55) = 0,048\ 4743$$
$$(56,44) = (44,56) = 0,038\ 9525$$
$$(57,43) = (43,57) = 0,030\ 0687$$
$$(58,42) = (42,58) = 0,022\ 2923$$
$$(59,41) = (41,59) = 0,015\ 8691$$

30. Attendu qu'il s'agit ici de propositions fondamentales, nous résumerons et compléterons ce qui vient
d'être dit, par l'énoncé suivant :

(I). « Quand l'arrivée de l'événement A ou de l'événement B dépend d'une épreuve aléatoire, et qu'on répète plusieurs fois l'épreuve, la répartition qui offre la
plus grande probabilité est celle pour laquelle le rapport du nombre des événements A au nombre des événements B est égal au rapport de la probabilité de A à

$$
\begin{aligned}
(60,40) &= (40,60) = 0,010\ 8439 \\
(61,39) &= (39,61) = 0,007\ 1107 \\
(62,38) &= (38,62) = 0,004\ 4729 \\
(63,37) &= (37,63) = 0,002\ 6979 \\
(64,36) &= (36,64) = 0,001\ 5597 \\
(65,35) &= (35,65) = 0,000\ 8639 \\
(66,34) &= (34,66) = 0,000\ 4581 \\
(67,33) &= (33,67) = 0,000\ 2325 \\
(68,32) &= (32,68) = 0,000\ 1128 \\
(69,31) &= (31,69) = 0,000\ 0523 \\
(70,30) &= (30,70) = 0,000\ 0232 \\
(71,29) &= (29,71) = 0,000\ 0098 \\
(72,28) &= (28,72) = 0,000\ 0039 \\
(73,27) &= (27,73) = 0,000\ 0015 \\
(74,26) &= (26,74) = 0,000\ 0005 \\
(75,25) &= (25,75) = 0,000\ 0002.
\end{aligned}
$$

Il est évident qu'on peut regarder comme tout à fait négligeables
les 50 termes situés à de plus grandes distances du terme moyen.

Les deux termes extrêmes, égaux chacun à $\dfrac{1}{2^{100}}$ ont pour valeur

une fraction dont le numérateur serait l'unité, et le dénominateur
un nombre de 31 chiffres. Les sept termes moyens

$$(53,47),\ (52,48),\ (51,49),\ (50,50),\ (49,51),\ (48,52),\ (47,53)$$

ont pour somme 0,515 8814, c'est-à-dire plus de la moitié de
la somme des 101 termes du développement.

la probabilité de B, ou en diffère le moins possible. Les probabilités des autres répartitions vont en diminuant, à mesure que le rapport du nombre des événements A à celui des événements B s'écarte davantage du rapport de la probabilité de A à celle de B. »

(II). « A mesure qu'on multiplie les épreuves, le nombre des répartitions possibles augmentant, la probabilité de chaque valeur, pour le rapport du nombre des événements A à celui des événements B, va en diminuant, mais d'autant plus rapidement que le rapport en question s'écarte plus du rapport entre les probabilités de A et de B, et d'autant plus lentement qu'il s'en rapproche davantage. »

(III). « Par suite de cette circonstance, on a une probabilité toujours croissante, que le rapport du nombre des événements A à celui des événements B ne s'écartera pas du rapport de leurs probabilités respectives au delà de certaines limites données ; et, quelque resserrées qu'on prenne ces limites, la probabilité dont il s'agit pourra approcher de l'unité autant qu'on le voudra, pourvu qu'on augmente suffisamment le nombre des épreuves. »

On doit ces théorèmes à Jacques Bernoulli, qui les a donnés dans la quatrième partie de son livre intitulé *Ars conjectandi*, imprimé après sa mort, en 1713.

Il ne faut pas perdre de vue que, dans ces divers énoncés, le terme de *probabilité* n'a pas d'autre sens que le sens mathématique qui lui a été donné par la définition [12]. En conséquence, la proposition (I) signifie que, parmi toutes les combinaisons ou hypothèses qu'on peut faire indifféremment sur l'ordre de succession des événements A et B, celles qui donnent, pour le rapport du nombre des événements A à celui des événements B, une valeur égale à celle du rapport entre le nombre des chances de A et celui des chances de B, sont en plus grand nombre que celles qui donnent au premier rapport une valeur différente, et ainsi de suite.

31. Pour rendre sensible par un tracé graphique la loi que suivent les valeurs numériques des différents termes du développement (m), on peut prendre une ligne droite AB (*fig.* 4) que l'on divisera en m parties égales. Par les points de division en nombre $m+1$, y compris A et B, on mènera des perpendiculaires à cette droite; et, à l'aide d'une échelle, on prendra la perpendiculaire Aa proportionnelle à la valeur du premier terme (m, o), la perpendiculaire A,a, proportionnelle à la valeur du second terme $(m-1, 1)$, et ainsi de suite. Si le nombre m est considérable, et que par suite les divisions de la ligne AB soient très-rapprochées, chaque perpendiculaire ou *ordonnée* différera peu des ordonnées voisines; et l'on pourra joindre les extrémités des ordonnées par une courbe dont l'allure représentera la loi qu'on a voulu peindre. La courbe ainsi tracée aura une ordonnée *maximum* Kk, c'est-à-dire une ordonnée plus grande que celles qui la précèdent et qui la suivent. D'après une règle bien connue, la ligne droite qui touche la courbe au point k est parallèle à la ligne droite AB. Enfin, d'après une autre règle de géométrie, l'aire ILlki comprise entre deux ordonnées Ii, Ll, la portion IL de la droite AB, la portion il de la courbe, est sensiblement égale au produit de l'une des divisions de la droite AB, telle que AA,, par la somme des ordonnées comprises entre Ii, Ll, plus la demi-somme de ces ordonnées extrêmes.

Supposons, pour plus de simplicité, que p soit commensurable, et que la valeur donnée à m rende pm un nombre entier. Si l'on fait croître le nombre m, en l'assujettissant toujours à remplir la même condition, et si l'on répète la même construction en prenant pour base la même longueur AB, les ordonnées se rapprocheront : on obtiendra une autre courbe (*fig.* 5) dont l'ordonnée *maximum* Kk aura son pied K au même point de la droite AB ; mais, en vertu de la loi (II), les ordonnées Ii, Ll, qui ont leurs pieds I et L aux mêmes points de la droite AB, auront décru plus rapidement que Kk. La courbe aura pris une forme telle, que l'aire partielle IL*lki* soit une plus grande portion de l'aire totale AB*bka* ; et, d'après la loi (III), on pourra prendre m assez grand pour que cette aire partielle diffère d'aussi peu qu'on voudra de l'aire totale, les portions AI*ia*, BL*lb* décroissant indéfiniment.

32. Quand le nombre m devient très-grand, le calcul direct de la somme d'un grand nombre de termes du développement (m) serait une opération impraticable : on a recours à des formules d'approximation, dont l'emploi revient précisément à faire passer une courbe par des sommets d'ordonnées, comme dans la construction précédente, et à substituer, d'après la règle précitée, le calcul d'une portion de l'aire de cette courbe, au calcul de la somme des ordonnées comprises entre les limites de l'aire. Pour cela, les analystes font choix, parmi les formules ou *fonctions* qui peuvent s'écrire en algèbre, de celle dont l'expression n'est pas trop compliquée, et dont la marche s'accorde le mieux avec l'allure de la courbe qui était tout à l'heure censée décrite. C'est ainsi que s'opère

en pareil cas le passage de la discontinuité réelle à une continuité fictive : passage sur lequel nous avons appelé déjà l'attention du lecteur [19].

33. Désignons par P la probabilité que, sur le nombre m d'épreuves, le nombre des événements A sera compris entre les limites $m(p-l)$, $m(p+l)$, ou que le rapport ϖ de ce nombre au nombre total des événements tombera entre les limites $p-l$ et $p+l$: d'après les formules d'approximation dont on vient de parler, pour de grandes valeurs du nombre m, la valeur de P dépendra uniquement de celle du nombre

$$t = l\sqrt{\frac{m}{2p(1-p)}}; \qquad (l)$$

de sorte que, si ce nombre t reste le même (les nombres l, m et p dont il dépend venant à varier), la probabilité P ne variera pas non plus. P sera, comme disent les algébristes, une *fonction* du nombre abstrait t. Or, le nombre t varie en raison directe de l, ou de la *limite de l'écart* entre les rapports p et ϖ, en raison directe de la racine carrée du nombre m des épreuves, et en raison inverse de la racine carrée du produit $p(1-p)$ de la probabilité de A par la probabilité contraire, et de là découlent les conséquences suivantes :

1° Après avoir assigné aux nombres l et m de certaines valeurs, et trouvé la probabilité P correspondante, donnons successivement à l des valeurs qui soient la moitié, le tiers, le quart, le dixième de sa valeur primitive : il faudra embrasser un nombre d'épreuves 4 fois, 9 fois, 16 fois, 100 fois plus grand, pour avoir la même probabilité P que l'écart fortuit $\pm(p-\varpi)$ tombera entre ces nouvelles limites. En d'autres termes, pour obtenir la même probabilité que les anomalies du hasard, en ce qui concerne la détermination du rapport ϖ, seront resserrées dans des espaces de plus en plus petits, il faut que le nombre des épreuves croisse en raison inverse des carrés des espaces.

2° Le produit $p(1-p)$ est très-petit pour des valeurs de p très-peu différentes de zéro ou de l'unité : il atteint sa plus grande valeur quand p est égal à $\frac{1}{2}$.

Donc, plus il y aura de différence entre la probabilité de A et celle de l'événement contraire, moins on aura besoin de multiplier les épreuves pour obtenir la même probabilité P que l'écart fortuit $\pm(p-\varpi)$ tombera entre les mêmes limites; ou plus les limites qui correspondent à cette probabilité seront resserrées, le nombre des épreuves restant le même.

Les règles précédentes, étant subordonnées à des calculs d'approximation, n'ont elles-mêmes qu'une exactitude approchée : mais l'approximation qu'elles donnent est très-suffisante quand m désigne un nombre de l'ordre des centaines, ou mieux encore de l'ordre des mille, des dizaines de mille, etc. Or, si de pareils nombres se présentent rarement pour les épreuves aléatoires auxquelles donnent lieu des conventions entre individus, ils ne sont que d'une grandeur vulgaire dans l'ordre des phénomènes physiques et sociaux, en vue desquels surtout la théorie doit être établie ([1]).

([1]) On démontre dans les traités mathématiques que, si l'on néglige les quantités de l'ordre $\frac{1}{m}$ (par exemple, les dix-millièmes quand m est de l'ordre des dizaines de mille), on a

34. Quand les nombres p, m, l auront été assignés, le nombre t sera déterminé, et il faudra calculer la va-

$$ \mathrm{P} = \frac{2}{\sqrt{\pi}} \cdot \int_0^t e^{-t^2} dt + \frac{e^{-t^2}}{\sqrt{2\pi p(1-p)m}}. \qquad \text{(P)} $$

Pour plus de simplicité, nous supposerons, dans tout le cours de cet ouvrage, la valeur de P réduite à l'intégrale définie qui en forme le premier terme, et nous opérerons la même réduction sur toutes les expressions analogues, dont nous aurons à faire un perpétuel usage. Cette simplification est d'autant plus permise qu'il s'agit, pour l'ordinaire, bien moins de calculer numériquement, avec une grande approximation, la valeur de P, que d'assigner à cette fraction une limite inférieure. Comme le second terme de la formule (P) est toujours additif, si l'on a trouvé, en négligeant ce second terme, que la fraction 1 — P tombe au-dessous de la quantité α, les conséquences qu'on en tirera subsisteront *à fortiori* lorsqu'on tiendra compte, dans la valeur de P, de la correction provenant du second terme.

La fonction e^{-t^2} doit être considérée comme le type algébrique des fonctions qui décroissent symétriquement, avec une grande rapidité, de part et d'autre de l'origine de la variable t : de sorte que la valeur numérique de la fonction, sans devenir jamais rigoureusement nulle, est déjà excessivement petite pour des valeurs numériques de t tant soit peu considérables. C'est pour cela que cette fonction intervient dans toutes les formules que les analystes ont construites, en vue des applications de la théorie des chances. A cause de cette propriété de la fonction e^{-t^2}, la courbe (*fig.* 5) assujettie à passer par les sommets d'un grand nombre d'ordonnées qui représentent les termes consécutifs du développement de $(p+q)^m$, pourra à très-peu près coïncider, surtout dans le voisinage du point k, avec la courbe qui aurait pour ordonnée la fonction e^{-t^2}, les abscisses t étant mesurées sur la ligne AB, à partir du point K. Prenons $t = $ KL $= $ KI : la probabilité P sera sensiblement égale [31] au rapport de l'aire partielle IL*lki* à l'aire totale AB*bka*; ou bien, si l'on désigne par a, b les abscisses KA, KB, on aura sensiblement, en vertu des

leur de la probabilité correspondante P par les formules d'approximation dont nous ne faisons qu'indiquer l'ori-

---

théorèmes connus de géométrie et de calcul intégral,

$$P = \frac{\int_{-t}^{t} e^{-t^2} dt}{\int_{a}^{b} e^{-t^2} dt}.$$

Mais, à cause de la petitesse des ordonnées Aa, Bb, et de la rapidité extrême avec laquelle la fonction e^{-t^2} décroît pour de plus grandes valeurs numériques de t, on n'altérera pas sensiblement cette expression de P, en substituant à l'intégrale

$\int_{a}^{b} e^{-t^2} dt$, l'intégrale $\int_{-\infty}^{\infty} e^{-t^2} dt$, qui a pour valeur $\sqrt{\pi}$; et

ainsi il viendra

$$P = \frac{1}{\sqrt{\pi}} \int_{-t}^{t} e^{-t^2} dt = \frac{2}{\sqrt{\pi}} \int_{0}^{t} e^{-t^2} dt,$$

c'est-à-dire le premier terme de la valeur de P, dans l'équation (P).

Désignons par k le plus grand nombre entier contenu dans $p(m+1)$, et faisons croître par sauts les nombres l et t, de manière que $l\sqrt{m(m+1)}$ soit un nombre entier λ : le second terme de la formule (P) exprimera la probabilité que le nombre n des événements A soit précisément égal à $k - \lambda$, ou bien encore celle que le même nombre n soit précisément égal à $k + \lambda$. Si l'on retranche ce second terme du premier, au lieu de l'ajouter, on aura la probabilité que n tombe entre les limites $k - \lambda$, $k + \lambda$, sans atteindre ces limites; le premier terme de la valeur de P exprimera la probabilité que n tombe entre les limites $k - \lambda$, $k + \lambda + 1$, ou bien encore celle que n tombe entre les limites $k - \lambda - 1$, $k + \lambda$; enfin la valeur complète de P sera la probabilité que n tombe entre les limites $k - \lambda - 1$, $k + \lambda + 1$. On se rend mieux compte, de cette manière, du rôle que joue le

gine; ou, ce qui vaut beaucoup mieux, il faut calculer une fois pour toutes une table qui donne les valeurs de P correspondant à une série de valeurs du nombre t, suffisamment rapprochées les unes des autres. Les personnes étrangères aux mathématiques élevées, pourront faire usage de cette table, sans posséder la théorie qui a servi à la construire : de même qu'on se sert journellement des tables de logarithmes et de sinus, sans connaître la théorie de ces sortes de quantités, ni les procédés à l'aide desquels on en a dressé des tables.

On trouvera à la suite de ce livre une table comme celles dont nous parlons, calculée pour des valeurs de t croissant de centième en centième, de o à 3. Il serait peu utile de pousser cette table plus loin : car déjà, pour $t = 3$, on a $P = 0,999\,978$; en sorte que la probabilité $1 - P$ d'un écart plus grand que la limite l correspon-

---

second terme dans la formule (P), et de l'erreur que l'on commet en le négligeant.

Quoique la formule (P) ne soit réputée exacte qu'aux quantités près de l'ordre $\dfrac{1}{m}$, elle donne, généralement, une approximation bien plus grande. Soit, par exemple $p = \dfrac{1}{2}$, $m = 100$: on trouvera, par la formule, pour la probabilité que le nombre n des événements A est plus grand que 39 et plus petit que 61, ... $P = 0,9653$. Le tableau rapporté dans la note sur le n° 29, donnera $P = 0,9648$.

Différence. . . . . . . 0,0005.

L'erreur de la formule n'est que d'un demi-millième, au lieu de s'élever à un ou à plusieurs centièmes, comme il semble qu'on pourrait le craindre en restant dans les termes rigoureux de la démonstration ordinaire.

dant à $t = 3$, devient égale à la fraction extrêmement petite 0,000 022, ou plus petite que la probabilité d'extraire au hasard une boule noire d'une urne qui ne renfermerait qu'une boule de cette couleur, sur 45 000.

La valeur $P = \frac{1}{2}$ correspond, d'après la table, à une valeur de t comprise entre 0,47 et 0,48 : le calcul donne pour cette valeur de t

$$0,476 \, 937.$$

Nous appellerons *valeur médiane* de l'écart, la valeur de l, qui, pour un système de valeurs de m et de p, donne à t la valeur 0,476 937, et à P la valeur $\frac{1}{2}$. Il y a autant de chances pour que $\pm (p - \varpi)$ ou la valeur numérique de l'écart fortuit tombe au-dessous de cette valeur, qu'il y en a pour qu'elle la surpasse. Dans ce cas, ou dans des cas analogues, les auteurs ont employé l'expression de *valeur probable*, qui n'est point juste : car, d'une part, toutes les valeurs possibles de l'écart ont leurs chances ou leurs probabilités propres; et, d'un autre côté, la loi de leurs probabilités [16] est telle, que, plus la valeur numérique assignée à l'écart diminue, plus sa probabilité va en croissant; si bien que la valeur que nous nommons *médiane*, est effectivement *moins probable* que toute autre valeur plus petite.

Déjà, quand on prend $t = 2$, on a pour l une valeur telle, que la probabilité d'un plus grand écart devient égale à 0,00468, ou moindre que la probabilité d'extraire au hasard une boule noire d'une urne qui ne renfermerait qu'une boule de cette couleur sur 212.

Enfin si l'on prend $t = 2,87$, la probabilité $1 - P$

devient égale à celle d'extraire au hasard une boule noire d'une urne qui ne renfermerait qu'une boule de cette couleur sur 20 000. Cette valeur de t a cela de remarquable qu'elle est à peu près sextuple de celle qui correspond à $P = \frac{1}{2}$; et comme t et l croissent dans le même rapport, m et p restant constants, on a ce résultat commode à retenir, que la valeur médiane de l'écart est le sixième de la valeur que prendrait la limite d'écart, si l'on choisissait cette limite d'après la condition que la probabilité d'un écart plus grand n'excédât pas $\frac{1}{20\,000}$.

35. Supposons, comme au n° 29, que l'événement A consiste à extraire une boule blanche d'une urne qui renferme deux boules blanches contre une noire. Pour une série de 9 000 épreuves, la valeur médiane de l'écart est 0,003 348. On a la probabilité $\frac{1}{2}$ que le nombre des événements A sera compris entre 5 970 et 6 030; la probabilité $\frac{211}{212}$ qu'il tombera entre 5 874 et 6 126; et enfin la probabilité extrêmement grande $\frac{19\,999}{20\,000}$ que ce nombre restera compris entre 5 819 et 6 181.

Si l'on embrasse une série de 9 millions d'épreuves, la valeur médiane de l'écart devient environ 32 fois moindre : on a la probabilité $\frac{1}{2}$ que le nombre des événements A restera compris entre 5 999 047 et 6 000 953; la probabilité $\frac{211}{212}$ qu'il tombera entre 5 996 000 et

6 004 000; et enfin la probabilité $\frac{19\,999}{20\,000}$ qu'il sera compris entre 5 994 260 et 6 005 740.

36. Nous avons pu assimiler [28] toutes les répétitions des mêmes épreuves aléatoires à des tirages répétés dans une urne où l'on rejetterait à chaque fois la boule extraite, pour ne rien changer aux conditions aléatoires dans les tirages successifs. Le cas où la boule extraite ne rentrerait plus dans l'urne a aussi de l'importance, quoiqu'il ne comporte pas une assimilation si étendue; et à cause de l'analogie il convient d'en traiter ici succinctement.

Supposons donc qu'une urne renferme a boules blanches et b boules noires, et qu'on en extraye au hasard des boules une à une, en ne rejetant jamais dans l'urne la boule extraite : on demande la probabilité d'amener en m tirages, n boules blanches $m - n$ boules et noires.

Continuons de désigner par **A** l'événement simple qui consiste dans la sortie d'une boule blanche, et par **B** l'événement contraire ou la sortie d'une boule noire; de sorte que AB indique l'événement composé qui consiste dans la sortie d'une boule blanche suivie de la sortie d'une boule noire, et ainsi de suite. Il est clair, par le principe des probabilités composées [23], qu'un événement composé, tel que AAB, a pour probabilité

$$\frac{a}{a+b}\cdot\frac{a-1}{a+b-1}\cdot\frac{b}{a+b-2}=\frac{a(a-1)b}{(a+b)(a+b-1)(a+b-2)};$$

tandis que celle de l'événement composé ABA, qui ne diffère du précédent que par l'ordre de succession des événements simples, est

$$\frac{a}{a+b}\cdot\frac{b}{a+b-1}\cdot\frac{a-1}{a+b-2}=\frac{ab(a-1)}{(a+b)(a+b-1)(a+b-2)},$$

fraction dont l'expression ne diffère non plus de celle de la précédente, que par l'ordre dans lequel les facteurs sont écrits au numérateur. Il suit de cette remarque, dont la généralité est évidente, que la probabilité cherchée a pour valeur la fraction

$$\frac{a(a-1)(a-2)...(a-n+1).b(b-1)(b-2)...[b-(m-n)+1]}{(a+b)(a+b-1)(a+b-2)...(a+b-m+1)},$$

prise autant de fois qu'on peut faire de permutations distinctes dans l'ordre des événements [5]. Donc la valeur de la probabilité en question est

$$\frac{m(m-1)...(n+1).a(a-1)...(a-n+1).b(b-1)...[b-(m-n)+1]}{1.2.3...(m-n).(a+b)(a+b-1)...(a+b-m+1)}.\quad(N)$$

Si l'on fait successivement, dans cette expression générale, $n=1$, $n=2$,...$n=m-1$, on aura les probabilités d'amener en m tirages 1, 2, ... $m-1$ boules blanches, et $m-1$, $m-2$,.... 1 boules noires. Quant à la probabilité de n'amener que des boules blanches, elle est évidemment égale à

$$\frac{a(a-1)(a-2)...(a-m+1)}{(a+b)(a+b-1)(a+b-2)...(a+b-m+1)}.$$

La somme de toutes ces probabilités compose l'unité, puisqu'elles correspondent à autant d'hypothèses dont l'une doit forcément se réaliser : donc on a

$$1=\frac{a(a-1)(a-2)...(a-m+1)}{(a+b)(a+b-1)...(a+b-m+1)}+\frac{m}{1}\cdot\frac{a(a-1)(a-2)...(a-m+2).b}{(a+b)(a+b-1)...(a+b-m+1)}$$

$$...+\frac{m(m-1)...(n+1)}{1.2.3...(m-n)}\cdot\frac{a(a-1)...(a-n+1).b(b-1)...[b-(m-n)+1]}{(a+b)(a+b-1)...(a+b-m+1)}$$

$$...+\frac{b(b-1)(b-2)...(b-m+1)}{(a+b)(a+b-1)...(a+b-m+1)},\quad(M)$$

ou bien

$$(a+b)(a+b-1)(a+b-2)\ldots(a+b-m+1)$$

$$=a(a-1)(a-2)\ldots(a-m+1)+\frac{m}{1}.a(a-1)(a-2)\ldots(a-m+2).b$$

$$\ldots+\frac{m(m-1)\ldots(n+1)}{1.2.3\ldots(m-n)}.a(a-1)\ldots(a-n+1).b(b-1)\ldots[b-(m-n)+1]$$

$$\ldots+b(b-1)(b-2)\ldots(b-m+1). \tag{M_1}$$

Cette dernière formule est remarquable par son analogie avec celle du binôme. Les factorielles de l'une remplacent les puissances de l'autre; et cette analogie déjà signalée [6] a sa raison dans les principes mêmes de la synthèse combinatoire.

La formule (M_1) exprime une relation d'algèbre, qui doit subsister, quelles que soient les valeurs numériques attribuées aux lettres a, b, m, pourvu que $a+b$ surpasse m, et, par conséquent, lors même que ces lettres ne désigneraient plus, comme dans la question présente, des nombres entiers. Elle doit aussi pouvoir se démontrer par l'algèbre pure; mais on vient de voir avec quelle facilité on y est conduit, en employant les probabilités composées. C'est ainsi que, par l'introduction artificielle d'un élément étranger, on simplifie quelquefois l'enchaînement de certaines vérités abstraites, et qu'à l'aide, par exemple, de considérations empruntées à la mécanique, on démontre plus simplement certaines propositions de géométrie pure.

En prenant la somme des $m-n+1$ premiers termes du développement (M), jusqu'au terme (N) inclusivement, on a la probabilité que, sur m tirages, il ne viendra pas moins de n boules blanches.

Le terme (N) est le plus grand du développement (M), lorsque n et $m-n$, et par conséquent $a-n$ et

$b-m+n$ sont entre eux dans le rapport des nombres
a et b, ou lorsque leur rapport s'éloigne le moins possible de celui des nombres a et b. Les termes du développement (M) décroissent de part et d'autre du plus
grand terme, suivant des lois analogues à celles qui ont
fait l'objet des n°s 28 et suivants.

Au lieu de tirer les m boules successivement, on pourrait évidemment les extraire toutes à la fois, sans rien
changer à la probabilité d'amener n boules blanches et
$m-n$ boules noires.

37. Nous avons déjà indiqué [25] une application
du problème traité dans le numéro précédent : on y ferait rentrer, plus directement encore, la plupart des
questions auxquelles donnent lieu les épreuves du sort,
au sein d'une assemblée politique dont les membres sont
ordinairement rangés en deux partis, ou sont réputés
appartenir à deux grandes fractions, la *majorité* et la
minorité. Par exemple, l'assemblée étant de 459 membres [10], dont 240 appartiennent à la majorité et 219
à la minorité, si l'on tire au sort une députation ou commission de 20 membres, il y a lieu de demander quelle
est la probabilité que la majorité ou la minorité de l'assemblée se trouvera en majorité dans cette commission.
Si des causes fortuites et qui agissent sans acception de
partis, telles que des maladies, doivent tenir 30 membres absents au moment d'un vote, on peut demander
quelle est la probabilité que la majorité se déplacera
pour cela, et ainsi de suite. La dernière question revient
à demander quelle est la probabilité d'extraire au hasard,
en 30 tirages, au moins 26 boules blanches d'une urne qui
renferme 240 boules blanches et 219 boules noires : nos
formules, appliquées avec le secours des tables logarith-

miques, donnent pour cette probabilité 0,000 049 547,

valeur à très-peu près égale à $\dfrac{1}{20\,000}$.

Le droit de récuser péremptoirement un certain nombre de juges ou de jurés, dévolu à l'accusé et au ministère public dans les procès criminels, donnerait lieu à des questions analogues. Par exemple, sur une liste de 36 jurés, l'accusé et le ministère public ont respectivement le droit d'en récuser 12, à mesure que leurs noms sortent de l'urne, et il doit en rester 12 pour compléter le jury. Afin de considérer le cas le plus simple, on suppose que le ministère public n'ait aucun motif d'user de son droit de récusation; que l'accusé ait intérêt à écarter 6 jurés, et l'on demande quelle est la probabilité qu'il n'usera pas de son droit de récusation. C'est comme si l'on demandait la probabilité de n'extraire en 12 tirages que des boules blanches d'une urne qui contiendrait 30 boules blanches et 6 boules noires :

probabilité égale à 0,069 102, ou à peu près à $\dfrac{7}{100}$.

CHAPITRE IV.

DU HASARD. — DE LA POSSIBILITÉ ET DE L'IMPOSSIBILITÉ PHYSIQUES.

—

38. Jusqu'ici nous n'avons fait en quelque sorte que de l'arithmétique pure : nous avons énuméré des combinaisons; cherché des rapports entre les nombres qui expriment combien il y a de combinaisons propres à amener un même résultat, et combien de combinaisons contraires; assigné des limites à ces rapports quand les nombres croissent à l'infini dans le passage du discontinu au continu; examiné comment les valeurs de ces rapports, pour des résultats composés, dépendent des valeurs qu'on a trouvées en considérant les résultats simples. Il s'agit maintenant de savoir si toute cette théorie n'est qu'un jeu d'esprit, une spéculation curieuse, ou si elle a au contraire pour objet des lois très-importantes et très-générales, qui régissent le monde réel. Pour opérer ce passage, de l'idée d'un rapport abstrait à celle d'une loi efficace dans l'ordre des réalités et des phénomènes, les raisonnements mathématiques, appuyés sur une série d'identités, sont évidemment insuffisants. Il faut recourir à d'autres notions, à d'autres principes de connaissance; en un mot, il faut faire de la critique philosophique. Nous appellerons sur ce point délicat toute

l'attention du lecteur; et bien que le sujet ait été, suivant nous, imparfaitement compris ou exposé par les géomètres philosophes comme par les philosophes étrangers à la géométrie, nous ne désespérerons pas d'y mettre assez de clarté pour prévenir toute ambiguïté et toute méprise dans les applications ultérieures.

39. Aucun phénomène ou événement n'est produit sans cause : c'est là le principe souverain et régulateur de la raison humaine, dans l'investigation des faits réels. Souvent la cause d'un phénomène nous échappe, ou nous prenons pour cause ce qui ne l'est pas : mais, ni l'impuissance où nous nous trouvons d'appliquer le principe de causalité, ni les méprises dans lesquelles il nous arrive de tomber en l'appliquant, ne peuvent nous ébranler dans notre adhésion à ce principe conçu comme une règle absolue et nécessaire.

Nous remontons d'un effet à sa cause immédiate ; cette cause à son tour est conçue comme effet, et ainsi de suite ; sans que l'entendement conçoive rien qui limite cette loi de régression dans l'ordre des phénomènes. L'effet actuel devient ou peut devenir à son tour cause d'un effet subséquent, et ainsi à l'infini. Cette chaîne infinie de causes et d'effets liés dans l'ordre du temps, chaîne dont le phénomène actuel forme un anneau, constitue une série linéaire [4]. Une infinité de séries pareilles peuvent coexister dans le temps : elles peuvent se croiser, de manière qu'un même phénomène, à la production duquel plusieurs phénomènes ont concouru, tienne comme effet à plusieurs séries distinctes de causes génératrices, ou engendre à son tour plusieurs séries d'effets qui resteront distinctes et parfaitement séparées, au delà du terme initial. On se fait une idée simple de ce croisement et de cet isolement des chaînons par la comparaison avec les générations humaines. Un homme tient par ses père et mère à deux séries d'ascendants; et dans l'ordre ascendant les séries paternelle et maternelle se bifurquent à chaque génération. Il peut à son tour devenir l'origine ou l'auteur commun de plusieurs lignes descendantes qui, une fois issues de l'auteur commun, ne se croiseront plus, ou ne se croiseront qu'accidentellement par des alliances de famille. Dans le laps du temps, chaque famille ou faisceau généalogique contracte des alliances avec une multitude d'autres; mais d'autres faisceaux, en bien plus grand nombre, se propagent collatéralement en restant parfaitement distincts et isolés les uns des autres; ou, s'ils ont une origine commune, l'authenticité de cette origine repose sur d'autres bases que celles de la science et des preuves historiques.

Chaque génération humaine ne donne lieu qu'à une division bifide dans l'ordre ascendant; mais l'on conçoit l'existence possible d'un bien plus grand nombre de divisions, tant dans l'ordre régressif que dans l'ordre progressif, lorsqu'il s'agit de causes et d'effets quelconques. Tel phénomène peut être conçu comme tenant à une multitude de causes diverses; et même il semble conforme au plan général de la nature [15] de passer, dans la plupart des cas, de la discontinuité à la continuité, en faisant croître à l'infini le nombre des causes concourantes. Alors les faisceaux de lignes concourantes, par lesquels l'imagination se représente l'enchaînement des phénomènes dans l'ordre de la causalité, semblables à des faisceaux de rayons lumineux, deviendraient comme des masses qui se pénètrent, s'épanouissent et se concentrent, sans qu'il y ait de solution de continuité dans leur tissu.

40. Mais, soit qu'il y ait lieu de regarder comme fini ou comme infini le nombre des causes génératrices de tel phénomène, c'est un principe de sens commun qu'il y a des séries de phénomènes *solidaires*, ou dépendant les unes des autres, et d'autres séries qui se développent parallèlement ou successivement, sans qu'il y ait entre elles aucune dépendance, aucun lien de solidarité. A la vérité, certains philosophes se sont imaginé que tout dans le monde se tenait, et ils l'ont prouvé à leur manière, ou par des arguments subtils, ou par des plaisanteries ingénieuses; mais, ni leurs subtilités, ni leurs plaisanteries ne sauraient prévaloir contre les croyances du sens commun. Personne ne pensera sérieusement qu'en frappant la terre du pied il dérange le navigateur qui voyage aux antipodes, ou qu'il ébranle le système des satellites de Jupiter. Quand on voudrait admettre en théorie l'existence de pareilles perturbations, opérées par de telles causes, il faudrait reconnaître que ces perturbations sont inappréciables pour nous; que nous n'avons aucun moyen d'en suivre la trace dans les phénomènes; en d'autres termes, que la solidarité prétendue ne se manifeste par aucun signe sensible et que, dans l'ordre des faits observables, elle est comme n'existant pas.

« Les événements amenés par la combinaison ou la rencontre de phénomènes qui appartiennent à des séries indépendantes, dans l'ordre de la causalité, sont ce qu'on nomme des événements *fortuits* ou des résultats du *hasard*. »

41. Éclaircissons ceci par des exemples. Je suppose que deux frères, qui servent dans le même corps, périssent dans la même bataille. Quand on songe au lien qui

les unissait, et au malheur commun qui les atteint, il y a dans ce rapprochement quelque chose qui frappe; mais, en y réfléchissant, on s'aperçoit que ces deux circonstances pourraient bien n'être pas indépendantes l'une de l'autre, et que le hasard seul n'a pas amené ce funeste rapprochement. Car, peut-être le cadet n'a-t-il embrassé la carrière militaire qu'à l'exemple de son frère; en suivant la même carrière, il est naturel qu'ils aient cherché à servir dans le même corps; servant dans le même corps, ils ont dû partager les mêmes périls, se porter au besoin du secours; et si le péril a été grand pour tous deux, il n'est pas surprenant que tous deux aient succombé. Des causes indépendantes de leur lien de parenté ont pu jouer un rôle dans cet événement; mais il n'y a pas rencontre purement fortuite entre leur qualité de frères et leur fin commune.

Je suppose maintenant qu'ils servent dans deux armées, l'un à la frontière du Nord, l'autre au pied des Alpes : il y a un combat le même jour sur les deux frontières, et les deux frères y périssent. On sera fondé à regarder cette rencontre comme un résultat du hasard; car, à une si grande distance, les opérations des deux armées composent deux séries de faits dont la direction première peut partir d'un centre commun, mais qui se développent ensuite dans une parfaite indépendance l'une de l'autre, en s'accommodant aux circonstances locales. Les circonstances qui amenaient tel jour un combat sur un point de l'une des frontières, ne se liaient point aux circonstances qui amenaient le même jour un combat sur l'autre frontière. Si les corps auxquels les deux frères appartiennent respectivement ont donné dans les deux combats, si la mêlée a été meurtrière de deux côtés, si tous deux ont succombé, il n'y a rien dans leur qualité de frères qui rende raison d'un tel rapprochement.

Un homme surpris par l'orage se réfugie sous un arbre isolé, et il y est frappé de la foudre. Cet accident n'est pas purement fortuit; car la physique nous apprend que le fluide électrique a une tendance à se décharger sur les cimes des arbres comme sur toutes les pointes. Il y avait une raison pour que l'homme ignorant des principes de la physique choisît l'arbre comme abri, et il y en avait une pour que la foudre vînt le chercher précisément à cette place. Au contraire, si l'homme avait été frappé au milieu d'une prairie ou d'une forêt, l'événement serait fortuit; car il n'y aurait plus aucune liaison entre les causes qui ont amené l'homme sur ce point, et celles qui font que la foudre s'y rencontre en même temps que lui.

Un homme qui ne sait pas lire extrait un à un des caractères d'imprimerie entassés sans ordre : ces caractères, dans l'ordre où il les amène, donnent le mot *Alexandre*. C'est une rencontre fortuite ou un résultat du hasard; car il n'y a nulle liaison entre les causes qui ont dirigé la main de cet homme, et celles qui ont imposé le nom d'*Alexandre* à un conquérant fameux, qui l'ont attribué ensuite à d'autres personnages historiques, qui en ont fait un nom ou un prénom vulgaire, et l'un des mots les plus connus de la langue.

42. Ce n'est point parce que les événements pris pour exemples sont rares et surprenants qu'on doit les qualifier de résultats du hasard. Au contraire (comme cela va être expliqué, et comme on peut déjà le pres-

sentir d'après ce qui a été dit dans le chapitre précédent), c'est parce que le hasard les amène, entre beaucoup d'autres auxquels donneraient lieu des combinaisons différentes, qu'ils sont rares; et c'est parce qu'ils
sont rares, qu'ils nous surprennent. Quand un homme
extrait, les yeux bandés, des boules d'une urne qui renferme autant de boules blanches que de boules noires,
l'extraction d'une boule blanche n'a rien de rare ni de
surprenant, pas plus que l'extraction d'une boule noire;
et pourtant l'un et l'autre événement sont considérés
avec raison comme des résultats du hasard : parce qu'il
n'y a manifestement aucune liaison entre les causes qui
font tomber sur telle ou telle boule les mains de l'opérateur, et les couleurs de ces boules.

Il est bien vrai que, dans le langage familier, on emploie plus volontiers l'expression de hasard, lorsqu'il
s'agit de combinaisons rares et surprenantes. Si l'on a
extrait quatre fois de suite une boule noire de l'urne
qui renferme autant de boules blanches que de noires,
on dira que cette combinaison est l'effet d'un grand
hasard; ce qu'on ne dirait peut-être pas si l'on avait
amené d'abord deux boules blanches et ensuite deux
boules noires, et à plus forte raison si les boules blanches et noires s'étaient succédé avec moins de régularité; quoique, dans toutes ces hypothèses, il y ait eu
une parfaite indépendance entre les causes qui ont dirigé la main de l'opérateur, et celles qui ont imprimé
aux boules leur couleur. On remarquera le hasard qui a
fait périr les deux frères le même jour, et l'on ne remarquera pas, ou l'on remarquera moins celui qui les
a fait mourir à un mois, à trois mois, à six mois d'intervalle; quoiqu'il n'y ait toujours aucune solidarité

entre les causes qui ont amené tel jour la mort de l'aîné, et celles qui ont amené tel autre jour la mort du cadet, ni entre ces causes et leur qualité de frères. Dans le tirage aveugle d'une suite de caractères entassés sans ordre, on ne fera pas attention aux assemblages de lettres qui ne représenteront pas des sons articulables, ou des mots employés dans une langue connue; quoiqu'il y ait toujours absence de liaison entre les causes qui dirigent successivement la main de l'opérateur sur tel ou tel morceau de métal, et celles qui ont imprimé tels ou tels caractères sur les morceaux extraits. Mais cette nuance d'expression, attachée au mot de hasard dans la conversation familière et dans le langage du monde, nuance vague et mal définie, doit être écartée lorsqu'on parle le langage sévère de la science et de la philosophie. Il faut, pour bien s'entendre, s'attacher exclusivement à ce qu'il y a de fondamental et de catégorique dans la notion du hasard, savoir à l'idée de l'indépendance ou de l'absence de solidarité entre diverses séries de faits ou de causes.

43. A cette notion s'en rattache une autre qui est de grande conséquence pour la théorie comme pour la pratique : nous voulons parler de l'*impossibilité physique*. C'est encore ici le cas de recourir à des exemples pour faciliter l'intelligence des généralités abstraites.

On regarde comme physiquement impossible qu'un cône pesant se tienne en équilibre sur sa pointe; que l'impulsion communiquée à une sphère soit précisément dirigée suivant une droite passant par le centre, de manière à n'imprimer à la sphère aucun mouvement de rotation; que le centre d'un disque projeté sur un parquet carré tombe précisément au point d'intersection des diagonales; qu'un instrument à mesurer les angles soit

exactement centré; qu'une balance se trouve rigoureusement exacte; qu'une mesure quelconque soit rigoureusement conforme à l'étalon; et ainsi de suite. Toutes ces
impossibilités physiques sont de même nature, et se lient
évidemment à la notion que nous nous sommes faite
des rencontres fortuites ou de l'indépendance des causes.

En effet, supposons qu'il s'agisse de trouver le centre
d'un cercle : l'adresse de l'artiste et la précision de ses
instruments assignent des limites à l'erreur qu'il peut com-
mettre, ou à la distance du centre véritable au point que
l'artiste détermine et qu'il indique comme centre. Mais,
d'autre part, entre de certaines limites différentes des
premières et plus resserrées, l'artiste cesse d'être guidé
par ses sens et par ses instruments. La fixation du point
central, dans ce champ plus ou moins rétréci, s'opère
sans doute en vertu de certaines causes, mais de causes
aveugles, c'est-à-dire de causes tout à fait indépendantes
des conditions géométriques qui déterminent le véritable
centre. Il y a une infinité de points sur lesquels ces causes aveugles peuvent fixer l'instrument de l'artiste, sans
qu'il y ait de raison, prise dans la nature de l'œuvre, pour
que ces causes fixent l'instrument sur un point plutôt que
sur l'autre. La coïncidence de la pointe de l'instrument
et du véritable centre est un événement complétement as-
similable à l'extraction d'une boule blanche par un agent
aveugle, quand l'urne renferme une seule boule blanche
et une infinité de boules noires. *L'événement physique-*
ment impossible est donc celui dont la probabilité
mathématique est infiniment petite; et cette seule remarque donne une consistance, une valeur objective et
phénoménale à la théorie de la probabilité mathématique.

De même, lorsqu'une sphère est rencontrée par un corps mû dans l'espace, en vertu de causes indépendantes de la présence actuelle de cette sphère en tel lieu de l'espace, il est physiquement impossible, il n'arrive pas que, sur le nombre infini de directions dont le corps choquant est susceptible, les causes motrices lui aient précisément donné celle qui va passer par le centre de la sphère. En conséquence on admet l'impossibilité physique que la sphère ne prenne pas un mouvement de rotation en même temps qu'un mouvement de translation. Si l'impulsion était communiquée par un être intelligent qui visât, avec des sens d'une perfection bornée, à obtenir ce résultat, il serait encore physiquement impossible qu'il en vînt à bout : car, quelle que fût son adresse, la direction de la force impulsive serait abandonnée, entre de certaines limites d'écart, à des causes indépendantes de sa volonté; et pour peu qu'elle dévie de la ligne qui passe par le centre de la sphère, le mouvement de rotation doit se produire. On expliquerait de la même manière l'impossibilité physique, admise par tout le monde, de mettre un cône en équilibre sur sa pointe, quoique l'équilibre soit mathématiquement possible; et l'on ferait des raisonnements analogues dans tous les cas cités.

Sans doute la notion de l'impossibilité physique diffère essentiellement de celle de l'impossibilité mathématique ou métaphysique, et il n'y a aucun moyen d'établir la transition de l'une à l'autre. La chose physiquement impossible est conçue comme possible mathématiquement ou métaphysiquement, mais de fait elle n'arrive pas; parce qu'il n'y a aucune raison pour que la combinaison fortuite entre des faits ou des causes indépendantes, qui seule pourrait l'amener, se présente de préférence à une infinité d'autres. Comme cette notion générale et abstraite, de l'indépendance des causes et de l'infinie multitude des combinaisons possibles, est ce qui rend raison de l'impossibilité physique, sans qu'on ait besoin de recourir à des notions empiriques sur la matière comme celles que nos sens nous donnent, il vaudrait peut-être mieux qualifier l'impossibilité physique d'*impossibilité de fait*, par opposition à l'impossibilité qu'on appelle mathématique ou métaphysique, et qu'il semblerait plus juste de désigner par la dénomination d'*impossibilité rationnelle* ou *absolue*.

44. L'événement impossible de fait, ou physiquement, est celui dont la probabilité mathématique est infiniment petite, et qu'on peut assimiler à l'extraction d'une boule blanche par un agent aveugle, quand l'urne renferme une seule boule blanche contre une infinité de boules noires : mais, quel que soit le rapport fini du nombre des boules blanches à celui des boules noires, si l'on répète un nombre de fois de plus en plus grand l'épreuve du tirage, on aura, par les théorèmes de Bernoulli, une probabilité croissante que le rapport du nombre des boules blanches extraites, à celui des boules noires, s'écartera de moins en moins du rapport entre la probabilité mathématique de l'extraction d'une boule blanche et la probabilité contraire. Pour un nombre infini de tirages, on a une probabilité infiniment petite, ou il devient physiquement impossible que les deux rapports diffèrent l'un de l'autre d'une fraction donnée, si petite qu'elle soit. Ainsi, pourvu qu'on assigne un nombre suffisant d'épreuves, et des limites convenables à l'écart, toute la doctrine des probabilités

mathématiques se rattache à la notion de l'impossibilité physique : la probabilité mathématique n'est plus un simple rapport abstrait, tenant au point de vue de notre esprit, mais l'expression d'un rapport que la nature même des choses maintient, et que l'observation manifeste, lorsque, sous l'influence de causes indépendantes qui se combinent fortuitement, les épreuves des mêmes hasards se multiplient indéfiniment, comme cela arrive sans cesse dans l'ordre des phénomènes naturels et des faits sociaux.

Dans le langage rigoureux qui convient aux vérités abstraites et absolues des mathématiques et de la métaphysique, une chose est possible ou elle ne l'est pas : il n'y a pas de degrés de possibilité ou d'impossibilité. Mais, dans l'ordre des faits et des réalités phénoménales, lorsque deux phénomènes contraires sont susceptibles de se produire et se produisent effectivement, selon les combinaisons fortuites de certaines causes variables avec d'autres causes ou données constantes, il est naturel de regarder un phénomène comme doué d'une habileté d'autant plus grande à se produire, ou comme étant d'autant plus possible, de fait ou physiquement, qu'il se reproduit plus souvent dans un grand nombre d'épreuves. La probabilité mathématique devient alors la mesure de la *possibilité physique*, et l'une de ces expressions peut être prise pour l'autre. Ce n'est là au surplus qu'une définition de mots. L'avantage du terme de *possibilité* (dont le sentiment des vérités que nous exposons ici a déjà amené l'usage), c'est qu'il désigne nettement l'existence d'un rapport qui subsiste entre les choses mêmes, et qui ne tient pas à notre manière de juger ou de sentir, variable d'un individu à l'autre, selon les circonstances où ils sont placés et la mesure de leurs connaissances : c'est enfin, pour employer le langage technique de l'école, que le terme de *possibilité* se prend dans un sens *objectif*, tandis que le terme de *probabilité* implique dans ses acceptions ordinaires un sens *subjectif* qui a fait illusion à d'excellents esprits, a été cause d'une foule d'équivoques, et a faussé l'idée qu'on devait se faire de la théorie des chances et des probabilités mathématiques.

45. Ainsi l'on a souvent répété cette pensée de Hume, « qu'il n'y point de hasard à proprement parler, mais qu'il y a son équivalent : l'ignorance où nous sommes des vraies causes des événements ; » et Laplace lui-même pose en principe au commencement de son livre, « que la probabilité est relative, en partie à nos connaissances, en partie à notre ignorance; » d'où il suit que, pour une intelligence supérieure qui saurait démêler toutes les causes et en suivre tous les effets, la science des probabilités s'évanouirait faute d'objet. Mais toutes ces pensées manquent de justesse. Sans doute le mot de *hasard* n'indique pas une cause substantielle, mais une idée : cette idée est celle de la combinaison entre plusieurs systèmes de causes ou de faits qui se développent, chacun dans leur série propre, indépendamment les uns des autres. Une intelligence supérieure à l'homme ne différerait de l'homme qu'en ce qu'elle se tromperait moins souvent que lui, ou même ne se tromperait jamais dans l'application de cette donnée de la raison. Elle ne serait pas exposée à regarder comme indépendantes, des séries qui s'influencent réellement, dans l'ordre de la causalité, ou inversement, à se figurer une dépendance entre des causes réellement indépendantes. Elle ferait avec une plus grande sûreté, ou même avec une

exactitude rigoureuse, la part qui revient au hasard dans le développement des phénomènes successifs. Elle assignerait *à priori* les résultats du concours de causes indépendantes, ce que nous sommes le plus souvent dans l'impuissance de faire. Par exemple, étant donné un dé de structure irrégulière, qui doit être projeté un grand nombre de fois, par des forces impulsives dont l'intensité, la direction et le point d'application sont déterminés à chaque coup par des causes indépendantes de celles qui agissent aux coups suivants, elle saurait, ce que nous ne savons pas, quel doit être à très-peu près le rapport du nombre des coups amenant une face déterminée, au nombre total des coups; et cette science aurait un objet certain, soit qu'elle connût les forces qui agissent et qu'elle en pût calculer les effets, pour chaque coup particulier, soit que cette connaissance et ce calcul surpassassent encore ses forces. En un mot, elle pousserait plus loin que nous et appliquerait mieux la science de ces rapports mathématiques, tous liés à la notion du hasard, et qui deviennent des lois de la nature, dans l'ordre des phénomènes.

Il est juste de dire en ce sens (comme on l'a aussi répété si souvent) que le hasard gouverne le monde, ou plutôt qu'il a une part, et une part notable, dans le gouvernement du monde; ce qui ne répugne en aucune façon à l'idée qu'on doit se faire d'une direction suprême et providentielle : soit que la direction providentielle ne porte que sur les résultats moyens et généraux, assurés par les lois mêmes du hasard; soit que la cause suprême dispose des détails et des faits particuliers pour les coordonner à des vues qui surpassent nos sciences et nos théories.

En restant dans l'ordre des causes secondaires et
des faits naturels qui sont le domaine propre de la
science, la théorie mathématique du hasard nous apparaît comme l'application la plus vaste de la science des
nombres, et celle qui justifie le mieux l'adage *mundum
regunt numeri*. En effet, quoi qu'en aient pensé certains
philosophes, rien ne nous autorise à croire que la raison de tous les phénomènes se trouve dans les notions
d'étendue, de temps, de mouvement, en un mot dans les
notions des grandeurs continues et mesurables qui sont
l'objet de la géométrie. Les actes des êtres vivants, in-
telligents et moraux ne s'expliquent nullement, dans
l'état de nos connaissances, et nous pouvons hardiment
prononcer qu'ils ne s'expliqueront jamais par la mécanique des géomètres. Ils ne tombent donc point, par le
côté géométrique ou mécanique, dans le domaine des
nombres; mais ils s'y retrouvent placés, en tant que les
notions de combinaison et de chance, de cause et de
hasard, sont supérieures dans l'ordre des abstractions
à la géométrie et à la mécanique, et s'appliquent aux
faits de la nature vivante, à ceux du monde intel-
lectuel et du monde moral, comme aux phénomènes
produits par les mouvements de la matière inerte.

46. Au fond, la théorie des chances et des probabilités mathématiques s'applique à deux ordres de questions
bien distincts : à des questions de *possibilité* qui ont
une existence objective, ainsi qu'on vient de l'expliquer,
et à des questions de *probabilité* qui sont en effet relatives, en partie à nos connaissances, en partie à notre
ignorance. Quand nous disons que la probabilité d'amener un *sonnez* au jeu de trictrac est $\frac{1}{36}$ [6], nous pou-

vons avoir en vue un jugement de possibilité; et alors cela signifie que, si les dés sont parfaitement réguliers, cubiques et homogènes, de manière qu'il n'y ait aucune raison prise dans leur structure physique pour qu'une face soit amenée plutôt que l'autre, le nombre des sonnez amenés dans un grand nombre de coups, par des forces impulsives dont la direction est absolument indépendante des points inscrits sur les faces, sera sensiblement un 36° du nombre total. Mais nous pouvons avoir aussi en vue un jugement de simple probabilité; et sans nous enquérir si cette régularité de structure existe ou n'existe pas, il suffit que nous ignorions dans quel sens agissent les irrégularités de structure, si elles existent, pour que nous n'ayons aucune raison de supposer qu'une face paraîtra plutôt que l'autre. Alors l'apparition du sonnez, pour laquelle il n'y a qu'une combinaison sur 36, sera moins *probable* pour nous que celle du point *deux et as*, en faveur de laquelle nous apercevons deux combinaisons, suivant que l'as se trouve sur un dé ou sur l'autre; bien que ce dernier événement soit peut-être physiquement moins possible, ou même impossible. Si un joueur parie pour *sonnez* et un autre pour *deux et as*, en convenant de regarder comme nuls les coups qui n'amèneraient pas l'un ou l'autre de ces points, il n'y aura pas moyen (comme nous l'expliquerons dans le chapitre qui va suivre) de régler leurs enjeux autrement que dans le rapport de un à deux; et l'équité sera satisfaite par ce règlement aussi bien qu'elle pourrait l'être si l'on était certain d'une parfaite régularité de structure : tandis que le même règlement serait inique de la part de l'arbitre qui saurait que les dés sont pipés, et qu'ils le sont de manière à favoriser l'un des joueurs.

A cela se bornent à peu près les applications de la théorie, en tant qu'elle a pour objet de simples jugements de probabilité, variables selon les connaissances et l'ignorance des juges. Que si l'on veut transporter dans la discussion des phénomènes naturels ou des faits sociaux les conséquences déduites de pareils jugements, on s'expose à tomber dans des méprises dont nous donnerons des exemples, et qui peuvent ébranler la confiance due aux applications légitimes.

47. Le calcul des hasards a pris naissance à l'occasion de ces règlements d'équité (*règle des partis*, *compositio sortis*, etc.). On voit par un passage remarquable de Pascal (¹), qu'il ne songeait nullement aux appli-

---

(¹) « Novissima autem ac penitus intractatae materiae tractatio, « scilicet de compositione aleae in ludis ipsi subjectis (quod « gallico nostro idiomate dicitur *faire les partis des jeux*) : ubi « anceps fortuna aequitate rationis ita reprimitur ut utrique « lusorum *quod jure competit* exacte semper assignetur. Quod « quidem eo fortius ratiocinando quaerendum, *quo minus tentando* « *investigari possit* : ambigui enim sortis eventus fortuitae contin- « gentiae potius quam naturali necessitati merito tribuuntur. Ideo « res hactenus erravit incerta; nunc autem quae *experimento* « *rebellis fuerat*, rationis dominium effugere non potuit : eam « quippe tanta securitate in artem per geometriam reduximus, « ut, certitudinis ejus particeps facta, jam audacter prodeat; et « sic, matheseos demonstrationes cum aleae incertitudine jungendo, « et quae contraria videntur conciliando, ab utraque nominationem « suam accipiens, stupendum hunc titulum jure sibi arrogat : « *aleae geometria.* » (*OEuvres de Pascal*, t. IV, p. 358 de l'édition de 1819.)

Ce passage est extrait d'un petit écrit latin adressé en 1654 à une réunion libre de savants, *Celeberrimae matheseos Academiae Parisiensi*. L'Académie des sciences n'a été fondée qu'en 1666.

cations que sa *géométrie du hasard* comportait, dans
l'ordre des jugements de possibilité, et relativement à
l'économie des faits naturels. Les grands génies du dix-
septième siècle, Fermat, Leibnitz, Huygens, qui s'occu-
paient du calcul des combinaisons et des chances en
même temps que Pascal ou quelques années après lui,
n'avaient non plus en vue que la règle des partis. Jacques Bernoulli, dans l'*Ars conjectandi*, déterminait
formellement le but essentiel, la valeur objective de la
théorie des hasards; mais en même temps, par l'emploi
continuel des termes de *probabilité*, de *conjecture*, etc.,
il préparait les équivoques qui en ont rendu l'exposition
confuse et les applications incertaines. Le titre de l'ouvrage de Moivre (*Doctrine of chances*), dont la première édition a paru en 1718, cinq ans après la
publication de l'*Ars conjectandi*, n'avait point cet
inconvénient; et maintenant encore les auteurs disent
quelquefois la *chance* d'un événement, dans le sens où
l'on prend aussi les mots de *possibilité* et de *probabilité*.
Malheureusement il y a des inconvénients à employer le
même terme dans une double acception : tantôt pour
désigner chacune des combinaisons fortuites qui amènent un événement déterminé, tantôt pour désigner le
rapport du nombre de ces combinaisons au nombre total des combinaisons fortuites; soit que l'un et l'autre
nombre restent finis, soit que leur rapport converge vers
une limite assignable pendant que les deux termes croissent au delà de toutes limites.

Nous continuerons donc, pour nous conformer à
l'usage le plus ordinaire, d'employer le mot de *probabilité* comme synonyme de possibilité physique, sauf les
cas où le sens du discours indiquera que le même terme

est pris dans son acception subjective. Nous examine-
rons, à la fin de cet ouvrage, s'il n'y a pas d'autres jugements de probabilité que ceux qui se rattachent à la
théorie mathématique des chances et du hasard, et nous
tâcherons de compléter ainsi l'exposition de notre sujet.

48. Au terme de probabilité, pris dans le sens subjectif, correspond celui de *certitude*, et l'on dit souvent
que, les probabilités étant mesurées par des fractions,
l'unité est la mesure de la certitude. En effet, si toutes
les chances ou combinaisons fortuites possibles sont favorables à un événement, il est certain que cet événement arrivera : la probabilité de l'événement contraire
est rigoureusement nulle. Mais, d'un autre côté, on reconnaît qu'il y a une différence d'essence et non pas de
grandeur, entre la probabilité et la certitude absolue :
de sorte qu'il y aurait absurdité à dire que la certitude
absolue se compose de la somme de deux ou d'un plus
grand nombre de probabilités. C'est qu'en effet, dans
toute la doctrine des probabilités mathématiques ou des
possibilités, le terme de comparaison n'est pas l'événement certain, d'une certitude rationnelle, métaphysique
ou absolue, mais l'événement *physiquement certain*,
celui dont la probabilité ne diffère de l'unité que d'une
quantité infiniment petite, ou l'événement dont le contraire est physiquement impossible, ainsi qu'on l'a expliqué plus haut, tant par des raisonnements généraux
que par des exemples. De cette manière on rétablit
l'homogénéité qui doit toujours se trouver dans les
choses soumises aux mesures et au calcul, et on lève jusqu'à
l'apparence d'une difficulté pour les personnes familia-
risées avec le sens des expressions en mathématiques.

CHAPITRE V.

DE LA VALEUR VÉNALE DES CHANCES OU DES PROBABILITÉS. — DU MARCHÉ ALÉATOIRE ET DU JEU EN GÉNÉRAL.

49. Après qu'un objet commerçable a été mis eh loterie, chacun des billets qui représente un droit éventuel à cet objet peut à son tour être mis dans le commerce, et sa valeur vénale sera celle de la chance ou du droit éventuel dont ce billet est le signe. Il n'y a absolument aucune raison pour attribuer à l'un des billets plus de valeur qu'à l'autre : par conséquent, deux personnes nanties, l'une de m, l'autre de n billets, posséderont des valeurs qui seront entre elles dans le rapport de m à n.

Ce que nous disons des chances d'une loterie, représentées vulgairement par des billets, pouvant s'appliquer également à toute espèce de chances, il en résulte que, lorsque plusieurs personnes ont des droits éventuels à un objet commerçable, et que ces droits peuvent à leur tour entrer dans le commerce, leurs valeurs vénales sont nécessairement proportionnelles aux probabilités que ces personnes ont respectivement d'obtenir l'objet dont il s'agit.

Cette considération ne suffit pas encore pour nous apprendre la valeur absolue de chaque chance ; et en effet il est clair que chacun peut apprécier la valeur d'une chance vénale, aussi bien que celle de toute autre marchandise, selon sa convenance particulière. Mais, de même qu'il s'établit un cours pour les choses qui sont habituellement dans le commerce, il s'en établirait un pour les chances qui pourraient devenir l'objet de spéculations journalières; et cela posé, le prix de chaque chance serait au prix de la chose même sur laquelle la chance confère un droit aléatoire, comme l'unité est au nombre total des chances. En effet, si le cours assignait au prix de chaque chance une valeur moins élevée, le possesseur de la chose n'en retrouverait pas le prix courant, et ne choisirait pas cette voie pour s'en défaire. Si au contraire le cours assignait à chaque chance une valeur plus élevée, les spéculateurs trouveraient avantage à acheter directement la chose ou des choses du même genre, pour en distribuer la valeur sur des chances négociables, et par leur concurrence ils feraient baisser le cours jusqu'à ce qu'il se trouvât ramené au taux qu'il avait momentanément dépassé. Dans ce raisonnement purement théorique nous faisons abstraction, pour plus de simplicité, des frais et des salaires que toute négociation entraîne avec elle : nous substituons à l'état réel des choses un état fictif, d'autant plus voisin de la réalité que les rouages du commerce ont acquis un plus libre jeu; ainsi qu'on doit le faire quand on procède à la recherche des lois de l'équilibre commercial.

50. Par une association de mots assez bizarre, on appelle *espérance mathématique* le produit qu'on obtient en multipliant la valeur d'une chose en unités monétaires, par la fraction qui exprime la probabilité mathématique du gain de cette chose. D'après ce qui précède, l'espérance mathématique est la limite dont tend sans

cesse à s'approcher, par les lois qui régissent le commerce libre, la valeur vénale des chances possédées par chaque prétendant à la chose, ou la valeur vénale de sa probabilité de gain.

Quand la chose sur laquelle on acquiert des droits aléatoires est une somme d'argent, la valeur de la chose est soustraite aux variations du cours : l'espérance mathématique de chaque prétendant se trouve fixée dès que l'on connaît les probabilités de gain de chacun d'eux, ainsi que cela a lieu pour les jeux de pur hasard dont on est parvenu à supputer les combinaisons.

Si les joueurs conviennent de rompre la partie, ils doivent, par cela seul que chaque chance représente un droit égal à l'enjeu, se partager cet enjeu dans la proportion de leurs probabilités de gain. La règle de l'espérance mathématique revient alors à la *règle des partis,* dont il a déjà été question [47], et à l'occasion de laquelle ont été entreprises les premières recherches sur la probabilité mathématique.

Si Pierre parie pour l'événement A et Paul pour l'événement B, les paris de Pierre et de Paul, dont la somme forme l'enjeu, doivent être respectivement proportionnels à la probabilité mathématique de l'événement A et à celle de l'événement B : car, en supposant qu'on eût énuméré toutes les chances ou combinaisons fortuites également possibles qui peuvent amener l'événement A, et toutes celles qui peuvent amener l'événement B, il n'y aurait aucune raison de parier plus pour l'une de ces chances que pour l'autre. Or, la somme pariée pour l'événement A peut être considérée comme le total des sommes pariées pour chacune des chances qui amèneraient l'événement A ; et il en est de même à l'égard de la somme pariée pour l'événement B. Envisagée sous cet autre point de vue, la règle de l'espérance mathématique se confond donc avec la *règle des paris*.

51. Vendre une chose à juste prix, c'est vendre au prix où la libre concurrence des acheteurs et des vendeurs porterait la chose : l'espérance mathématique est donc aussi le *juste prix* des chances, ou la limite dont le juste prix s'approche, quand les frais de négociation diminuent. Si le prix qu'on exige est différent, le marché aléatoire cesse d'être réglé par des conditions équitables ; de même que tout marché cesse d'être équitable, si l'un des contractants profite des avantages de sa position, des besoins, des passions ou de l'ignorance de l'autre contractant, pour lui donner en échange de la valeur fournie une valeur moindre que celle qui eût été déterminée par une libre concurrence, en l'absence de toute illusion.

Il ne suit pas de là que la même chose convienne à tout le monde au même prix, ni qu'une dépense soit judicieuse par cela seul qu'on n'a pas payé la chose au-dessus du cours. La valeur *de convenance*, par opposition au prix commercial, est évidemment subordonnée à la position particulière et à la fortune de l'acheteur. Il est impossible de mesurer et de soumettre au calcul la valeur de convenance des choses, aussi bien celle des chances que celle de toute autre marchandise. Sans doute on voit bien qu'un homme risque d'autant plus en achetant une chance, c'est-à-dire un bien incertain, que le prix certain qu'il en donne est plus considérable relativement à sa fortune. La raison dit aussi que l'importance d'une somme d'argent diminue pour celui dont la fortune s'accroît ; de telle sorte que si un ouvrier possédant mille francs d'épargne en risque la moitié au jeu de *passe-dix* [25], les cinq cents francs qu'il peut gagner vaudront moins pour lui que les cinq cents francs qu'il expose. On a appelé *espérance morale* cette valeur relative des chances, et l'on a proposé diverses règles pour l'évaluer, toutes arbitraires et sans applications réelles. Il ne faut pas abuser du calcul, si l'on veut conserver au calcul son autorité dans les choses de son ressort; et en général on court risque de décréditer l'argumentation logique (dont le calcul n'est qu'une branche), quand on la transporte hors du cercle des combinaisons logiques.

52. Revenons à la supposition d'une entreprise de loterie, où l'on proposerait pour lot une somme d'argent, en négociant des billets qui représentent autant de chances d'obtenir la somme. Si le gouvernement ne s'était pas réservé ou ne réservait pas à un concessionnaire le monopole d'une telle entreprise, le prix du billet ne surpasserait l'espérance mathématique qui y est attachée, que de la somme justement nécessaire pour couvrir les frais de gestion, de négociation, et l'intérêt commercial des capitaux nécessairement engagés dans l'entreprise. Mais ce serait là, évidemment, un mauvais emploi d'une partie des capitaux et des forces productives du pays. D'abord ce serait un emploi improductif pour le pays, ou pour la société des citoyens qui l'habitent, puisque les uns ne gagneraient que ce que les autres perdraient. L'action prolongée d'une telle entreprise tendrait à en appauvrir un grand nombre, pour enrichir un petit nombre de privilégiés du sort, et par suite à accroître l'inégalité des fortunes au delà de ce que peuvent exiger les lois naturelles de la société. Enfin il

résulterait de ces gains rapides, qui ne sont point la récompense du travail, un penchant à la prodigalité, au luxe, aux dépenses improductives, qui tournerait au dommage de la société, sous le rapport purement économique, et qui deviendrait la source de désordres moraux dont les conséquences sont bien plus fâcheuses encore.

Au contraire si l'entreprise de loterie tendait à la production d'une chose utile qui ne pût pas être autrement créée; si par exemple il s'agissait d'éditer un bon ouvrage dont chaque exemplaire est trop cher pour pouvoir se placer dans le commerce, et que l'éditeur mît les exemplaires en loterie, on concevrait que la spéculation aléatoire, employée comme auxiliaire d'une spéculation productive, pût dans certaines circonstances devenir un emploi avantageux et louable d'une partie des capitaux et des forces productives du pays.

Si des ouvriers, âgés chacun de trente ans, prélèvent une même somme sur leurs épargnes et la versent dans une caisse commune, sous la condition que la somme totale avec les intérêts sera partagée par ceux d'entre eux qui vivront dans trente ans, l'association qu'ils forment, connue sous le nom de *tontine*, et dont les chances ont de l'analogie avec celles de la loterie, pourra avoir un but, sinon directement productif, du moins utile. Car chaque ouvrier fait le sacrifice d'une somme dont il peut sans inconvénient se passer tant qu'il est valide, et il s'assure une subsistance pour le cas où il parviendrait à la vieillesse et ne pourrait plus vivre de son travail. Au contraire, s'il pouvait par ses seules économies s'assurer une honnête existence dans sa vieillesse, en conservant à ses enfants le fruit de son travail, et si la mise en tontine n'avait pour motif que le désir de s'enrichir facilement, lui ou les siens, en courant les chances du hasard, la tontine devrait être réprouvée comme les lóteries, et par les mêmes raisons.

Les économistes ont remarqué avec justesse que les salaires considérables attachés à certaines fonctions élevées, ou les grands profits que peuvent faire dans certaines professions ceux qui y excellent et qui ont réussi à se rendre célèbres, agissent comme une prime aléatoire, comme un gros lot offert à beaucoup de gens et que peu obtiennent. Cette prime aléatoire permet de maintenir à un taux plus modeste la rémunération pécuniaire d'une foule de services publics ou privés; elle excite des activités qui resteraient engourdies; et sous ces divers rapports elle peut, entre de justes limites, concourir aux progrès et au bien-être du corps social.

53. En général le hasard se mêle à toutes les choses de ce monde, et dans l'ordre économique il n'y a pas de spéculation qui ne participe plus ou moins à la nature du marché aléatoire. Dans toutes sortes d'affaires commerciales les chances s'achètent et se vendent sans cesse. Lorsqu'on peut et qu'on veut affranchir une spéculation commerciale ou une simple affaire privée, de la condition aléatoire qui y est inhérente, le contrat prend le nom d'*assurance*, et nous en traiterons dans un chapitre particulier. Le contrat d'assurance est toujours favorable, car il dissipe les inquiétudes qui comprimeraient l'activité productive et en gêneraient le libre développement. Il étend la puissance que l'homme s'est acquise par son intelligence libre, par sa raison prévoyante, sur la nature physique soumise aux seules lois de la fatalité.

L'adjonction de la prime aléatoire à la spéculation

dont elle ne fait pas nécessairement partie, est une opération inverse de l'assurance. Elle peut être vue d'un œil favorable ou défavorable, selon qu'elle agit comme auxiliaire utile d'une opération productive, ou qu'absorbant au contraire l'opération productive, et n'en prenant en quelque sorte que la couleur, elle dégénère en agiotage, en pur jeu. Entre ces deux extrêmes on conçoit aisément qu'il y ait des nuances sans nombre, qui ne peuvent devenir l'objet de déterminations précises.

54. Nous avons supposé [49,52] une entreprise de loterie formée sous le régime de la libre concurrence; mais, si une pareille entreprise devenait l'objet d'un monopole légal, si elle était exploitée par le gouvernement ou par ses fermiers, l'excès du prix de la chance sur l'espérance mathématique pourrait donner un bénéfice à l'exploitateur, un revenu à l'État, après que tous les frais d'exploitation auraient été couverts. Le gouvernement entretiendrait, dans un but de fiscalité, les passions et les désordres, moraux ou économiques, que suscitent les spéculations aléatoires; ou du moins il se prévaudrait de l'opinion que ces passions et ces désordres sont indestructibles, pour tâcher d'en tirer un certain avantage pécuniaire au profit du corps politique, plutôt que d'abandonner cet avantage à la spéculation privée. Il est inutile de revenir maintenant sur une question tant de fois traitée dans les intérêts de l'ordre et de la morale, et qui a heureusement reçu en France une solution légale.

Souvent aussi les gouvernements dans l'embarras ont eu recours à des primes aléatoires pour favoriser leurs emprunts; et si l'accumulation des capitaux dans les pays en voie de prospérité a rendu cet expédient inutile, nous voyons encore que la négociation des fonds publics, négociation utile en soi, sert de prétexte à l'organisation d'un vaste marché aléatoire, dont les gouvernements n'ont pas encore pu ou voulu réprimer les abus. Il n'entre pas dans notre plan de traiter ces questions de politique et de finance, qui ne se rattachent que d'une manière très-indirecte à la théorie mathématique des hasards : il suffit de les avoir indiquées.

55. Dans la loterie fictive que nous avons prise pour type, l'entrepreneur de la loterie ou le *banquier* ne joue pas, il se borne à distribuer les chances; mais ordinairement, dans l'organisation des loteries publiques ou des marchés aléatoires analogues, le banquier joue contre les *pontes*, ou contre ceux à qui il vend des chances. Les pontes ne jouent pas les uns contre les autres par l'intermédiaire du banquier : tous jouent contre le banquier; et le même événement aléatoire fait gagner certains pontes et en fait perdre d'autres, selon que, par hasard, par caprice, ou d'après certaines idées systématiques, ils ont préféré telles ou telles chances.

Pour simplifier les calculs, admettons que, dans une longue série de tirages, en nombre m, le ponte hasarde toujours la même somme a, avec une probabilité de gain désignée par p. Soit b la somme que reçoit le ponte en cas de gain : si le jeu était fixé d'après des conditions équitables, la mise a serait précisément égale à l'espérance mathématique pb, ou ne la surpasserait qu'autant qu'il le faudrait pour couvrir les frais du banquier; mais du moment que la banque est entreprise dans un but fiscal ou dans l'intérêt d'un monopoleur, la différence $a - pb$ ou *l'avantage* du banquier devient une portion notable de la mise a. Dans l'ancienne *lote-rie de France*, cet avantage était d'un sixième de la mise sur l'*extrait simple*, d'environ un tiers de la mise sur l'*ambe simple*, et de près des $\frac{22}{25}$ de la mise sur le *quaterne*.

Appelons P la probabilité que le nombre des parties gagnées par le ponte sera compris entre les limites $m(p-l)$, $m(p+l)$: on a vu [33] que, pour de grandes valeurs du nombre m, la valeur de P dépend seulement de celle du rapport

$$t = l \sqrt{\frac{m}{2p(1-p)}};$$

et nous donnons une table des valeurs correspondantes de t et de P, qui peut suffire à tous les besoins de la pratique. P est aussi la probabilité que la totalité des sommes reçues par le ponte restera comprise entre les limites $mb(p-l)$, $mb(p+l)$. La totalité de ses mises est ma. Si l'on a $mb(p+l) < ma$, ou si la limite l assignée à l'écart est plus petite que $\frac{a}{b} - p$, P désigne la probabilité que la perte du ponte tombera entre les limites

$$ma - mb(p-l), \quad ma - mb(p+l).$$

Si au contraire l surpasse $\frac{a}{b} - p$, le nombre P exprime la probabilité que la perte du ponte n'excédera pas $ma - mb(p-l)$, et que son gain ne surpassera pas $mb(p+l) - ma$.

Soit, par exemple, $m = 3\,000, p = \frac{1}{18}$, et supposons que l'avantage du banquier soit d'un sixième, comme dans l'exemple rapporté ci-dessus : on trouve par les formules qu'il y a un contre un à parier que la perte finale du ponte sera comprise entre 373 fois et 627 fois la mise, et 20 000 à parier contre un que son gain n'excédera pas 265 fois, ni sa perte 1265 fois la mise.. Ces écarts, exprimés par des nombres considérables, lorsqu'on prend la mise pour unité, le seraient par des nombres 15 fois moindres, si l'on prenait pour unité la somme que reçoit le ponte, en cas de gain.

Dans les loteries proprement dites, les tirages se succèdent avec trop de lenteur pour que le même ponte puisse répéter ainsi plusieurs milliers de fois l'épreuve du même hasard; mais dans les jeux publics où les coups se succèdent au contraire fort rapidement, de tels nombres n'ont rien d'extraordinaire. Aussi le banquier ne se réserve-t-il, dans ces sortes de jeux, qu'un bien moindre avantage, afin de ne pas décourager les pontes, et parce que la prompte répétition des coups multiplie ses bénéfices, en même temps qu'elle les assure.

56. Un homme qui joue habituellement contre le premier venu, à un jeu de pur hasard, est comme un ponte dont le public serait le banquier; mais en pareil cas il joue communément à jeu égal, c'est-à-dire que sa mise est égale à son espérance mathématique; et de plus il joue le plus souvent à chances égales, c'est-à-dire que sa probabilité de gain est $\frac{1}{2}$. Pour une série de 3 000 coups, il y aurait un contre un à parier que la perte ou le gain du joueur serait moindre que 19 fois la mise, et 20 000 à parier contre un que la perte ou le gain ne surpasserait pas 111 fois la mise. Il faudrait

multiplier ces limites par 2, 3, 4, etc., si le nombre de
coups devenait 4 fois, 9 fois, 16 fois plus grand, etc.:
la perte ou le gain-probable augmentant toujours avec
le nombre des coups, quoique dans une progression
beaucoup moins rapide, et qui va toujours se ralentissant.

Quand les deux mêmes joueurs parient constamment
l'un contre l'autre, la progression dont on vient de
parler, quelque ralentie qu'elle soit, doit certainement
amener la ruine de l'un ou de l'autre des joueurs, si le
jeu se prolonge indéfiniment; et elle doit très-probablement en ruiner un, après un nombre de coups qu'il
faudra supposer plus ou moins grand selon le rapport
des enjeux à la fortune de chaque joueur. Il est juste
cependant de faire observer, qu'à moins de supposer
ce rapport beaucoup plus grand qu'il ne l'est communément, le nombre de coups qu'il faudrait jouer pour
avoir une probabilité considérable que l'un des joueurs
se ruinera, est plus grand que ne le comporte la pratique du jeu.

57. Toutefois ces calculs se réfèrent à l'hypothèse où
le capital de chaque joueur lui a permis de pousser jusqu'au bout la série des coups dont nous désignons le
nombre par m : c'est ce qu'on peut toujours supposer à
l'égard des personnes qui ne font du jeu qu'un amuse-
ment, mais le contraire peut malheureusement avoir
lieu dans les jeux passionnés; et il s'agit de savoir si les
chances de perte finale ne disparaissent pas alors en
quelque sorte devant celles d'une ruine anticipée. Le
calcul devient d'autant plus nécessaire pour évaluer les
chances de cette dernière espèce, qu'on se fait généralement une idée peu précise de l'influence qu'elles exer-

cent sur le sort des joueurs; et si, dans des intentions d'ailleurs très-louables, on a cru devoir exagérer cette influence, nous pensons qu'il vaut encore mieux s'en tenir à la rigueur arithmétique.

Supposons, pour prendre un exemple simple, deux joueurs A et B jouant à mises égales et à chances égales : la mise de A étant la 50e partie de son capital. Admettons aussi, en premier lieu, que les joueurs A et B sont également riches ou disposent précisément du même capital. On a la probabilité 0,8859, ou près de 9 à parier contre un, que le joueur A ne sera pas ruiné au 1000e coup, et la probabilité 0,4954, ou presque un à parier contre un, qu'il sera ruiné au plus tard au $10\,000^e$ coup.

Si l'on suppose le capital de B double de celui de A, la première probabilité n'est pas sensiblement altérée dans sa valeur; la seconde devient 0,604; en sorte qu'il y a environ 3 à parier contre 2 que le joueur A sera ruiné par le joueur B, au plus tard au $10\,000^e$ coup. L'influence de la supériorité de la fortune du joueur B devient sensible, mais beaucoup moins qu'on ne le croit communément.

Enfin, si l'on suppose le capital de B infini ou inépuisable, la probabilité de ruine, au plus tard au 1000e coup, reste encore sensiblement la même pour le joueur A; tandis que la probabilité de sa ruine, au plus tard au $10\,000^e$ coup, devient 0,617, valeur un peu plus forte que celle qu'on a trouvée tout à l'heure, mais qui pourtant ne la surpasse pas notablement.

Si le capital de A devenait double, triple, quadruple, il faudrait embrasser un nombre de coups quatre fois, neuf fois, seize fois plus grand, pour tomber sur les mêmes probabilités de ruine anticipée ([1]).

58. En résumé, le calcul confirme cette indication du bon sens, que, quand deux joueurs inégalement riches entreprennent de jouer gros jeu, toutes choses égales d'ailleurs, le plus riche a un avantage sur l'autre, parce qu'il peut soutenir plus longtemps la fortune adverse; mais le calcul fait voir en même temps que cet avantage est beaucoup plus faible qu'on ne serait d'abord porté à le croire, et comme insensible, tant que la mise du joueur à chaque coup n'est pas une fraction considérable de son capital, ou tant qu'on n'embrasse pas une série formée d'un très-grand nombre d'épreuves aléatoires.

La supériorité habituelle du joueur le plus riche, si elle résultait d'observations bien constatées, pourrait s'expliquer d'une autre manière. Le joueur plus riche, moins sensible à la perte, conserve un plus libre exer-

---

([1]) Supposons que le joueur A, jouant à jeu égal contre un adversaire B dont la fortune est réputée infinie, expose chaque fois la fraction $\frac{1}{\alpha}$ de son capital. Désignons par Π la probabilité que le joueur A sera ruiné au plus tard au n^e coup, et posons

$$t = \frac{\alpha}{\sqrt{2n}} :$$

on aura à très-peu près

$$1 - \Pi = \frac{2}{\sqrt{\pi}} \int_0^t e^{-t^2} dt + \frac{1}{\sqrt{\pi}} \cdot \frac{te^{-t^2}}{2n} \left(1 - \frac{\alpha^2}{3n}\right);$$

et dans la plupart des cas le second terme de la valeur de $1 - \Pi$ pourra être négligé vis-à-vis du premier [33, *note*]. La valeur du premier terme est donnée par la table placée à la fin du présent ouvrage.

cice de sa raison : tandis qu'un autre, désespéré par les revers, fait ordinairement suivre à ses mises une progression croissante, suffisante pour entraîner sa ruine dans un nombre de coups beaucoup moindre. Il faut bien remarquer en effet que les calculs précédents sont subordonnés à l'hypothèse d'une mise égale à chaque coup.

Le désavantage qu'on se donne en liant une suite nombreuse de parties avec un adversaire plus riche que soi, on se le donne à plus forte raison en s'engageant à tenir tête au premier venu pendant le même nombre de parties : car cela revient à se donner un adversaire dont la fortune est infinie, et par qui l'on peut être ruiné sans qu'il coure la chance de l'être.

Le fermier d'un jeu public dispose de capitaux énormes en comparaison de ceux que les pontes possèdent. Il en résulte que chaque ponte isolément a du désavantage ; mais il ne suit pas de là que cette inégalité de position suffise pour assurer les bénéfices du banquier. Si toutes les autres conditions du jeu étaient égales, le banquier pourrait également perdre ou gagner. On aurait tort de voir en cela une contradiction avec ce qui a été dit du désavantage des pontes : car, de ce qu'il est plus probable que chaque ponte, pris isolément, se ruinera, il ne s'ensuit pas qu'il soit plus probable que la masse des pontes se ruinera, ou qu'elle ne fera pas de bénéfices.

59. Les profits d'un entrepreneur de jeux publics reposent sur une base bien plus solide, sur l'inégalité des conditions du jeu entre les pontes et lui. Nous avons vu [55] que dans un jeu inégal, la perte moyenne du joueur désavantagé croît proportionnellement au nombre des

coups, tandis que l'intervalle des limites entre lesquelles la perte oscille, croît proportionnellement à la racine carrée du même nombre : de sorte qu'il doit arriver une époque où la perte moyenne, imposée par la constitution du jeu au joueur désavantagé, devient hors de proportion avec les variations de cette perte, dues aux anomalies du hasard ; où, par exemple, la perte moyenne se comptant par millions, les variations fortuites se comptent par mille ; car mille est la racine carrée d'un million.

Dans les jeux publics où les coups se succèdent rapidement, et où un grand nombre de pontes parient en même temps sur des chances diverses, en variant capricieusement ou systématiquement leurs mises d'un coup à l'autre, il serait impossible, à moins d'emprunter des données à l'expérience, de calculer le nombre de coups après lequel il y a telle probabilité que les variations fortuites du gain du banquier resteront comprises entre telles limites. Mais cette précision est peu nécessaire : il suffit que la théorie et l'expérience s'accordent pour rendre certains les bénéfices moyens du banquier, résultant de la constitution du jeu.

La même remarque s'applique à plus forte raison aux loteries publiques. Si l'on entendait par *coups* les tirages de la loterie, comme ces tirages sont peu nombreux dans un an, il semblerait qu'un très-grand nombre d'années devraient s'écouler avant que la loterie pût compter sur des bénéfices certains. D'un autre côté, si toutes les mises étaient égales, si elles portaient sur la même espèce de chance, et si chaque ponte choisissait ses numéros au hasard, chaque tirage pourrait être considéré comme donnant lieu à une série formée d'autant de coups qu'il y a de mises, et l'on rentrerait dans le cas très-simple du n° 55. Mais toutes ces diverses suppositions sont entachées d'inexactitude : il règne, parmi les habitués des loteries, certains préjugés qui, en agissant de la même manière sur un grand nombre d'entre eux, s'opposent à ce que les mises soient réparties dans des proportions sensiblement égales sur chaque numéro ou combinaison de numéros, comme cela arriverait si le choix de la combinaison ne dépendait que de causes irrégulières et fortuites. L'expérience seule peut donner la mesure de l'effet de ces préjugés, et par suite elle seule peut indiquer les nombres de tirages et de mises suffisants pour assurer les bénéfices de la loterie. On voit, par le tableau officiel des produits de la *loterie de France*, depuis l'an VI jusqu'à 1835 inclusivement, que ces produits variaient, tant par suite de l'accroissement et du décroissement des mises, qu'en raison de leur inégale distribution sur les chances diverses, beaucoup plus qu'ils n'auraient dû le faire en vertu de causes purement fortuites, mais sans que ces fluctuations pussent jamais aller jusqu'à menacer le Trésor d'un déficit. L'expérience avait aussi rassuré l'administration de la loterie sur l'influence que pouvaient exercer, à chaque tirage en particulier, les préjugés dont nous parlons; et elle n'usait plus du droit qu'elle s'était réservé, de *fermer* les numéros trop chargés.

60. Plus étaient faibles les probabilités de gain correspondant aux diverses chances de l'ancienne loterie (l'*extrait*, l'*ambe*, etc.), plus l'administration s'était réservé d'avantages en élevant de plus en plus le prix du billet au-dessus de l'espérance mathématique : non-seulement cette combinaison avait pour but d'asseoir un

impôt plus lourd sur la plus grande cupidité; mais l'administration comprenait qu'elle avait besoin de plus grandes sûretés pour des coups moins fréquemment ré-pétés, et tels, qu'un succès, très-peu probable il est vrai, pouvait entamer notablement sa réserve. Le *quine,* quand on le jouait, ne rendait qu'un million de fois la mise, quoi-que la probabilité de la sortie d'un quine fût exprimée par

la fraction $\dfrac{1}{43\,949\,268}$; et ainsi l'avantage de l'adminis-

tration sur cette chance surpassait les $\dfrac{42}{43}$ de la mise. Au

surplus, l'administration avait fini par supprimer cette chance, soit pour s'épargner toute inquiétude, soit parce que le quine se jouait trop rarement pour que le produit de la spéculation sur cette chance valût la peine d'en compliquer la comptabilité; et l'on conçoit bien qu'il doit y avoir une limite à la petitesse des chances ou des probabilités négociables. L'extraction fortuite d'une boule blanche, quand l'urne ne renferme qu'une seule boule blanche sur cent millions ou sur un milliard de boules, est un événement si peu probable, qu'on ne trouverait pas une personne disposée à spéculer sur cette chance; et en trouvât-on une accidentellement, ce serait une excep-tion trop rare pour que cette chance acquît une valeur courante dans le négoce, ou pour qu'elle figurât sur le tarif d'une compagnie qui aurait le monopole des chances.

61. Ces considérations vont nous donner la solution la plus naturelle d'une question piquante, connue sous le nom de *Problème de Pétersbourg,* et qui rappelle, par sa forme captieuse, les sophismes célèbres de l'anti-quité grecque.

L'énoncé de la question peut être celui-ci. Pierre et

Paul jouent à *passe-dix* [25], avec la condition que
Pierre payera à Paul un franc s'il passe dix au premier coup, deux francs s'il ne passe dix qu'au second
coup, quatre francs s'il ne passe dix qu'au troisième
coup, et ainsi de suite en doublant toujours; de manière
que la partie ne se termine que lorsque Pierre a passé
dix : on demande l'espérance mathématique de Paul,
ou ce qu'il doit déposer pour enjeu.

D'après les notions fondamentales du calcul, Paul a
les probabilités

$$\frac{1}{2}, \quad \frac{1}{4}, \quad \frac{1}{8}, \quad \frac{1}{16}, \quad \text{etc.}$$

de gagner

$$1, \quad 2, \quad 4, \quad 8, \quad \text{etc., francs,}$$

selon que Pierre passera dix au premier, au second, au troisième coup, etc. La valeur de son espérance est la somme
de ces gains aléatoires, multipliés respectivement par les
probabilités correspondantes. Mais chacun de ces produits donne un demi-franc : ainsi Paul devrait donner
cinquante francs, si l'on mettait pour condition que le
jeu cessera nécessairement au centième coup; il devrait
donner 500 francs, si l'on convenait que le jeu cessera
nécessairement au millième coup; enfin il doit donner
une somme plus grande que toute quantité assignable,
ou une somme infinie, quand on convient que le jeu se
prolongera jusqu'à ce que Pierre ait passé dix, si loin
qu'il faille aller pour cela. Et cependant, ajoute-t-on,
quel est l'homme sensé qui voudrait risquer à ce jeu,
non pas une somme infinie, dont personne ne dispose,
mais une somme tant soit peu forte relativement à sa
fortune?

Pour lever ce paradoxe, la plupart des géomètres ont

fait intervenir leurs hypothèses sur l'*espérance morale* [51], d'après lesquelles la *valeur utile* d'une somme
d'argent croît moins rapidement que sa valeur nominale,
ou même cesse de croître, suivant quelques-uns, au
delà d'une certaine limite. Mais ces explications nous
paraissent trop arbitraires, pour que nous nous y ar-
rêtions.

M. Poisson a fait la remarque bien simple que Pierre
ne peut pas payer plus qu'il n'a, et que s'il possédait
cinquante millions, somme exorbitante pour un particulier, il ne pourrait loyalement s'engager à prolonger
le jeu au delà du 26e coup, puisqu'au 27e coup sa dette
envers Paul, en cas de perte, serait le nombre de francs
exprimé par $2^{26} = 67\,108\,864$, somme supérieure à sa
fortune. Réciproquement, Paul, connaissant la fortune
de Pierre, ne s'engagera pas à jouer plus de 26 coups,
et ne risquera que 13 francs. En supposant qu'il ne
limite pas le nombre de coups, comme il ne peut pas
recevoir de Pierre, quoi qu'il arrive, plus de cinquante
millions, on trouve que la valeur mathématique de son
espérance ne surpasse pas $13^f\,50^c$.

Mais cette remarque n'atteint pas encore le fond de
la difficulté; car la valeur d'une chose, en soi, ne doit
pas être confondue avec la valeur relative qui naît du
degré de solvabilité du débiteur de la chose. Supposons qu'une loterie publique s'organise avec les conditions physiques de jeu, dont il vient d'être question;
que Pierre soit un instrument aveugle qui jette les dés;
et que l'administration de la loterie émette des billets,
les uns sous le n° 1 qui rapporteront un franc au por-
teur si l'on passe dix au premier coup, les autres sous le
n° 2, qui rapporteront deux francs si l'on ne passe dix

qu'au second coup, et ainsi de suite. A cause du monopole dont jouit la loterie, elle pourra porter le prix de ses billets n°s 1 à plus d'un demi-franc, et les placera aisément. Il y aura un tarif pour les billets n°s 2, n°s 3, qui se placeront encore, et ainsi des autres. Mais elle arrivera enfin à un numéro qui ne trouvera plus d'acheteurs, ou qui en trouvera si rarement que l'administration supprimera la chance; et cela quand même l'administration ne ferait pas aux pontes un jeu inégal; quand même sa solvabilité, garantie par l'État, ne pourrait pas être mise en doute. Le sort du joueur Paul, dans le premier énoncé du problème, équivaut au sort du ponte qui achèterait un billet dans chacune des séries de numéros, que la loterie a pu faire entrer en circulation.

62. On rencontre souvent, dans les jeux de société comme dans les jeux publics, des joueurs systématiques, à savoir des personnes qui se sont fait un système de jeu, d'après lequel elles se croient sûres d'un bénéfice, ou tout au moins sûres de ne pas perdre. Pour cela elles suivent certaines progressions dans leurs mises, ou se prescrivent des règles pour entrer au jeu et pour en sortir. Notre cadre ne comporte pas une discussion détaillée de ces systèmes qui peuvent varier à l'infini: il suffit d'énoncer comme une vérité mathématique, qui ressort immédiatement des définitions, et qu'il serait facile de constater pour un système quelconque, que dans tout jeu égal, le joueur, quelque système qu'il suive, ne peut acquérir une probabilité de cent contre un de gagner un franc, sans courir un risque mesuré par la probabilité de un contre cent de perdre cent francs; les deux produits qu'on obtient en multipliant le gain pos-

sible par la probabilité du gain, et la perte possible par
la probabilité de la perte, devant toujours rester rigoureusement égaux. Si le jeu est inégal, aucune méthode
de jeu n'a le pouvoir de détruire l'inégalité des conditions entre les parties adverses. Dans tous les cas, il y
a un produit de deux facteurs dont la valeur résulte
invariablement des conditions du jeu, et que le joueur
ne saurait changer par la méthode qu'il se trace. Mais
il est bien le maître d'accroître par sa méthode l'un des
facteurs aux dépens de l'autre. Il peut à son choix diminuer ou augmenter le gain ou la perte éventuelle, en
augmentant ou diminuant proportionnellement la probabilité, soit du gain, soit de la perte. C'est ainsi que la même
quantité de force vive, consommée par l'intermédiaire
de machines différentes, peut servir à faire décrire un
espace double à une masse moindre de moitié, ou un
espace moindre de moitié à une masse double : le produit de la masse par l'espace décrit restant toujours
constant et proportionnel à la force vive dépensée, sauf
les pertes qui résulteraient des imperfections du jeu de
la machine. Chercher un mécanisme qui crée de la force
vive au lieu d'en absorber, c'est tomber dans la chimère
des chercheurs de mouvement perpétuel : l'utilité de la
machine consiste à faire varier, selon les cas, l'espace
décrit aux dépens de la masse, la masse aux dépens de
l'espace décrit. Les frais de jeu représentent l'absorp-
tion improductive de force vive par la machine; et un
système quelconque de jeu peut être considéré comme
une machine à l'aide de laquelle le joueur fait varier
deux éléments selon ses vues et ses convenances, mais
toujours de manière que leur produit ne varie pas.

63. Il faut bien signaler ici une illusion dans laquelle

des esprits, sensés d'ailleurs, semblent enclins à tomber. Chacun a le sentiment confus de cette vérité, que les anomalies du hasard doivent très-probablement se compenser à très-peu près, quand on embrasse une longue succession d'événements. De là on s'imagine que lorsqu'un événement qui n'a pas plus de chances pour lui s'est reproduit plus souvent pendant une période, c'est une raison pour qu'il se reproduise moins souvent dans la période suivante : comme si l'indépendance des événements successifs, condition sans laquelle il serait contre la définition de dire qu'ils se succèdent fortuitement, n'excluait pas toute influence des hasards passés sur les hasards futurs. Mais l'imagination a quelque peine à ne voir dans les lois du hasard que l'effet des lois mathématiques qui régissent les combinaisons ; elle est toujours tentée de donner au hasard une vertu substantielle et productrice, ayant son énergie et en quelque sorte sa finalité propre. Il suffit d'indiquer de telles illusions pour en garantir les hommes réfléchis.

Si, dans une longue série d'épreuves aléatoires, le rapport du nombre des événements A, à celui des événements contraires B, s'écarte sensiblement du rapport entre les probabilités de A et de B, cet écart accusera un défaut dans la construction des instruments aléatoires, ou plus généralement l'existence d'une cause par l'influence de laquelle des combinaisons réputées également possibles, dans le calcul des probabilités de A et B, ne le sont pas en réalité. Si, par exemple, le sonnez avait été amené mille fois en dix mille coups de dés [6], on serait certain d'une irrégularité de structure dans les dés ; ou bien il faudrait admettre que celui qui les met dans le cornet et qui les projette, s'y prend, par routine ou par adresse, de manière à augmenter la probabilité de l'apparition d'un sonnez. La valeur de cette probabilité, au lieu de pouvoir se conclure *à priori* de la théorie des combinaisons, devrait alors être déterminée par l'expérience, ainsi que nous l'expliquerons plus tard.

Si, à un jeu mi-parti d'adresse et de hasard, où les chances du hasard sont égales de part et d'autre, et dans une longue série de parties entre les mêmes joueurs, l'un des joueurs a gagné beaucoup plus que la moitié du nombre des parties, c'est l'indice certain d'une supériorité d'adresse qui lui donne l'avantage sur son adversaire. Réciproquement, la supériorité d'adresse du joueur le plus habile devra prévaloir à la longue sur les irrégularités du hasard.

Ce que nous attribuons à la supériorité de l'adresse et du sang-froid, d'autres l'imputeront, s'ils le veulent, à une fatalité mystérieuse qui poursuit certaines personnes et semble se plaire à en favoriser d'autres. Cette croyance est une de celles qui ont leurs racines dans le cœur humain ; qui tiennent au sentiment confus d'un ordre surnaturel que la raison n'atteint pas ; et qui par conséquent ne comportent pas de discussion rationnelle. Elle contribue pour le moins autant que la cupidité et l'ambition à entretenir le goût des entreprises aventureuses et des spéculations aléatoires. L'histoire de cette croyance, de son origine et de ses effets, est du ressort du moraliste et du psychologue : on la trouverait déplacée dans l'exposition d'un sujet mathématique.

CHAPITRE VI.

DES LOIS DE PROBABILITÉ. — DES VALEURS MOYENNES ET MÉDIANES.

—

64. Nous savons que le nombre des combinaisons ou des chances auxquelles peut donner lieu le concours fortuit de causes indépendantes, est communément infini, dans l'ordre des phénomènes naturels [15] : en conséquence il arrive, pour l'ordinaire, qu'une grandeur dont la détermination dépend de combinaisons fortuites peut prendre sans discontinuité toutes les valeurs comprises entre certaines limites, ou même des valeurs dont rien ne limite absolument la grandeur ni la petitesse. Ces valeurs étant en nombre infini, la probabilité de chaque valeur en particulier est infiniment petite : il y aurait impossibilité physique à ce que celui qui parierait pour telle valeur précise, n'importe laquelle, ne perdît pas son pari; mais pourtant ces probabilités infiniment petites ne sont point égales en général; elles conservent entre elles de certains rapports, finis et assignables, et qui ne se réduisent à l'unité que dans des cas particuliers. C'est ce qu'on a vu à propos de la question traitée dans le n° 16, et dont il est facile de modifier l'énoncé, de manière à lui donner toute la généralité désirable.

Supposons donc que l'on ait une aire plane AB*bia*

(*fig.* 6), limitée par la droite AB, par les deux perpendiculaires A*a*, B*b*, et par la courbe *aib*, tracée d'une
manière quelconque : on projette au hasard une sphère
sur le plan, dans l'intérieur de l'aire ainsi déterminée;
de sorte que la distance du point de contact de la sphère
et du plan à une ligne droite OY, menée parallèlement
aux droites A*a*, B*b*, peut prendre toutes les valeurs comprises entre OA = *a*, OB = *b*; et l'on demande la probabilité que cette distance prendra une valeur intermédiaire quelconque OI = *x*. En d'autres termes, on demande la probabilité que le point de contact tombera
sur la droite I*i*, menée par le point I perpendiculaire-
ment à AB. Cette probabilité est infiniment petite, puisque le point peut aussi bien tomber sur une infinité
d'autres perpendiculaires à AB, comprises entre A*a* et
B*b*; cependant, si l'on compare la probabilité de chute
sur la perpendiculaire I*i* à la probabilité de chute sur
une autre perpendiculaire H*h*, il ressort de l'énoncé
même de la question, que le rapport entre ces deux
probabilités est celui de la longueur I*i* à la longueur H*h*,
et qu'ainsi ces deux probabilités infiniment petites ne
sont point égales. Admettons en effet que I*i* représente
une longueur de 5 décimètres et H*h* une longueur de
7 décimètres : on partagera la droite I*i* en 5 parties et
la droite H*h* en 7 parties, d'un décimètre chacune, et
il n'y aura pas de raison pour que le point de contact
de la sphère et du plan tombe sur l'une de ces 12 lignes, d'un décimètre de longueur, plutôt que sur l'autre; d'ailleurs il est évident que la probabilité de chute,
sur la longueur totale, est la somme des probabilités
de chute sur chacune des longueurs partielles.

Le même fait peut être présenté sous un autre aspect. Supposons qu'on prenne sur la droite AB, de part et d'autre du point I, deux points voisins I′, I, et qu'on mène par ces points les perpendiculaires I′i″, Ii, : la probabilité que le point de contact de la sphère et du plan tombera dans l'intérieur du trapèze curviligne I,I′i″i,, ou la probabilité que la distance du point de contact à la ligne OY tombera entre les valeurs OI,, OI′, l'une un peu plus petite que OI, l'autre un peu plus grande, est évidemment exprimée par le rapport de l'aire de ce trapèze à l'aire totale ABbhia. De même, la probabilité que la distance tombera entre les valeurs OH,, OH′, l'une un peu plus petite que OH, l'autre un peu plus grande, est exprimée par le rapport de l'aire du trapèze H,H′h′h, à l'aire totale. Ces deux fractions décroîtront toutes deux au-dessous de toute limite, si les longueurs II,, II′ décroissent indéfiniment, et qu'en même temps les longueurs HH,, HH′, supposées égales aux précédentes, décroissent aussi indéfiniment. Mais, tandis que les deux fractions décroissent au-dessous de toute limite, leur rapport tend manifestement vers une limite fixe qui est le rapport de la perpendiculaire Ii à la perpendiculaire Hh.

65. En général, quelles que soient les conditions du hasard qui assigne à une certaine grandeur x l'une des valeurs, en nombre infini, comprises entre deux limites a, b, on peut assimiler ce hasard à celui dont il vient d'être question, en tirant deux lignes droites perpendiculaires OX, OY; en prenant sur la première droite deux longueurs OA $= a$, OB $= b$, et en traçant convenablement la courbe $aihb$. Cette courbe se trouve alors représenter la *loi de probabilité* des diverses valeurs de la variable x, comprises entre a et b. Le rap-

port de la longueur d'une perpendiculaire I*i* à une
autre perpendiculaire quelconque H*h*, est le rapport de
la probabilité infiniment petite que *x* prendra précisément la valeur OI, à la probabilité infiniment petite
que *x* prendra précisément la valeur OH. Dans le langage mathématique, les droites OI, OH se nomment les
abscisses et les droites I*i*, H*h* se nomment les *ordonnées* des points *i*, *h*; les droites OX, OY s'appellent
les *axes des coordonnées*. Tandis que l'abscisse, dans
ce système de construction imaginé par Descartes, représente une quantité variable à ses divers états de grandeur, l'ordonnée représente la valeur correspondante
d'une autre quantité qui dépend de la première, ou qui
est, comme disent les géomètres, *fonction* de la première. Pour abréger, nous appellerons *courbe de probabilité* la courbe qui est propre à représenter la loi de
probabilité des diverses valeurs d'une grandeur variable,
à l'aide des conventions que l'on vient d'expliquer, et
qui rentrent d'ailleurs dans celles dont nous avons déjà
fait usage [31].

66. La courbe de probabilité s'étendrait à l'infini,
dans le sens OX (*fig.* 7), si, par exemple, toutes les
valeurs de la grandeur *x*, depuis zéro jusqu'à l'infini,
étaient rigoureusement possibles. Mais alors, pour que
la question de probabilité eût un sens, il faudrait que
l'aire totale comprise entre la droite O*o*, l'axe OX et la
courbe *ob*, prolongée jusqu'à l'infini, conservât une valeur finie, afin que le rapport d'une portion finie de
cette aire à l'aire totale conservât de même une valeur
finie. En d'autres termes, il faudrait que la valeur de
l'aire OB*bo*, au lieu de croître au delà de toute limite
quand l'ordonnée B*b* avance de plus en plus dans le

sens OX, tendît vers une limite finie et assignable. Ceci suppose que l'ordonnée B*b* décroît au-dessous de toute limite; mais cette dernière condition ne suffirait pas pour assurer l'existence de la première, au moins dans l'ordre des conceptions abstraites et purement mathématiques. Dans la réalité physique, il arrive toujours que, pour de certaines valeurs de OB, l'ordonnée B*b* devient si petite qu'on peut négliger sans erreur appréciable la portion de l'aire totale située au delà de l'ordonnée B*b*. Les valeurs plus grandes que OB, quoique rigoureusement possibles, deviennent si rares qu'on peut se dispenser d'en tenir compte; et quoiqu'on ne puisse assigner de limites précises aux valeurs de OB, il y a des valeurs si grandes qu'elles ne se sont jamais présentées, et qu'on doit regarder comme physiquement impossible qu'elles se présentent jamais. Ainsi, la probabilité de vivre un âge donné, fût-ce 110, 120, 130 ans, n'est pas rigoureusement nulle, car il y a des exemples d'hommes qui ont dépassé cet âge. Probablement même il n'existe pas de conditions mathématiques, ou d'une rigueur équipollente à la rigueur mathématique, qui déterminent une limite d'âge absolument infranchissable. Mais néanmoins, dans toutes les questions qui sont du ressort du calcul des probabilités, il est très-permis de traiter comme nulle la probabilité de vivre 110 ans ou plus; et l'on peut bien regarder comme certain qu'on n'aura jamais d'exemple d'une longévité de deux siècles.

La courbe de probabilité peut s'étendre à l'infini dans les deux sens, comme l'indique la *fig.* 8, lorsque la grandeur est susceptible de prendre fortuitement des valeurs négatives OA, aussi bien que des valeurs positives OB. Nous supposons que le lecteur sait ce qu'on

entend en mathématiques par valeurs positives et négatives; et dans le cas contraire il suffira de lui indiquer
la comparaison vulgaire des bénéfices et des pertes. Si
OB représente la valeur fortuite du bénéfice d'un joueur,
OA représentera la valeur fortuite d'une perte; et l'on sent
bien que l'on peut passer sans discontinuité, des chances
qui donnent au joueur un très-petit bénéfice, à celles qui
lui occasionnent une très-petite perte. Cette continuité
est représentée par la continuité du tracé de la courbe,
de part et d'autre de l'axe OY. Dans le cas qui nous occupe, il faut que l'aire comprise entre la courbe et l'axe
X'X, prolongé à l'infini dans les deux sens, demeure
une quantité finie.

67. Imaginons qu'après avoir tracé la courbe de probabilité ab (*fig.* 9), on partage l'intervalle AB des valeurs extrêmes en i parties égales AA_1, A_1A_2, etc., et
qu'on mène les ordonnées équidistantes A_1a_1, A_2a_2, etc.
Appelons Ω l'aire totale ABba, et ω_1, ω_2, etc., les aires
partielles AA_1a_1a, $A_1A_2a_2a_1$, etc. : le quotient

$$\frac{\omega_1 \times \overline{OA_1} + \omega_2 \times \overline{OA_2} + \text{etc.}}{\Omega}$$

se rapproche de plus en plus, quand on prend le nombre
i de plus en plus grand, d'une certaine valeur fixe M,
représentée par une ligne OG, comprise entre OA et OB.
La valeur M, définie de la sorte, est la *moyenne* de
toutes les valeurs que peut prendre fortuitement la grandeur x, entre les limites OA, OB : chaque valeur particulière étant censée contribuer, en raison de sa probabilité
propre, à la formation de la moyenne M. Cette moyenne
M doit coïncider sensiblement avec la moyenne arithmétique des valeurs particulières fournies par un très-

grand nombre d'épreuves fortuites. Partageons en effet la série totale des valeurs particulières, au nombre de N, en i séries partielles : la première formée des valeurs, en nombre n_1, qui tombent entre OA et OA_1; la seconde formée des valeurs, en nombre n_2, qui tombent entre OA_1 et OA_2; et ainsi de suite. A cause de la petitesse des différences AA_1, A_1A_2, etc., la moyenne μ de la série totale sera sensiblement égale à

$$\frac{n_1}{N}.\overline{OA_1}+\frac{n_2}{N}.\overline{OA_2}+ \text{etc.}$$

D'un autre côté, à cause que chaque série partielle est censée contenir un très-grand nombre de valeurs particulières, on a sensiblement

$$\frac{n_1}{N}=\frac{\omega_1}{\Omega}, \quad \frac{n_2}{N}=\frac{\omega_2}{\Omega}, \text{ etc.}$$

Donc, la valeur fixe dont se rapproche de plus en plus la moyenne μ, quand les nombres i, n_1, n_2, etc., et à plus forte raison le nombre N, croissent de plus en plus, n'est autre que la grandeur M définie ci-dessus, et représentée par la ligne OG.

D'après les notions élémentaires de la statique, si l'aire AB*ba* était l'une des faces d'une plaque pesante, d'épaisseur et de densité uniformes, le centre de gravité de la plaque se trouverait sur l'ordonnée G*g*. Si la ligne AB représentait une barre pesante, d'épaisseur uniforme, mais dont la densité, pour chaque tranche, varierait comme l'ordonnée de la courbe *ab*, le point G serait le centre de gravité de la barre.

68. Soit OI une abscisse tellement choisie que l'ordonnée correspondante I*i* partage l'aire totale Ω en deux parties égales : la valeur OI est ce que nous appellerons

la valeur *médiane* de la grandeur x. Deux joueurs dont l'un parierait que x sera inférieure à OI, l'autre qu'elle surpassera OI, parieraient à chances égales. Sur un très-grand nombre de valeurs de x, déterminées fortuitement, le quotient du nombre des valeurs plus grandes (ou plus petites) que OI, par le nombre total des épreuves, ne différerait que très-peu de la fraction $\frac{1}{2}$.

Les auteurs ont été jusqu'ici dans l'usage de donner à cette valeur médiane le nom de valeur *probable*, mais fort improprement, ainsi qu'on l'a déjà remarqué [34]. En général, cette valeur n'est pas celle à laquelle correspond l'ordonnée *maximum* de la courbe *ab*, et ainsi elle ne peut pas être considérée comme plus probable que les autres. Rien n'empêche qu'elle corresponde à l'ordonnée *minimum* de la courbe, ou même à une ordonnée nulle, auquel cas la valeur médiane cesserait d'être l'une des valeurs, en nombre infini, que peut amener la détermination fortuite de la grandeur x.

Quand l'ordonnée de la courbe va constamment en croissant de A en B, la valeur médiane surpasse la valeur moyenne; le contraire a lieu quand l'ordonnée va constamment en décroissant de A en B.

Si la courbe est symétrique par rapport à une certaine ordonnée Gg (*fig.* 10), les valeurs moyenne et médiane se confondent avec l'abscisse OG, qui est la demi-somme des abscisses extrêmes, et à laquelle correspond aussi, communément, la plus grande ou la plus petite valeur de l'ordonnée.

69. On n'a pas de peine à comprendre que, selon la distance des limites entre lesquelles oscille la grandeur fortuite, et selon la forme de la courbe qui représente

la loi de probabilité des diverses valeurs, la valeur moyenne μ, déterminée par un grand nombre d'épreuves, doit tendre avec plus ou moins de rapidité vers la moyenne *absolue* M, définie au n° 67 ; de manière qu'il faudra, selon les cas, un nombre d'épreuves plus ou moins grand, pour obtenir une probabilité donnée que les anomalies du hasard ne produiront qu'un écart compris entre des limites assignées. Nous appellerons *module de convergence*, ou simplement *module*, le nombre qui mesure, dans chaque cas particulier, la rapidité avec laquelle les moyennes données par les épreuves convergent vers la moyenne absolue. La valeur de ce module s'obtient *à priori*, par les règles du calcul intégral, quand on a assigné la forme de la fonction ou de la courbe qui représente la loi de probabilité.

Désignons par g le module, par m le nombre des épreuves, par P la probabilité que la moyenne μ tirée de ces m épreuves ne s'écartera pas de la moyenne absolue M, en plus ou en moins, d'une quantité plus grande que l : pour de grandes valeurs du nombre m, la valeur de P dépendra uniquement de celle du nombre

$$t = lg\sqrt{m} \; ; \qquad \text{(L)}$$

de sorte que, si ce nombre t reste le même (les nombres l, m et g dont il dépend venant à varier), la probabilité P ne variera pas non plus. P est d'ailleurs la même fonction de t dont il a été question au n° 33, et dont nous donnons une table. Pour des valeurs déterminées de g et de m, la valeur de l qui correspond à $t = 0,476\,937$, et à $P = \frac{1}{2}$, sera ce que nous nommons la valeur médiane de l'écart ; une valeur sensiblement sextuple, correspondant à $t = 2,87$, et à $P = \dfrac{19\,999}{20\,000}$, pourra être considérée comme une limite extrême de l'écart.

Le module de convergence restant le même, la limite d'écart, pour les mêmes valeurs de P, variera en raison inverse de la racine carrée du nombre des épreuves. Ce dernier nombre restant le même, la limite d'écart variera en raison inverse du module ([1]).

([1]) Soient a, b les limites inférieure et supérieure des valeurs possibles de x, fx la fonction qui exprime la loi de possibilité des diverses valeurs possibles : on a, en désignant par g le module de convergence,

$$g = \frac{1}{\sqrt{2\left[\int_a^b x^2 fx\,dx - \left(\int_a^b xfx\,dx\right)^2\right]}}.$$

La fonction fx est nécessairement assujettie à la condition

$$\int_a^b fx\,dx = 1.$$

Les trois intégrales

$$\int_a^b fx\,dx, \quad \int_a^b xfx\,dx, \quad \int_a^b x^2 fx\,dx \qquad (i)$$

expriment respectivement : 1° l'aire de la courbe dont l'ordonnée représente la loi de probabilité, 2° la valeur moyenne M de la variable x, 3° la valeur moyenne du carré de cette variable; de sorte que le carré de $\dfrac{1}{g}$ est égal au double de l'excès de la valeur moyenne du carré sur le carré de la valeur moyenne.

On a encore

$$\frac{1}{g^2} = \int_a^b \int_a^b (x - x')^2 fx fx'\,dx\,dx';$$

ce qui signifie que le carré $\dfrac{1}{g^2}$ est égal à la moyenne de toutes les valeurs, en nombre infini, que peut prendre le carré de la dif-

70. 1er *exemple*. Des points sont répartis au hasard sur une ligne droite d'un mètre de longueur, comme

---

férence entre deux valeurs assignées fortuitement à la variable x, selon la loi de probabilité de cette variable.

Si la grandeur x, au lieu de pouvoir prendre toutes les valeurs, en nombre infini, comprises entre a et b, ne comportait qu'un nombre fini de valeurs distinctes

$$x_1, \ x_2, \ x_3, \ldots x_n,$$

ayant respectivement pour probabilités

$$p_1, \ p_2, \ p_3, \ldots p_n,$$

les intégrales qui entrent dans l'expression de g se trouveraient remplacées par des sommes, et il viendrait

$$g = \frac{1}{\sqrt{2[p_1 x_1^2 + p_2 x_2^2 + \ldots + p_n x_n^2 - (p_1 x_1 + p_2 x_2 + \ldots + p_n x_n)^2]}},$$

ou bien, en posant $p_1 x_1 + p_2 x_2 + \ldots + p_n x_n = M$,

$$g = \frac{1}{\sqrt{2[p_1(x_1 - M)^2 + p_2(x_2 - M)^2 + \ldots + p_n(x_n - M)^2]}},$$

ou bien enfin

$$g = \frac{1}{\sqrt{2[p_1 p_2(x_1 - x_2)^2 + p_1 p_3(x_1 - x_3)^2 + \ldots + p_2 p_3(x_2 - x_3)^2 + \text{etc.}]}}.$$

Il est facile de voir que cette valeur de g atteindra son *minimum*, si l'on pose

$$x_1 = a, \quad x_n = b,$$

$$p_1 = \frac{1}{2}, \quad p_2 = 0, \quad p_3 = 0, \ldots p_{n-1} = 0, \quad p_n = \frac{1}{2},$$

auquel cas on a

$$g = \frac{\sqrt{2}}{b - a},$$

ou plus simplement $g = \sqrt{2}$, en prenant pour unité l'intervalle des limites entre lesquelles la grandeur x est susceptible d'osciller fortuitement. Le coefficient de $l\sqrt{m}$, dans l'équation (l) du n° 33, dans l'hypothèse du n° 14, où l'on suppose que ce sont les points de contact d'une bande de billard et d'une

---

a aussi pour valeur *minimum* $\sqrt{2}$, correspondant à $p = \dfrac{1}{2}$. En conséquence, si l'on détermine fortuitement un grand nombre m de valeurs particulières; qu'on en prenne la moyenne μ; qu'on décompose cette série en deux séries partielles, l'une formée des n valeurs inférieures à la valeur médiane, l'autre formée des $m - n$ valeurs qui surpassent la valeur médiane, les deux écarts

$$\frac{1}{2} - \frac{n}{m}, \quad \frac{M - \mu}{b - a},$$

oscilleront fortuitement, avec la même probabilité P, entre des limites inégalement resserrées. L'intervalle des limites du premier écart surpassera toujours l'intervalle des limites du second.

Il est d'ailleurs évident que la valeur de g ne comporte pas de *maximum*.

Quand l'une des limites a, b, ou toutes deux deviennent infinies, la seconde intégrale (i) peut devenir infinie, quoique la première continue de se réduire à l'unité; et alors il n'y a plus, à proprement parler, de moyenne absolue M, vers laquelle puisse converger la moyenne μ, pour des valeurs de m, de plus en plus grandes. Si les deux premières intégrales (i) conservaient une valeur finie, la troisième pourrait encore prendre une valeur infinie; et alors il n'y aurait plus, à proprement parler, de module de convergence. Nous n'insisterons pas davantage ici sur les divers cas singuliers qui peuvent se présenter dans l'application des formules.

On a généralement

$$P = \frac{2}{\sqrt{\pi}} \int_0^t e^{-t^2} dt,$$

pour la probabilité que l'écart M — μ tombera entre les limites $\pm l$, déterminées par l'équation (L). Cette formule est démontrée dans les traités mathématiques, et réputée exacte aux quantités près de l'ordre $\dfrac{1}{m}$; mais en réalité elle donne une approximation

bille lancée au hasard, sans qu'il y ait de raison pour que la bille vienne frapper la bande plutôt en un point qu'en un autre. La distance du point de contact à l'une des extrémités de la droite est une grandeur qui peut prendre fortuitement toutes les valeurs comprises entre o et 1^m; la probabilité reste constante d'une valeur à l'autre, et la courbe de probabilité devient une ligne droite parallèle à l'axe des abscisses. La valeur moyenne,

---

bien plus grande. Pour le faire voir sur un exemple numérique, supposons toutes les valeurs de x également probables : la valeur de P aura pour expression exacte

$$\frac{1}{1.2.3\ldots m}\left\{\begin{matrix} (m\alpha)^m - \dfrac{m}{1}(m\alpha-1)^m + \dfrac{m(m-1)}{1.2}(m\alpha-2)^m - \text{etc.} \\ -(m\beta)^m + \dfrac{m}{1}(m\beta-1)^m - \dfrac{m(m-1)}{1.2}(m\beta-2)^m + \text{etc.} \end{matrix}\right\},$$

en posant, pour simplifier l'écriture,

$$\frac{M+l}{b-a}=\alpha, \qquad \frac{M-l}{b-a}=\beta,$$

et en ayant soin d'arrêter chaque série, lorsque les nombres entre parenthèses cessent d'être positifs. Faisons $b-a=1$, $M=0,5$, $l=0,1$, et prenons seulement $m=10$: cette expression deviendra

$$\frac{2\,585\,698}{3\,628\,800}=0,71255.$$

Pour les mêmes valeurs numériques on a $t=\sqrt{\dfrac{3}{5}}=0,7746$,

et notre table donne pour la valeur correspondante de P:$0,7266\ldots$ La différence tombe au-dessous de 15 millièmes; tandis qu'on aurait lieu de craindre, en se tenant dans les termes rigoureux de la démonstration usitée, qu'elle ne s'élevât à un ou à plusieurs dixièmes, ce qui rendrait la formule d'approximation illusoire. On peut tenir pour certain que l'erreur serait tout à fait négligeable si l'on prenait $m=100$.

qui se confond dans ce cas avec la valeur médiane, est
$\frac{1}{2}$ mètre; on trouve pour le module de convergence
$\sqrt{6} = 2,4495$. En conséquence, pour une série de
1000 épreuves, la valeur médiane de l'écart devient
$0^m,006159$, ou un peu plus de 6 millimètres. Il y a
20 000 à parier contre un, que l'écart ne s'élèvera pas à
36 millimètres. On réduirait ces limites d'écart à moitié
en embrassant une série de 4 000 épreuves.

2e *exemple*. Des points sont disséminés au hasard
sur la surface d'un cercle d'un mètre de rayon, comme
dans l'hypothèse indiquée au n° 16. La distance d'un
point au centre du cercle est une grandeur qui peut
encore prendre fortuitement toutes les valeurs comprises entre 0 et 1^m; mais ces valeurs sont inégalement
probables. La probabilité croît, d'une valeur à l'autre,
proportionnellement à la distance du point au centre
du cercle. La courbe de probabilité se change en une
ligne droite, non plus parallèle à l'axe des abscisses,
mais passant par l'origine O, et faisant avec cet axe un
angle qui a le nombre 2 pour tangente trigonométrique.
La valeur moyenne est $\frac{2}{3}$ de mètre ou $0^m,6666....$,
et la valeur médiane qui doit la surpasser [68] est
$\frac{1^m}{\sqrt{2}} = 0^m,7071....$ On trouve pour la valeur du module le nombre entier 3 : en conséquence les limites
d'écart qui se rapportaient au précédent exemple, seront réduites, à peu près dans le rapport de 300 à 245.

3e *exemple*. Des points sont disséminés au hasard
dans l'espace enfermé par une surface sphérique d'un
mètre de rayon. La distance d'un point au centre de

la surface d'enceinte est toujours une grandeur qui peut prendre fortuitement toutes les valeurs comprises entre zéro et 1^m. La probabilité de la valeur x est proportionnelle à l'aire d'une surface sphérique, concentrique à la surface d'enceinte, et dont le rayon est x; elle est donc proportionnelle au carré de x. La courbe de probabilité devient une parabole, qui a le point O pour sommet, l'axe OY pour grand axe, et dont le foyer est à $\dfrac{3}{4}$ de mètre du sommet. On a pour valeur moyenne $\dfrac{3}{4}$ de mètre ou $0^m,75$, et pour valeur médiane $\dfrac{1^m}{\sqrt[3]{2}}$ $=0^m,7937$. La valeur du module est $\dfrac{2}{3}\sqrt{30}=3,5683$: conséquemment les limites d'écart, relatives au premier exemple, se trouvent réduites, environ dans le rapport de 357 à 245, un peu moins que dans le rapport de 3 à 2.

71. 4° *exemple*. Concevons qu'on ait un globe sur lequel, comme sur un globe terrestre ou céleste, on ait tracé des pôles, un équateur, des cercles de longitude et de latitude; qu'on lance ce globe au hasard, et qu'après chaque jet on marque soigneusement son point de contact avec le sol, lorsqu'il est parvenu au repos. Chacun de ces points aura une longitude et une latitude : la première pourra varier de 0 à 360°; et si la nature de la question conduit à faire abstraction du signe de la latitude, comme nous le supposerons ici, la latitude sera une grandeur susceptible de varier fortuitement entre 0 et 90°. Si l'on admet que le globe soit bien sphérique et homogène, de sorte qu'il n'y ait aucune raison pour qu'il se fixe sur certaines régions de la surface de

préférence à d'autres, chaque valeur de la longitude
sera également probable, et l'on aura pour la moyenne
180°. La valeur du module sera la même que dans
le premier exemple, pourvu qu'on prenne la circonférence pour unité. Conséquemment, si l'on embrasse
une série de 1000 épreuves, la valeur médiane de l'écart
deviendra

$$360°.0,006\ 159 = 2°13'2'',064.$$

Il faudrait embrasser plus de 4 000 épreuves pour la
réduire à 1°.

Les choses se passent autrement en ce qui concerne
les latitudes. Chaque valeur de la latitude, de 0 à 90°,
est d'autant moins probable qu'elle approche davantage
de 90°, ou que le point se rapproche davantage de
l'un des pôles; car deux cercles de latitude très-voi-
sins, correspondant par exemple à une différence de
latitude d'une minute, circonscrivent à la surface de la
sphère une zone dont l'aire est proportionnelle au co-
sinus de la latitude. La valeur moyenne de la latitude est le complément de l'arc qui a même longueur
que le rayon, ou 32° 42' 14'',4. La valeur médiane,
plus petite dans ce cas que la valeur moyenne [68], est
30°, ou l'arc dont le sinus a pour longueur la moitié
du rayon. La valeur du module est 2,9518, pourvu
qu'on prenne pour unité le quart de la circonférence, ou
la distance des limites entre lesquelles la latitude peut
osciller. D'après cela, si l'on embrasse une série de 1000
épreuves, il viendra, pour valeur médiane de l'écart,

$$90°.0,005\ 111 = 0°27'35'',964.$$

Les limites d'écart, comparées à celles que l'on trouvait
pour les moyennes des longitudes, se trouvent réduites,

non-seulement à cause que chaque valeur particulière ne varie que dans un intervalle quatre fois moindre, mais encore par suite de l'accroissement du module de convergence.

72. Il est bien facile d'assigner à ces résultats du calcul une raison géométrique très-simple. En effet, lorsqu'un point éprouve sur un plan ou dans l'espace un déplacement mesuré par une certaine ligne droite z, sa distance à un point fixe varie d'une quantité moindre que z, excepté quand il se déplace précisément dans le sens d'un rayon du cercle ou de la sphère qui a pour centre ce point fixe. D'où il suit qu'en général l'influence des inégalités fortuites dans la distribution des points, sur la moyenne des distances au point fixe, doit être atténuée lorsque l'on passe de la dissémination en ligne droite à la dissémination sur un plan, et de celle-ci à la dissémination dans l'espace. De même, dans l'exemple du numéro précédent, plus on se rapproche des pôles de la sphère, plus il peut arriver facilement que de légers déplacements des points altèrent beaucoup les longitudes, sans influer sur les latitudes d'une manière notable. Mais le calcul est indispensable pour mesurer avec précision les effets dont on a ainsi entrevu la raison géométrique.

73. Il se peut qu'une certaine grandeur u ait une liaison connue avec la grandeur x, à laquelle une suite d'épreuves assigne fortuitement une série de valeurs distinctes. Alors la grandeur u pourra aussi être considérée comme recevant indirectement autant de déterminations fortuites. En vertu de la liaison connue entre u et x, on conclura la loi de probabilité de u, de la loi de probabilité de x; on connaîtra les li-

mites entre lesquelles oscille la grandeur u, ses valeurs moyenne et médiane, le module de convergence qui lui est propre. Selon que ce module aura une valeur supérieure ou inférieure à celle du module trouvé pour la grandeur x, l'influence des anomalies du hasard sur l'écart entre la moyenne absolue, et la moyenne donnée par une série d'épreuves fortuites, aura été atténuée ou amplifiée, dans le passage de la grandeur x à la fonction u qui en dépend.

Si les variations de u sont proportionnelles à celles de x, ou si u est de la forme $b + cx$, la valeur moyenne de u correspond à la valeur moyenne de x; mais il n'en est plus ainsi en général. Posons, par exemple, $u = x^2$: la valeur moyenne de u ou de x^2 surpassera toujours le carré de la valeur moyenne de x; et c'est précisément de la différence entre ces deux grandeurs que dépend la grandeur du module de convergence pour la variable x [69, *note*]. Au contraire, pourvu que la fonction u aille toujours en croissant avec x, la valeur médiane de la fonction u correspond nécessairement à la valeur médiane de x.

74. S'il arrivait que la fonction u dépendît, suivant une loi connue, de plusieurs grandeurs x, y, z, etc., dont chacune reçoit, dans la même épreuve et indépendamment des autres, une détermination fortuite, on conclurait encore la loi de probabilité de la grandeur u, des lois de probabilité propres à chacune des grandeurs indépendantes x, y, z, etc. On déterminerait aussi, quoique moins simplement que tout à l'heure, les limites entre lesquelles elle oscille, et l'on assignerait le module de convergence qui lui est propre.

Dans le problème du n° 14, la fonction u serait la

différence (prise abstraction faite du signe) entre deux grandeurs x et y qui reçoivent chacune, pour chaque épreuve, ou pour chaque couple d'épreuves que l'on associe, une détermination fortuite. Chacune des grandeurs x et y pouvant recevoir indifféremment toutes les valeurs comprises entre zéro et l'unité, la fonction u est pareillement susceptible d'acquérir toutes les valeurs comprises entre 0 et 1 ; mais ces valeurs ne sont pas toutes également probables. Si l'on trace le carré OACB (*fig.* 11) dont les côtés sont égaux à l'unité, chaque point, tel que m, compris dans l'intérieur du carré ou sur son périmètre, aura des coordonnées $mp = x$, $mq = y$, respectivement comprises entre 0 et 1 ; et à chacun de ces points, en nombre infini, correspondra l'une des hypothèses, également probables, que l'on peut faire sur le système des valeurs fortuites de x et de y. Prenons

$$OP = OQ = a, \quad AQ' = AP, \quad BP' = BQ :$$

tous les points du carré pour lesquels la fonction u acquiert la valeur particulière a, seront situés sur l'une des deux droites égales et parallèles PQ′, QP′; d'où il suit que la probabilité, pour la fonction u, d'acquérir une valeur particulière a, comprise entre zéro et l'unité, est proportionnelle aux longueurs des droites PQ′, QP′, ou proportionnelle à $1 - a$. En conséquence u a pour valeur médiane 0,2928....., pour valeur moyenne $\frac{1}{3}$, et pour module le nombre entier 3 [70].

La probabilité que la valeur fortuite de u ne tombera pas au-dessous de a, est égale au rapport de la somme des aires des triangles rectangles APQ′, BQP′, à l'aire du carré, ou égale à $(1-a)^2$. Si l'on fait $a = 0,3$, cette probabilité devient 0,49, comme on l'a annoncé au n° 14.

Supposons maintenant que les grandeurs x et y puissent toujours recevoir toutes les valeurs comprises entre zéro et l'unité, mais que ces valeurs ne soient plus également probables ; que leurs probabilités soient, par exemple, comme dans la question géométrique du n° 16, respectivement proportionnelles à $1-x$, $1-y$: on imaginera que le carré OACB est une plaque pesante dont la densité, en chaque point tel que m, est proportionnelle au produit de la probabilité de la valeur x de l'abscisse par la probabilité de la valeur y de l'ordonnée, c'est-à-dire au produit $(1-x)(1-y)$. Le rapport de la somme des poids des triangles APQ', BQP' au poids du carré est la probabilité que la valeur fortuite de u ne tombera pas au-dessous de a. On trouve pour ce rapport, par les règles du calcul intégral,

$$(1-a)^3 \left(1+\frac{a}{3}\right);$$

ce qui donne 0,3773 pour $a = 0,3$.

Considérons encore le cas où la fonction u serait la somme des deux grandeurs x et y, susceptibles de prendre indifféremment toutes les valeurs comprises entre zéro et l'unité : u pourra prendre toutes les valeurs comprises entre zéro et deux, mais ces valeurs seront inégalement probables. Après qu'on aura tracé, comme dans le cas précédent, le carré OACB (*fig.* 12), et pris OP = OQ = a, tous les points du carré pour lesquels la fonction u acquiert la valeur particulière a, seront situés sur la ligne PQ, dont la longueur se trouvera proportionnelle à la probabilité, pour la fonction u, d'acquérir cette valeur particulière; du moins, tant que a restera plus petit que l'unité, ou plus petit que le côté OACB. Quand a surpasse l'unité, ou quand les points P, Q sont situés respectivement au delà des points A, B, la probabilité de la valeur a devient proportionnelle, non plus à la longueur PQ, mais à la longueur P'Q' de la portion de la droite PQ interceptée par les deux autres côtés du carré. En conséquence, la fonction qui mesure la probabilité de chaque valeur de u, sera égale à u, pour les valeurs de u comprises entre o et 1, et à $2-u$ pour les valeurs de u comprises entre 1 et 2. Cette fonction éprouvera, pour la valeur $u=1$, ce que nous avons appelé ailleurs une solution de continuité du second ordre; et elle sera représentée (*fig.* 13) par l'ordonnée d'une ligne brisée OgB, formée des deux côtés égaux d'un triangle isocèle rectangle en g, dont la hauteur Gg est égale à l'unité, et la base double de la hauteur.

On trouve d'après cela, pour la valeur du module de convergence propre à la fonction $u=x+y$, le nombre $\sqrt{3}$. Le module, pour chacune des grandeurs x et y a été trouvé [70] égal à $\sqrt{6}$: conséquemment il faudra accroître, dans le rapport de $\sqrt{2}$ à 1, les limites d'écart propres aux grandeurs x et y, pour avoir les limites d'écart qui se rapportent à la fonction u. Il s'en faut de beaucoup que les limites d'écart soient doublées dans le passage des grandeurs x, y à la fonction u, quoique les valeurs de u oscillent dans un intervalle double de celui qui sépare les valeurs extrêmes de x et celles de y.

Des constructions dans l'espace, analogues à celles que nous venons de faire sur un plan, serviraient à résoudre les questions que l'on peut se proposer sur la loi de probabilité des valeurs d'une fonction u de trois variables x, y, z, susceptibles d'acquérir fortuitement et indépendamment les unes des autres, des valeurs dont les lois de probabilités sont données.

En général, si u est une fonction *linéaire* d'un nombre quelconque de variables, x, y, z, etc., c'est-à-dire une fonction de la forme

$$u = b + c_1 x + c_2 y + c_3 z + \text{etc.,}$$

b, c_1, c_2, etc., désignant des nombres constants, positifs ou négatifs, la valeur moyenne de la fonction coïncide avec celle qu'on obtiendrait en substituant pour x, y, z, etc., leurs valeurs moyennes; de sorte que, si l'on désigne par M, M_1, M_2, M_3, etc., les valeurs moyennes des quantités u, x, y, z, etc., ces valeurs moyennes se trouveront liées par l'équation

$$M = b + c_1 M_x + c_2 M_2 + c_3 M_3 + \text{etc.}$$

Quand la fonction u cesse d'être linéaire, sa valeur moyenne cesse en général de coïncider avec la valeur qu'on obtiendrait en substituant pour x, y, z, etc., leurs valeurs moyennes, dans l'expression de u en x, y, z, etc. C'est ce que nous avons remarqué dans le numéro précédent, à propos des fonctions d'une seule variable. Le cas des fonctions linéaires méritait toutefois une attention spéciale, parce qu'on peut ramener artificiellement des fonctions quelconques à être linéaires, toutes les fois que les quantités dont elles dépendent ne comportent que des variations très-petites, ainsi que cela se démontre en mathématiques pures.

CHAPITRE VII.

DE LA VARIABILITÉ DES CHANCES.

—

75. Nous avons supposé jusqu'ici que dans la répétition des épreuves les chances d'un même événement ne changeaient pas : c'est à cette hypothèse que se rapportent les théorèmes de Jacques Bernoulli, qui font l'objet du chapitre III, et les règles pour la convergence des valeurs moyennes, dont il a été question dans le chapitre précédent. Mais en général les chances du même événement sont de nature à changer, d'une épreuve à l'autre, ou d'une série d'épreuves à une autre série, faite dans d'autres circonstances et avec des instruments différents. Si, par exemple, on projette au hasard une pièce de monnaie, il y aura une probabilité d'amener *croix*, qui ne sera pas rigoureusement égale à la fraction $\frac{1}{2}$, à cause des irrégularités de structure qu'il faut toujours supposer dans la pièce. Cette probabilité ne changerait pas dans les épreuves successives, si l'on employait toujours la même pièce, et que les autres circonstances de l'épreuve, par exemple la densité et la vitesse de l'air, restassent les mêmes. Mais si l'on prend à chaque fois dans un tas la pièce qui

doit servir à l'épreuve, la probabilité d'amener *croix*
changera d'une épreuve à l'autre; et en admettant que
toutes les pièces du tas soient parfaitement identiques,
la probabilité changera, d'une série d'épreuves à une
autre série, si dans une série l'on emploie des pièces
sorties du même atelier de fabrication, et dans une
autre série, des pièces d'une fabrication différente. Supposons que l'on emploie constamment les mêmes pièces:
elles s'useront et s'altéreront à la longue, de manière
que la probabilité d'amener *croix* pourra subir, par le
laps du temps, des variations progressives, et acquérir,
vers la fin de la série, une valeur notablement différente de celle qu'elle avait au commencement.

Ce que nous disons au sujet d'un événement insigni-
fiant en soi, et qui ne peut acquérir de valeur que par
suite d'une convention aléatoire, s'applique aux phénomènes fortuits les plus importants, dans l'ordre de la
nature ou dans l'économie sociale. Il est donc essentiel
d'examiner comment les lois de la probabilité se modifient, par suite de la variabilité des chances.

76. Soit un nombre n d'urnes qui contiennent des
boules blanches et noires en proportions diverses, de
manière qu'il y en ait n_1 pour lesquelles la probabilité
d'extraire une boule blanche est égale à p_1, n_2 pour lesquelles la probabilité d'extraire une boule blanche est
égale à p_2, et ainsi de suite. On suppose d'abord qu'à
chaque épreuve on trie une urne au hasard, et qu'ensuite on extrait, toujours au hasard, une boule de l'urne
que le sort a désignée. Dans ce cas la probabilité d'a-
mener une boule blanche s'obtient par les règles des
probabilités composées [23]; et il est évident qu'elle ne
change pas d'une épreuve à l'autre. En effet, la pro-

babilité de trier l'urne dans la première série est égale

à $\frac{n_1}{n}$; celle d'extraire ensuite une boule blanche de l'urne

prise dans cette série, est égale à p_1; donc $\frac{n_1}{n} \cdot p_1$ est la

probabilité de l'événement composé, consistant dans la désignation par le sort d'une urne de la première série, et dans l'extraction d'une boule blanche de l'urne désignée. Donc la probabilité d'extraire une boule blanche de l'une quelconque des urnes a pour valeur

$$p = \frac{n_1 p_1 + n_2 p_2 + \text{etc.}}{n} = \frac{n_1 p_1 + n_2 p_2 + \text{etc.}}{n_1 + n_2 + \text{etc.}};$$

ou, en d'autres termes, elle est la moyenne arithmétique [67] des probabilités du même événement, pour chaque urne en particulier. Cette probabilité ne changera pas d'une épreuve à l'autre si, après chaque épreuve, la boule extraite est remise dans l'urne de tirage, et celle-ci replacée au hasard parmi les autres urnes, de manière que le tirage subséquent ait lieu dans les mêmes conditions. Donc il n'y a rien de changé dans ce cas aux lois de la probabilité, telles que nous les avons exposées jusqu'ici : il suffit de concevoir que la fraction p, au lieu de désigner une quantité constante pour la même urne, désigne une moyenne entre des probabilités qui varient d'une urne à une autre.

77. Ceci nous donnera pourtant lieu de faire une remarque utile. On a vu au n° 33 que, pour le même nombre d'épreuves, et pour la même probabilité P que l'écart fortuit $p - \varpi$ sera compris entre les limites $\pm\, l$, la valeur de l varie en raison directe de la racine carrée du produit $p\,(1 - p)$, du moins quand le nombre m

des épreuves est au moins de l'ordre des centaines, hypothèse à laquelle nous nous sommes attachés jusqu'ici, à cause de la simplification qu'elle apporte dans les calculs et dans l'exposé de la théorie. Faisons, pour plus de commodité,

$$\frac{n_1}{n} = k_1, \quad \frac{n_2}{n} = k_2, \text{etc.} :$$

nous aurons

$$p(1-p) = (k_1 p_1 + k_2 p_2 + \text{etc.})(1 - k_1 p_1 - k_2 p_2 - \text{etc.}).$$

Si l'on développe le second membre de cette équation, et qu'on y remplace k_1^2 par

$$k_1(1 - k_2 - k_3 - \text{etc});$$

si l'on fait de plus une substitution analogue pour chacun des carrés k_2^2, k_3^2, etc., l'équation deviendra

$$p(1-p) = k_1 p_1 (1-p_1) + k_2 p_2 (1-p_2) + \text{etc.}$$
$$+ k_1 k_2 (p_1 - p_2)^2 + k_1 k_3 (p_1 - p_3)^2 + \text{etc.}$$

Ceci nous montre qu'on a toujours

$$p(1-p) > k_1 p_1 (1-p_1) + k_2 p_2 (1-p_2) + \text{etc.}, \qquad (1)$$

ou que la valeur du produit $p(1-p)$, pour la valeur moyenne p, surpasse toujours la moyenne des valeurs du même produit, pour chaque urne en particulier. De plus, en vertu du principe que la moyenne des carrés surpasse toujours le carré de la valeur moyenne [73], on a cette autre inégalité, facile d'ailleurs à vérifier,

$$k_1 p_1 (1-p_1) + k_2 p_2 (1-p_2) + \text{etc.}$$
$$> (k_1 \sqrt{p_1(1-p_1)} + k_2 \sqrt{p_2(1-p_2)} + \text{etc.})^2.$$

Donc, *à fortiori*,

$$p(1-p) > \left(k_1 \sqrt{p_1(1-p_1)} + k_2 \sqrt{p_2(1-p_2)} + \text{etc.}\right)^2,$$

ou bien, en extrayant les racines de part et d'autre,

$$\sqrt{p(1-p)} > k_1 \sqrt{p_1(1-p_1)} + k_2 \sqrt{p_2(1-p_2)} + \text{etc.}$$

Si nous désignons par l_1, l_2, etc., ce que devient l, pour les mêmes valeurs de m et de P, quand on remplace p successivement par p_1, p_2, etc., l'inégalité précédente équivaudra à

$$l > k_1 l_1 + k_2 l_2 + \text{etc.}$$

En conséquence nous pouvons affirmer que la grandeur de la limite l, qui mesure l'influence des anomalies du hasard, surpasse la moyenne des valeurs l_1, l_2, etc., qu'on obtiendrait pour cette limite, en faisant un même nombre d'épreuves avec chaque urne employée. Il est même possible que l surpasse la plus grande des quantités l_1, l_2, etc.

78. Supposons en second lieu que le triage des urnes ne se fasse plus fortuitement; mais que, dans m_1 épreuves, des causes non fortuites aient fait prendre une urne parmi celles de la série pour laquelle la probabilité d'amener une boule blanche est p_1; que, dans m_2 épreuves, des causes de même nature aient fait prendre une urne parmi celles pour lesquelles la probabilité du même événement est p_2; et ainsi de suite. Le nombre total des épreuves étant toujours

$$m = m_1 + m_2 + \text{etc.},$$

le calcul fait voir que le rapport ϖ du nombre des boules blanches extraites, au nombre m des tirages, converge vers la valeur

$$p = \frac{m_1}{m} \cdot p_1 + \frac{m_2}{m} \cdot p_2 + \text{etc.,} \qquad (2)$$

ou vers la moyenne des probabilités de l'extraction d'une boule blanche, pour chacune des urnes employées. On a la probabilité P que l'écart $p - \varpi$ sera compris entre les limites $\pm l$: le nombre l étant lié au nombre t [33], et par suite à la probabilité P, au moyen de la formule

$$t = l \sqrt{\frac{m}{2 \left[\frac{m_1}{m} \cdot p_1 (1 - p_1) + \frac{m_2}{m} \cdot p_2 (1 - p_2) + \text{etc.} \right]}}.$$

Ces conséquences subsistent, pourvu que m désigne un nombre suffisamment grand, et (ce qu'il est très-important de remarquer) quand bien même les nombres m_1, m_2, etc., dont la somme compose le grand nombre m, seraient chacun de petits nombres, ou même se réduiraient à l'unité : la compensation des anomalies du hasard, au lieu de s'opérer dans chaque série partielle, s'opérant alors entre les nombreuses séries partielles dont l'agglomération compose la série totale.

Admettons pour un moment que les nombres m, m_1, m_2, etc., soient proportionnels aux nombres n, n_1, n_2, etc., dont il était question dans l'hypothèse des nᵒˢ 76 et 77 : on aura

$$\frac{m_1}{m} \cdot p_1 (1 - p_1) + \frac{m_2}{m} \cdot p_2 (1 - p_2) + \text{etc.}$$

$$= k_1 p_1 (1 - p_1) + k_2 p_2 (1 - p_2) + \text{etc.};$$

et par conséquent l'inégalité (1) indique que, pour une

même valeur de m, les anomalies du hasard seront resserrées entre des limites plus étroites, dans l'hypothèse
actuelle, que dans celle que nous avions faite en premier
lieu. Ceci peut se prévoir sans calcul. En effet, dans
l'hypothèse du triage fortuit, à mesure qu'on augmente
le nombre m des épreuves, il arrive, d'une part, que
les nombres μ_1, μ_2, etc., des urnes triées au hasard dans
la première série, dans la seconde, etc., tendent à devenir respectivement proportionnels aux nombres n_1, n_2,
etc.; et en second lieu, que le rapport ϖ converge vers
la valeur p, définie par l'équation (2). Donc, on ne pourra
qu'atténuer l'influence des anomalies du hasard, si, par
une cause quelconque, dirigeant les triages, on rend les
nombres μ_1, μ_2, etc., égaux aux nombres m_1, m_2, etc.,
c'est-à-dire, par supposition, rigoureusement proportionnels aux nombres n_1, n_2, etc.

Dans l'hypothèse du triage fortuit, le rapport ϖ qui
converge vers la valeur

$$\frac{n_1 p_1 + n_2 p_2 + \text{etc.}}{n},$$

ou vers la moyenne des valeurs de la probabilité d'extraction d'une boule blanche, pour toutes les urnes entre
lesquelles a eu lieu le triage fortuit, converge aussi vers
la valeur

$$\frac{\mu_1 p_1 + \mu_2 p_2 + \text{etc.}}{m},$$

ou vers la moyenne des valeurs de la probabilité d'extraction d'une boule blanche, pour les m urnes effectivement employées dans l'opération des tirages. Quand
m croît de plus en plus, ces deux moyennes tendent à
se confondre, mais elles ne coïncident jamais rigoureu-

sement. Le bon sens indique que l'écart fortuit entre le rapport ϖ et la seconde moyenne doit osciller (avec la même probabilité) entre des limites plus resserrées que l'écart fortuit entre le même rapport ϖ et la première moyenne; ce qui suppose que l'on a

$$p(\mathbf{1}-p) > \frac{\mu_\mathbf{1}}{m}p_\mathbf{1}(\mathbf{1}-p_\mathbf{1}) + \frac{\mu_\mathbf{2}}{m}p_\mathbf{2}(\mathbf{1}-p_\mathbf{2}) + \text{etc.},$$

ou bien [77]

$$k_\mathbf{1}p_\mathbf{1}(\mathbf{1}-p_\mathbf{1}) + k_\mathbf{2}p_\mathbf{2}(\mathbf{1}-p_\mathbf{2}) + \text{etc.}$$

$$+ k_\mathbf{1}k_\mathbf{2}(p_\mathbf{1}-p_\mathbf{2})^\mathbf{2} + k_\mathbf{1}k_\mathbf{3}(p_\mathbf{1}-p_\mathbf{3})^\mathbf{2} + \text{etc.}$$

$$> \frac{\mu_\mathbf{1}}{m}p_\mathbf{1}(\mathbf{1}-p_\mathbf{1}) + \frac{\mu_\mathbf{2}}{m}p_\mathbf{2}(\mathbf{1}-p_\mathbf{2}) + \text{etc.}; \qquad (3)$$

et en effet l'on reconnaît que cette inégalité doit généralement se vérifier ([1]).

([1]) La quantité

$$k_\mathbf{1}p_\mathbf{1}(\mathbf{1}-p_\mathbf{1}) + k_\mathbf{2}p_\mathbf{2}(\mathbf{1}-p_\mathbf{2}) + \text{etc.} \qquad (k)$$

est une moyenne absolue de la fonction $p(\mathbf{1}-p)$, laquelle doit, pour de grandes valeurs de m, différer très-peu de la moyenne

$$\frac{\mu_\mathbf{1}}{m}p_\mathbf{1}(\mathbf{1}-p_\mathbf{1}) + \frac{\mu_\mathbf{2}}{m}p_\mathbf{2}(\mathbf{1}-p_\mathbf{2}) + \text{etc.}, \qquad (\mu)$$

donnée par m épreuves fortuites; et cela doit entraîner l'inégalité (3), à moins que la quantité

$$k_\mathbf{1}k_\mathbf{2}(v_\mathbf{1}-p_\mathbf{2})^\mathbf{2} + k_\mathbf{1}k_\mathbf{3}(p_\mathbf{1}-p_\mathbf{3})^\mathbf{2} + \text{etc.}$$

ne soit une très-petite quantité. Mais, si cette circonstance se présentait, le module de convergence de la fonction p serait très-grand [69, *note*], et il en serait évidemment de même du module de la fonction $p(\mathbf{1}-p)$, ce qui atténuerait d'autant plus la différence entre les quantités (k) et (μ), de manière à maintenir encore l'inégalité (3).

79. Une troisième hypothèse, qu'il importe de considérer, consiste à supposer que les nombres m_1, m_2, etc., sont fixés à l'avance, mais qu'un triage fortuit et préalable a déterminé l'urne qui doit servir au tirage dans la première série partielle de m_1 épreuves, puis celle qui doit être employée dans la seconde série partielle de m_2 épreuves, et ainsi de suite. Admettons même, pour éviter une trop grande complication dans les formules, que tous les nombres m_1, m_2, etc., soient égaux, et qu'on ait $m = im_1$, i désignant alors le nombre des séries partielles : le rapport ϖ convergera vers la limite

$$p = \frac{n_1 p_1 + n_2 p_2 + \text{etc.}}{n},$$

comme dans la première hypothèse, mais avec une moindre rapidité. La limite d'écart et la probabilité P se trouveront liées alors, au moyen de l'auxiliaire t, par une équation remarquable qu'a donnée M. Bienaymé ([1]), et que nous mettrons sous la forme

$$t = l \sqrt{\frac{m}{2\left\{p(1-p) + (m_1 - 1)\left[k_1(p-p_1)^2 + k_2(p-p_2)^2 + \text{etc.}\right]\right\}}}.$$

Quand on fait $m_1 = 1$, le facteur $m_1 - 1$ s'évanouit, et l'on retombe, comme cela doit être, sur la formule relative à la première hypothèse. L'autre facteur

$$k_1(p - p_1)^2 + k_2(p - p_2)^2 + \text{etc.} \qquad (m)$$

est essentiellement positif ; il exprime la moyenne des carrés des différences entre chacune des probabilités p_1, p_2, etc., et leur moyenne p. Si cette moyenne (m) était une

([1]) Journal *l'Institut*, n° du 6 juin 1839.

très-petite fraction, par exemple $\dfrac{1}{10\,000}$, m_1 pourrait être
un nombre de l'ordre des dizaines ou des centaines,
sans que la valeur de l (pour une même valeur de P)
fût sensiblement altérée dans le passage de la première
hypothèse à l'hypothèse actuelle. Mais, en général, la
moyenne (m) sera une fraction comparable à $p\,(1-p)$,
et alors la valeur de l se trouvera sensiblement accrue
dans le passage d'une hypothèse à l'autre ; elle pourra
aisément varier du simple au triple, même pour de petites valeurs de m_1, telles que 10 ou 12, m restant d'ailleurs un très-grand nombre.

A plus forte raison, si m_1 est un grand nombre, la
fraction $p\,(1-p)$ deviendra, en général, négligeable
vis-à-vis du produit de la moyenne (m) par $m_1 - 1$. Le
radical qui multiplie l, dans l'équation ci-dessus, au
lieu d'être de l'ordre de grandeur de $\sqrt{m}$, sera en général de l'ordre de grandeur de $\sqrt{\dfrac{m}{m_1}}$ ou de $\sqrt{i}$. Il
faudra, pour resserrer entre d'étroites limites les anomalies du hasard, non pas seulement que m, ou le nombre
des épreuves dans la série totale, soit un grand nombre,
mais encore que le quotient i, ou le nombre des séries
partielles, soit lui-même un grand nombre.

Au lieu de supposer les nombres m_1, m_2, etc., égaux
entre eux, ou même inégaux, mais assignés à l'avance
par des causes dans lesquelles il n'entre rien de fortuit,
on pourrait supposer qu'un tirage préliminaire a déterminé fortuitement le nombre d'épreuves dont la première série partielle doit se composer, le nombre des
épreuves qui doivent constituer la seconde série partielle, et ainsi de suite : le nombre m des épreuves dans

la série totale restant toujours le même. Ce serait un premier hasard, sur lequel viendrait s'enter le hasard tenant au choix de l'urne ou du groupe d'urnes pour chaque série partielle, et enfin le hasard inhérent à l'opération du tirage ou à l'extraction des boules. Le bon sens indique, sans qu'il soit besoin de se jeter dans des calculs dont la complication irait nécessairement toujours en croissant, que, plus on multiplie les systèmes d'épreuves fortuites qui viennent s'enter ainsi les uns sur les autres, plus on doit amplifier les anomalies fortuites que comporte le résultat final; plus il faut multiplier le nombre total des épreuves dont se compose le système final, ou, dans notre exemple, le nombre total des tirages, pour resserrer entre les mêmes limites, avec la même probabilité, les oscillations du hasard.

80. Généralement, admettons qu'on ait des urnes en nombre n, et que ce système se subdivise en groupes de $n_1, n_2,...$ urnes, pour lesquelles les probabilités de l'extraction d'une boule blanche soient respectivement p_1, p_2, etc. On a fait une première série de $m^{(1)}$ épreuves, $m^{(1)}$ étant un grand nombre; mais, pour cette série, un système de causes, fortuites ou non fortuites, a agi de manière que des nombres $m_1^{(1)}$, $m_2^{(1)}$, etc., non proportionnels à n_1, n_2, etc., désignent respectivement le nombre des tirages effectués dans une urne appartenant au premier groupe, celui des tirages effectués dans une urne appartenant au second groupe, et ainsi de suite. En conséquence, le rapport $\varpi^{(1)}$, pour cette série de $m^{(1)}$ épreuves, différera très-peu de la moyenne

$$p^{(1)} = \frac{m_1^{(1)}p_1 + m_2^{(1)}p_2 + \text{etc.}}{m^{(1)}},$$

et il pourra différer sensiblement de la moyenne p,

qu'on aurait trouvée, à très-peu près, dans l'hypothèse du n° 76. Si l'on effectue une seconde série de $m^{(2)}$ épreuves, et que le système des causes qui influent sur le triage des urnes ait déterminé, fortuitement ou non fortuitement, un triage différent, on trouvera un certain rapport $\varpi^{(2)}$ qui différera très-peu de la moyenne

$$p^{(2)} = \frac{m_{1}^{(2)}p_{1} + m_{2}^{(2)}p_{2} + \text{etc.}}{m^{(2)}} \; ;$$

($m_{1}^{(2)}$, $m_{2}^{(2)}$, etc., désignant les analogues de $m_{1}^{(1)}$, $m_{2}^{(1)}$, etc.), et qui pourra différer sensiblement, tant de la moyenne $p^{(1)}$ que de la moyenne p. Mais enfin, si l'on embrasse un très-grand nombre de séries semblables, tout ce qu'il y a d'accidentel et d'irrégulier dans les causes qui concourent à l'opération du triage s'effacera par la compensation, et la moyenne

$$\frac{m^{(1)}\varpi^{(1)} + m^{(2)}\varpi^{(2)} + \text{etc.}}{m^{(1)} + m^{(2)} + \text{etc.}}$$

convergera vers une certaine limite fixe, qui ne serait autre que p, si toutes les causes qui déterminent les triages étaient purement fortuites. En admettant que les hasards qui concourent à déterminer les triages soient rigoureusement définis, on pourra assigner *à priori* (sauf les complications du calcul) le nombre des séries partielles $m^{(1)}$, $m^{(2)}$, etc., chacune formée d'un grand nombre d'épreuves, qu'il faut embrasser pour arriver à une moyenne sensiblement fixe et sensiblement égale à p. Mais, dans le cas où les conditions du triage ou du tirage subiraient avec le temps des variations progressives, il se pourrait qu'on n'arrivât jamais à une moyenne sensiblement fixe.

81. Des remarques analogues s'appliquent aux lois de

probabilité, définies dans le chapitre précédent, et aux valeurs moyennes qui s'en déduisent. Supposons, comme au n° 71, qu'on ait tracé sur un globe sensiblement sphérique un équateur, des pôles, des cercles de longitude et de latitude; et qu'après avoir projeté ce globe au hasard, on note la longitude et la latitude du point de contact du globe avec le sol. Chacune de ces coordonnées, la latitude par exemple, sera une grandeur susceptible d'une infinité de valeurs comprises entre de certaines limites; et la loi de probabilité de ces valeurs, qu'on assigne facilement dans l'hypothèse d'un globe rigoureusement sphérique et homogène, dépendra en général de la configuration et de la structure intérieure du globe. Elle variera communément d'un globe à un autre. Admettons donc que l'on ait un grand nombre de ces globes, entassés au hasard, et qu'au lieu de répéter constamment l'épreuve avec le même globe, on prenne à chaque fois un globe au hasard dans le tas. Soient n_1 le nombre des globes pour lesquels la probabilité de la valeur x est proportionnelle à la fonction f_1x, n_2 le nombre des globes pour lesquels cette fonction est remplacée par f_2x, etc., enfin $n = n_1 + n_2 +$ etc. le nombre total des globes. La probabilité de la valeur x, par suite du triage et du jet fortuits à chaque épreuve, sera proportionnelle à la fonction

$$fx = \frac{n_1 f_1 x + n_2 f_2 x + \text{etc.}}{n} = \frac{n_1 f_1 x + n_2 f_2 x + \text{etc.}}{n_1 + n_2 + \text{etc.}};$$

ou, en d'autres termes, elle sera la moyenne arithmétique des probabilités de la même valeur, pour chaque globe en particulier. Si l'on avait tracé, pour chaque globe, la courbe de probabilité, l'ordonnée fx de la courbe de probabilité moyenne s'obtiendrait en prenant,

pour chaque abscisse, la moyenne des ordonnées correspondantes.

A chacune des fonctions fx, f_1x, f_2x, etc., correspondent une valeur médiane et une valeur moyenne [67
et 68]. Il n'y pas de relation simple et d'un énoncé
général, entre la valeur médiane relative à la fonction fx, et les valeurs médianes propres aux fonctions
f_1x, f_2x, etc.; mais, si l'on désigne par M, M_1, M_2, etc.,
les valeurs moyennes relatives aux fonctions fx, f_1x, f_2x,
etc., on aura la relation

$$M = \frac{n_1 M_1 + n_2 M_2 + \text{etc.}}{n_1 + n_2 + \text{etc.}},$$

c'est-à-dire que M est la moyenne arithmétique des valeurs M_1, M_2, etc., répétées chacune autant de fois qu'il
y a de globes auxquels chacune de ces valeurs se rapporte.

82. On trouve, par des calculs analogues à ceux du
n° 77, que la valeur du module de convergence, pour
la fonction moyenne fx, est inférieure à la moyenne des
modules de convergence, pour chaque globe employé (¹).

(¹) Posons, comme au numéro 77, pour la brièveté des
calculs

$$\frac{n_1}{n} = k_1, \quad \frac{n_2}{n} = k_2, \text{ etc.,}$$

d'où

$$fx = k_1 f_1 x + k_2 f_2 x + \text{etc.} :$$

on aura, par les formules de la note du numéro 69,

$$\frac{1}{2g^2} = k_1 \int_a^b x^2 f_1 x dx + k_2 \int_a^b x^2 f_2 x dx + \text{etc.}$$
$$- \left(k_1 \int_a^b x f_1 x dx + k_2 \int_a^b x f_2 x dx + \text{etc.} \right)^2.$$

Développons le second membre de cette équation, et remplaçons

Il peut même arriver que la valeur du module de convergence, pour la fonction moyenne, tombe au-dessous

---

.y respectivement k_1^2, k_2^2, etc., par

$$k_1(1 - k_2 - k_3 - \text{etc.}), \quad k_2(1 - k_1 - k_3 - \text{etc.}), \text{ etc.}:$$

on trouvera, en désignant par g_1, M_1, g_2, M_2, etc., les analogues des quantités g, M, pour chacune des fonctions f_1, f_2, etc.,

$$\frac{1}{2g^2} = \frac{k_1}{2g_1^2} + \frac{k_2}{2g_2^2} + \text{etc.}$$
$$+ k_1 k_2 (M_1 - M_2)^2 + k_1 k_3 (M_1 - M_3)^2 + \text{etc.}$$

Donc

$$\frac{1}{g^2} > \frac{k_1}{g_1^2} + \frac{k_2}{g_2^2} + \text{etc.}$$

Mais, par le principe que la moyenne des carrés surpasse toujours le carré de la valeur moyenne [73], on a

$$\frac{k_1}{g_1^2} + \frac{k_2}{g_2^2} + \text{etc.} > \left(\frac{k_1}{g_1} + \frac{k_2}{g_2} + \text{etc.} \right)^2 :$$

donc, *à fortiori*,

$$\frac{1}{g} > \frac{k_1}{g_1} + \frac{k_2}{g_2} + \text{etc.},$$

et par suite

$$l > k_1 l_1 + k_2 l_2 + \text{etc.}$$

De l'avant-dernière inégalité on déduit

$$g < \frac{1}{\dfrac{k_1}{g_1} + \dfrac{k_2}{g_2} + \text{etc.}};$$

et l'on a d'un autre côté

$$\frac{1}{\dfrac{k_1}{g_1} + \dfrac{k}{g_2} + \text{etc.}} < k_1 g_1 + k_2 g_2 + \text{etc.};$$

puisque cette dernière inégalité peut être ramenée à

$$\frac{k_1 k_2 (g_1 - g_2)^2}{g_1 g_2} + \frac{k_1 k_3 (g_1 - g_3)^2}{g_1 g_3} + \text{etc.} > 0;$$

donc, *à fortiori*,

$$g < k_1 g_1 + k_2 g_2 + \text{etc.}$$

du plus petit des modules qui se rapportent aux diverses formes particulières de la fonction.

En conséquence, si l'on désigne par l la limite d'écart entre la moyenne véritable et la moyenne conclue de m épreuves, faites avec les globes triés fortuitement, et par l_1, l_2, etc., les limites d'écart également probables, quand les m épreuves ont lieu successivement, d'abord avec un globe de la première série, puis avec un globe de la seconde, et ainsi de suite; on aura l'inégalité

$$l > \frac{n_1 l_1 + n_2 l_2 + \text{etc.}}{n_1 + n_2 + \text{etc.}}.$$

83. Une seconde hypothèse, correspondant à celle du n° 78, consiste à supposer que le triage des globes ne se fait plus au hasard, mais que, par des causes non fortuites, ou par une combinaison de causes non fortuites et de causes fortuites, la série de m épreuves se compose de m_1 épreuves faites avec les globes pour lesquels la loi de probabilité est $f_1 x$, de m_2 épreuves faites avec les globes dont la loi de probabilité est $f_2 x$, et ainsi de suite. En ce cas, la moyenne conclue des m épreuves converge vers la valeur

$$\frac{m_1 M_1 + m_2 M_2 + \text{etc.}}{m};$$

et en diffère très-peu, pourvu que m soit un grand nombre, même quand les nombres m_1, m_2, etc., décroîtraient, jusqu'à devenir égaux à l'unité. Le module de convergence devient

$$\frac{1}{\sqrt{\dfrac{m_1}{m}\dfrac{1}{g_1^2} + \dfrac{m_2}{m}\cdot\dfrac{1}{g_2^2} + \text{etc.}}},$$

et il surpasse celui qu'on obtiendrait, dans l'hypothèse

précédente , en prenant les nombres n_1, n_2, etc., respectivement proportionnels à m_1, m_2, etc. Néanmoins on a toujours

$$l > \frac{m_1 l_1 + m_2 l_2 + \text{etc.}}{m_1 + m_2 + \text{etc.}}.$$

la signification des lettres l, l_1, l_2, etc., et le sens de cette inégalité étant suffisamment indiqués par ce qui précède.

84. On comprend, d'après ce qui a été dit au n° 79, que, si les nombres m_1, m_2, etc., s'étaient trouvés fixés à l'avance, par une cause quelconque, et qu'on eût trié au hasard le globe destiné à servir dans la série (m_1), puis le globe destiné à servir dans la série (m_2), et ainsi de suite, la moyenne donnée par les épreuves convergerait vers la valeur M, comme dans l'hypothèse d'un triage fortuit pour chaque jet isolé, mais avec une rapidité notablement moindre, même lorsque m_1, m_2, etc., seraient de forts petits nombres. Quand m_1, m_2, etc., cessent d'être de petits nombres, il ne suffit plus que m soit un grand nombre pour que les anomalies du hasard se trouvent resserrées entre d'étroites limites; il faut qu'il entre dans la série totale (m) un grand nombre de séries partielles (m_1), (m_2), etc.: chacune de ces séries partielles se composant elle-même, par hypothèse, d'un grand nombre de jets.

85. Pour faire tout de suite l'hypothèse la plus générale, concevons qu'on embrasse plusieurs séries d'épreuves, et que les nombres $m^{(1)}$, $m^{(2)}$, etc., des épreuves dont se composent les diverses séries, soient tous très-grands. Les causes fortuites ou non fortuites qui déterminent le triage des globes, varient d'une série d'épreuves à l'autre; de manière que les nombres $m_1^{(1)}$, $m_2^{(1)}$, etc., ex-

priment combien on a employé, dans la première série
d'épreuves, de globes de la première espèce, de la seconde, etc.; tandis que d'autres nombres $m_1^{(2)}$, $m_2^{(2)}$, etc.,
expriment combien on a employé de globes de première,
de seconde..... espèces, dans la seconde série d'épreuves; et ainsi de suite. Tous ces nombres, affectés d'un
double indice, ne sont point assujettis à rester dans un
certain ordre de grandeur : quelques-uns peuvent se
réduire à l'unité, ou même à zéro. Les moyennes données par la première série d'épreuves, par la seconde, etc.,
diffèrent respectivement très-peu de

$$\frac{m_1^{(1)}M_1 + m_2^{(1)}M_2 + \text{etc.}}{m^{(1)}}, \quad \frac{m_1^{(2)}M_1 + m_2^{(2)}M_2 + \text{etc.}}{m^{(2)}}, \quad \text{etc.;}$$

et elles peuvent différer sensiblement les unes des
autres, comme aussi différer toutes sensiblement de la
moyenne M. Toutefois, dès qu'on embrasse un grand
nombre de séries semblables, il s'opère une compensation qui fait disparaître tout ce qu'il y a d'accidentel
et d'irrégulier dans l'opération du triage; de manière
que, si l'on désigne par $\mu^{(1)}$, $\mu^{(2)}$, etc., les moyennes données
par la première série d'épreuves, par la seconde, etc.,
la moyenne générale

$$\frac{m^{(1)}\mu^{(1)} + m^{(2)}\mu^{(2)} + \text{etc.}}{m^{(1)} + m^{(2)} + \text{etc.}}$$

convergera vers une limite fixe, qui se confondrait
avec M, s'il n'entrait rien que de fortuit dans les conditions du triage. Bien entendu que, dans le cas où les
conditions du triage ou du tirage subiraient, par le laps
du temps, des variations progressives, on pourrait n'arriver jamais à une moyenne sensiblement fixe, quel que
fût le nombre des séries partielles $m^{(1)}$, $m^{(2)}$, etc., dont on
composerait chaque série totale.

CHAPITRE VIII.

DES PROBABILITÉS *A POSTERIORI.*

—

86. Pour les événements fortuits dont l'homme n'a pas déterminé les conditions, les causes qui donnent telles chances à tel événement, ou qui déterminent la loi de probabilité des diverses valeurs d'une grandeur variable, sont presque toujours inconnues dans leur nature et dans leur mode d'action, ou tellement compliquées, que nous ne pouvons en faire rigoureusement l'analyse, ni en soumettre les effets au calcul. Dans les jeux mêmes où tout est de convention et d'invention humaine, la construction des instruments aléatoires est sujette à des irrégularités qui impriment aux chances des modifications dont on ne saurait *à priori* évaluer l'influence. Si l'on joue avec un dé homogène, mais dont les arêtes rectangulaires ne soient pas rigoureusement égales, et qu'on demande les chances d'apparition de chaque face, le problème, quoique dépendant d'une question de mécanique, très-simple en apparence, et dont toutes les données sont rigoureusement définies, ne pourra être résolu dans l'état actuel de l'analyse mathématique. Enfin, dans les jeux où les probabilités ne dépendent que d'une énumération purement arithmétique des combinaisons, sans mélange de conditions tirées de la mécanique

ou de la physique, la solution du problème arithmétique peut encore surpasser les forces de l'analyse. Si l'on demandait, par exemple, quel est l'avantage *de la main* au jeu de piquet, *du dé* au trictrac, ou quelle est la probabilité, pour le joueur qui a la main ou le dé, de gagner la partie, les deux joueurs étant supposés assez habiles pour jouer chaque coup d'après toutes les règles, on serait entraîné dans une énumération de chances tout à fait inextricable, et à laquelle aucun procédé connu de calcul ne peut suppléer.

Il est donc bien nécessaire, pour les applications de la théorie des chances, que l'on puisse déterminer par l'expérience, ou *à posteriori*, ces chances dont la mesure directe, d'après les données de la question, surpasse actuellement et vraisemblablement surpassera toujours les forces du calcul. Il ressort de ce que nous avons dit jusqu'ici, que le principe de Jacques Bernoulli conduit à cette détermination expérimentale : car si, en désignant par x la chance inconnue de la production d'un événement, par n le nombre de fois que cet événement est arrivé en m épreuves, on peut toujours

[33] obtenir une probabilité P que l'écart fortuit $x - \dfrac{n}{m}$ tombe entre les limites $\pm l$ (le nombre l et la différence $1 - P$ tombant au-dessous de toute grandeur assignable, pourvu que les nombres m, n soient suffisamment grands), il est clair que, si rien ne limite le nombre des épreuves, la probabilité x peut être déterminée avec une précision indéfinie; qu'on peut arriver, par exemple, à être sûr qu'il n'y a pas, entre le rapport $\dfrac{n}{m}$ donné par l'expérience et le nombre inconnu x,

une différence d'un cent-millième. Du moins l'existence d'une différence plus grande, quoique rigoureusement possible, serait un événement du genre de ceux que l'on répute avec raison physiquement impossibles; de sorte que nous sommes autorisés à les laisser à l'écart dans l'explication des phénomènes [43].

Nous pourrions, dès lors, en nous appuyant sur les théorèmes de Jacques Bernoulli, dont l'inventeur avait déjà parfaitement saisi le sens et la portée, passer immédiatement aux applications que ces théorèmes reçoivent dans les sciences de faits et d'observations; mais une règle dont le premier énoncé appartient à l'Anglais Bayes, et sur laquelle Condorcet, Laplace et leurs successeurs ont voulu édifier la doctrine des probabilités *à posteriori*, est devenue la source de nombreuses équivoques qu'il faut d'abord éclaircir, d'erreurs graves qu'il faut rectifier, et qui se rectifient dès qu'on a présente à l'esprit la distinction fondamentale entre les probabilités qui ont une existence objective, qui donnent la mesure de la possibilité des choses, et les probabilités subjectives, relatives en partie à nos connaissances, en partie à notre ignorance, variables d'une intelligence à une autre, selon leurs capacités et les données qui leur sont fournies [46].

87. Imaginons qu'on ait des urnes renfermant toutes trois boules, mais les unes renfermant trois boules blanches, les autres deux boules blanches et une boule noire, et enfin, les unes d'une troisième catégorie renfermant une boule blanche et deux boules noires. Les urnes des trois catégories sont en même nombre. On a trié une urne au hasard, et ensuite extrait au hasard une boule de l'urne. Cette boule s'est trouvée blanche : quelles sont les probabilités que l'extraction s'est faite dans une urne

de la première catégorie? de la seconde? de la troisième ?

La probabilité de tomber sur une urne de la première catégorie est $\frac{1}{3}$; et si cet événement a eu lieu, on est certain d'amener une boule blanche. La probabilité de tomber sur une urne de la seconde catégorie est pareillement $\frac{1}{3}$; et quand le triage a amené cet événement, la probabilité d'extraire une boule blanche est $\frac{2}{3}$. Enfin, la probabilité de tomber sur une urne de la troisième catégorie est $\frac{1}{3}$, après quoi la probabilité d'extraire une boule blanche est $\frac{1}{3}$. Donc, *à priori* [20-23], la probabilité d'amener une boule blanche est

$$\frac{1}{3} \cdot 1 + \frac{1}{3} \cdot \frac{2}{3} + \frac{1}{3} \cdot \frac{1}{3} = \frac{6}{9} = \frac{2}{3}.$$

Si l'on désigne par A_1 l'événement consistant dans l'extraction d'une boule blanche d'une urne de la première catégorie, par A_2 l'événement qui consiste dans l'extraction d'une boule blanche d'une urne de la seconde catégorie, enfin par A_3 l'événement qui consiste dans l'extraction d'une boule blanche d'une urne de la troisième catégorie, et si l'on répète un grand nombre m de fois l'épreuve qui consiste dans le triage fortuit, suivi d'un tirage pareillement fortuit, le nombre des événements A_1 sera sensiblement $\frac{1}{3}m$, celui des événements A_2 sera à très-peu près égal à $\frac{2}{9}m$, et enfin le nombre des événements A_3 ne différera pas sensiblement de $\frac{1}{9} m$.

Trois joueurs pourraient parier, le premier qu'on extraira une boule blanche d'une urne de la première catégorie, le second que la boule blanche sera extraite d'une urne de la seconde catégorie, le troisième enfin que la boule blanche sortira d'une urne de la troisième catégorie, en convenant de regarder comme nuls les coups qui amèneraient l'extraction d'une boule noire. Leurs enjeux devraient être fixés dans les rapports des nombres 3, 2 et 1, non point parce qu'il n'y a aucune raison de les fixer autrement, dans l'ignorance où nous sommes des causes particulières qui déterminent l'événement aléatoire, mais parce qu'en effet les chances de gain des joueurs sont dans les rapports des nombres 3, 2 et 1, ainsi que cela serait manifesté par une longue série d'épreuves, comme on vient de l'expliquer.

88. Réciproquement, si une boule blanche a été extraite, sans qu'on sache de quelle urne, mais dans les conditions de triage et de tirage définies plus haut, trois joueurs qui parieraient respectivement que l'urne d'où la boule blanche a été extraite appartient à la première, à la seconde, à la troisième catégorie, devraient régler leurs enjeux dans les rapports des nombres 3, 2 et 1. Leurs probabilités de gain seraient respectivement proportionnelles à ces nombres; et le mot de probabilité est pris ici dans le sens objectif, comme équivalent de possibilité : en sorte que, si les mêmes paris étaient répétés un grand nombre de fois, dans les mêmes circonstances, les nombres de parties gagnées respectivement par chacun des trois joueurs seraient

sensiblement dans les rapports des nombres 3, 2 et 1.

C'est en ce sens qu'il faut entendre la règle attribuée à Bayes ([1]), et que l'on peut énoncer en ces termes : « Les probabilités des causes ou des hypothèses sont proportionnelles aux probabilités que ces causes donnent pour les événements observés. La probabilité de l'une de ces causes ou hypothèses est une fraction qui a pour numérateur la probabilité de l'événement par suite de cette cause, et pour dénominateur la somme des probabilités semblables relatives à toutes les causes ou hypothèses.»

Dans notre exemple, la cause ou l'événement antécédent est le triage de l'urne dans l'une des trois catégories : l'événement subséquent et observé, c'est-à-dire l'extraction d'une boule blanche, devant avoir *à priori* une probabilité différente, selon que l'urne de tirage appartient à l'une ou à l'autre des catégories.

Ainsi entendue, la règle de Bayes est un théorème qui ne donne lieu à aucune équivoque, et dont on ne peut contester la justesse.

89. Supposons maintenant qu'une urne ait été prise parmi beaucoup d'autres, et que l'on sache que ces urnes contiennent toutes trois boules, blanches ou noires ; mais qu'on ignore les rapports des boules blanches et noires dans chacune ; qu'on ignore également le rapport du nombre des urnes qui ne contiennent que des boules blanches au nombre total des urnes, et ainsi de suite ; qu'on ignore enfin si le triage de l'urne a été fait au hasard, ou influencé par des causes non for-

---

([1]) *Transactions philosophiques* de 1763, pag. 370.

tuites. Supposons en outre qu'on ait extrait au hasard une boule blanche de l'urne, et que le joueur A_1 parie que l'urne renferme seulement des boules blanches; le joueur A_2 qu'elle renferme deux boules blanches et une noire; le joueur A_3 qu'elle renferme une boule blanche et deux noires : on demande comment doivent être réglés leurs enjeux ou leurs paris?

Avant le triage, on pouvait faire quatre hypothèses sur la constitution de l'urne, savoir :

1re hyp.	2e hyp.	3e hyp.	4e hyp.
3 blanches,	2 bl. et 1 noire,	1 bl. et 2 noires,	3 noires,

sans qu'il y eût aucun motif, d'après les données de la question, de préférer une hypothèse à l'autre. A chacune de ces hypothèses correspondaient trois cas ou trois sous-hypothèses sur la boule destinée à sortir, sans qu'il y eût non plus aucune raison de préférer une de ces sous-hypothèses à l'autre. L'événement observé, savoir le tirage d'une boule blanche, exclut la 4e hypothèse et les trois cas qui s'y rapportent; elle exclut pareillement deux des trois cas relatifs à la 3e hypothèse, et l'un des trois cas relatifs à la 2e. Il ne reste plus que 6 cas entre lesquels on n'a aucune raison de préférence, et dont 3 (relatifs à la 1re hypothèse) favorisent le joueur A_1, 2 (relatifs à la 2e hypothèse) favorisent le joueur A_2, 1 (relatif à la 3e hypothèse) favorise le joueur A_3. Donc les enjeux des trois parieurs doivent être réglés dans les rapports des nombres 3, 2, 1.

Mais si l'on dit que les probabilités de gain des trois joueurs sont aussi dans les rapports des nombres 3, 2, 1, et si l'on entend en ce sens la règle de Bayes, le terme de probabilité sera pris dans son acception purement subjective, variable d'un individu à un autre, relative en partie à ses connaissances, en partie à son ignorance. Cela ne signifiera point que, dans un grand nombre de paris semblables, les nombres de paris gagnés respectivement par les joueurs A_1, A_2, A_3 seront, à très-peu près, dans les rapports des nombres 3, 2, 1. Il se pourrait que le joueur A_1, par exemple, perdît constamment; ce qui arriverait nécessairement si l'urne, à chaque épreuve, était prise dans un groupe où il n'y a pas une seule urne qui renferme uniquement des boules blanches; ou bien encore si un signe connu de l'agent du triage lui indiquait les urnes de cette catégorie, qu'il doit s'abstenir de prendre. La règle de Bayes, ainsi appliquée à la détermination de probabilités subjectives, n'a donc d'autre utilité que celle de conduire à une fixation de paris, dans une certaine hypothèse sur les choses que connaît et sur celles qu'ignore l'arbitre. Elle conduirait à une fixation inique si l'arbitre en savait plus qu'on ne le suppose, sur les conditions réelles de l'épreuve aléatoire.

90. Revenons à l'hypothèse du n° 87, et supposons qu'après le triage de l'urne et l'extraction d'une boule blanche, on demande la probabilité d'extraire de nouveau une boule blanche : il est entendu que la boule extraite en premier lieu est remise dans l'urne, pour que les conditions du tirage soient les mêmes dans les deux épreuves. Nous avons vu qu'après le premier tirage les probabilités des trois hypothèses possibles sur la constitution de l'urne ont respectivement pour valeurs $\frac{3}{6}, \frac{2}{6}, \frac{1}{6}$; les probabilités respectives du tirage ultérieur d'une boule blanche, dans ces trois hypothèses,

sont $1, \dfrac{2}{3}, \dfrac{1}{3}$; donc .

$$\frac{3}{6} + \frac{2}{6} \cdot \frac{2}{3} + \frac{1}{6} \cdot \frac{1}{3} = \frac{7}{9}$$

est la probabilité de l'extraction ultérieure d'une boule blanche, et le terme de probabilité est pris ici dans le sens objectif. Si l'on triait un fort grand nombre de fois l'urne au hasard, et qu'on fît chaque fois deux tirages consécutifs avec l'urne choisie fortuitement; si l'on comptait le nombre m des épreuves où le premier tirage a donné une boule blanche, et parmi celles-ci le nombre n des épreuves pour lesquelles le second tirage a encore amené une boule blanche, le rapport $\dfrac{n}{m}$ différerait peu de $\dfrac{7}{9}$.

Mais, si l'on se place dans l'hypothèse du n° 89, et qu'après l'extraction d'une boule blanche deux joueurs parient, l'un qu'un second tirage dans la même urne amènera une boule blanche, l'autre qu'il amènera une boule noire, à la vérité leurs enjeux devront encore être réglés dans le rapport de 7 à 2, mais en raison seulement de l'hypothèse qu'on a faite sur les choses connues et inconnues dans les conditions de l'épreuve aléatoire. Car d'ailleurs ces conditions peuvent être telles que le joueur qui parie pour *noire* perde constamment son pari, ou que, dans une nombreuse série de paris semblables, le rapport du nombre de paris qu'il gagne, au nombre de paris que gagne l'adversaire, s'écarte tout à fait du rapport de 2 à 7.

91. Dans les applications qu'on entend faire ordinairement de la règle de Bayes, on ne sait absolument rien

sur la constitution de l'urne. On admet que les chances
sont susceptibles de varier d'une manière continue, ou,
en d'autres termes, que l'urne renferme une infinité de
boules, et que le rapport du nombre des boules blanches
au nombre total des boules peut prendre toutes les valeurs, en nombre infini, comprises entre zéro et l'unité.
A priori, toutes ces valeurs ont des probabilités égales
et infiniment petites : le fait de l'extraction d'une boule
blanche assigne à ces valeurs une autre loi de probabilité [65], quoique la probabilité de chaque valeur en
particulier continue d'être infiniment petite. La courbe
de probabilité devient alors, comme dans le second
exemple du n° 70, une ligne droite passant par l'origine
des coordonnées, et faisant avec l'axe des abscisses l'angle
dont le nombre 2 est la tangente trigonométrique. La
valeur moyenne, conclue de cette loi de probabilité, est
$\frac{2}{3}$; et cette valeur moyenne exprime précisément la probabilité de l'apparition d'une boule blanche à un tirage
subséquent, fait dans la même urne. La valeur médiane
est $\frac{1}{\sqrt{2}} = 0,7071$. Il y aurait un faible désavantage à
parier que la chance de l'extraction d'une boule blanche,
dans l'urne en question, surpasse 0,7. Il y a 3 à parier
contre 1 que cette chance surpasse $\frac{1}{2}$, ou qu'il y a dans
l'urne plus de boules blanches que de noires.

92. Plus généralement, si, après le triage de l'urne,
on a fait m tirages qui ont donné n boules blanches et
$m - n$ boules noires (la boule extraite étant toujours
remise dans l'urne après chaque tirage), l'ordonnée de
la courbe de probabilité, pour la valeur x de la chance

d'extraction d'une boule blanche, est exprimée par la fraction

$$\frac{1.2.3\ldots n.1.2.3\ldots(m-n)}{1.2.3\ldots m}.x^n(1-x)^{m-n}.$$

La courbe de probabilité (*fig.* 14) passe par l'origine O et touche encore l'axe des abscisses au point B dont l'abscisse OB $= 1$. L'ordonnée *maximum* de la courbe, représentée par Kk, a pour abscisse

$$OK = \frac{n}{m}.$$

La valeur moyenne, qui exprime aussi la probabilité de l'extraction d'une boule blanche dans un tirage subséquent, a pour valeur

$$OG = \frac{n+1}{m+2};$$

et cette valeur est moindre que OK, tant qu'on suppose $n > m - n$. La valeur médiane OI tombe entre OG et OK.

93. Tous ces résultats doivent être interprétés dans un sens objectif, et comme s'appliquant à la mesure de la possibilité des événements, si effectivement l'urne est triée au hasard parmi une infinité d'autres, de manière que la probabilité de tomber sur une urne pour laquelle la chance d'extraction d'une boule blanche ait la valeur x, reste la même, quel que soit x. Mais autrement, et dans les applications qu'on en fait d'ordinaire, ces résultats ne peuvent conduire à rien, ou n'auraient que le frivole usage de régler les conditions d'un pari, dans l'ignorance où nous sommes des vraies conditions d'une épreuve aléatoire. Et même dans la plupart des cas, quoique nous ignorions les vraies condi-

tions de l'épreuve aléatoire, nous en savons assez sur leur nature pour n'être point tentés de régler les conditions d'un pari d'après les règles ci-dessus, déduites du principe de Bayes.

Supposons que nous ayons un tas de pièces de monnaie nouvellement fabriquées, et qu'après en avoir pris et projeté une au hasard, nous amenions *croix* : nous ne parierons pas deux contre un qu'en projetant une seconde fois la pièce au hasard, nous amènerions encore *croix*. Si quelqu'un faisait ce pari, et le répétait un grand nombre de fois dans les mêmes circonstances, il s'en faudrait certainement de beaucoup qu'il gagnât les deux tiers de ses paris. La raison en est que la probabilité d'amener *croix*, pour chacune des pièces du tas, quoique variant certainement un peu d'une pièce à l'autre, à cause des irrégularités de structure physique, ne peut pas différer beaucoup pour chacune d'elles de la fraction $\frac{1}{2}$, en plus ou en moins. Il serait donc contraire aux notions que nous avons dans ce cas, sur les conditions du hasard, de regarder toutes les valeurs comprises entre zéro et l'unité comme pouvant être attribuées indifféremment, *à priori*, à la chance d'amener *croix*.

Nous ignorons absolument quelles sont, pour chaque femme, les chances de concevoir un enfant de l'un ou de l'autre sexe; car ces chances varient certainement d'une femme à une autre; et nous ne connaissons, par les données de la statistique, que les valeurs moyennes de ces chances, conclues d'un très-grand nombre de naissances. Dans cette ignorance où nous sommes, si une femme était accouchée d'un garçon, il faudrait peut-être régler dans le rapport de 2 à 1 les enjeux de deux joueurs qui parieraient à une seconde grossesse, l'un qu'elle accouchera d'un garçon, l'autre qu'elle accouchera d'une fille. Mais ce règlement des paris, motivé sur notre ignorance actuelle, n'aurait aucun rapport avec les chances réelles des deux événements. Si le même pari était répété un grand nombre de fois, dans des circonstances semblables, le rapport du nombre des paris gagnés par le premier joueur, au nombre des paris gagnés par le second joueur, s'écarterait beaucoup, selon toute apparence, du rapport de 2 à 1. Pour connaître la valeur dont le premier rapport s'éloignerait peu, il faudrait compulser les registres de l'état civil, à l'effet d'établir combien de fois la naissance d'un premier-né, du sexe masculin, a été suivie de la naissance d'un second garçon, et combien de fois elle a été suivie de la naissance d'une fille. Or, cette recherche intéressante n'a pas encore été faite que nous sachions; et en attendant qu'elle le soit, l'application de la règle de Bayes ne conduirait, comme on le voit, qu'à une conséquence futile ou illusoire.

Cependant on n'a pas craint de faire des applications aussi peu fondées, dans des questions d'un grave intérêt pour la société et pour la morale, telles que celles qui se rapportent aux décisions judiciaires et aux témoignages; et l'on est tombé ainsi dans des aberrations peu dignes de géomètres éminents.

94. Lorsqu'on suppose que les tirages successifs, au lieu de se faire tous dans la même urne, se font dans des urnes triées chaque fois au hasard dans la même série, le problème n'est pas changé : seulement la lettre x désigne [76] la moyenne entre les chances d'extraction d'une boule blanche, pour chaque urne de la série. Si

les conditions du triage changent d'une épreuve à l'autre suivant une loi inconnue, il n'y a rien à conclure des événements observés aux événements futurs. Condorcet a donné, pour ce cas, et discuté longuement des formules tout à fait illusoires.

95. Quand les nombres m et n du n° 92 sont très-grands, les points K, G (*fig.* 14) se confondent sensiblement, et le résultat trouvé par la règle de Bayes ne diffère plus sensiblement de celui que donnerait le théorème de Bernoulli. Il faut bien qu'il en soit ainsi, puisque la vérité du théorème de Bernoulli est indépendante de toute hypothèse sur le triage préalable de l'urne. Ce n'est point dans ce cas (comme beaucoup d'auteurs ont paru se le figurer) la règle de Bernoulli qui devient exacte en se rapprochant de la règle de Bayes; c'est la règle de Bayes qui devient exacte, ou qui acquiert une valeur objective qu'elle n'avait pas, en se confondant avec la règle de Bernoulli.

Entrons à cet égard dans des détails qui paraîtront peut-être délicats, ou même minutieux, mais qu'exige l'importance du sujet. Après qu'on a extrait de l'urne n boules blanches en m tirages, la règle de Bayes donne une certaine probabilité P que la chance x de l'apparition d'une boule blanche est comprise pour cette urne entre les deux valeurs

$$\frac{n}{m} - l, \quad \frac{n}{m} + l, \tag{l}$$

l désignant une quantité qui devient de plus en plus petite, pour la même valeur de P, quand les nombres m, n vont en croissant, et qui finalement peut tomber au-dessous de toute grandeur donnée. Sur la *fig.* 15, Kk

désignant l'ordonnée *maximum* de la courbe O*k*B, et KI, KL deux longueurs égales à l, la probabilité P serait représentée par le rapport de l'aire IL*lki* à l'aire totale OB*lki*.

Quand la chance de mettre la main sur une urne pour laquelle la chance d'extraction d'une boule blanche est x, reste la même quel que soit x, la probabilité P a une valeur objective. En d'autres termes, si après avoir trié une urne au hasard, et ensuite en avoir extrait n boules blanches en m tirages, je *jugeais* que la chance x de l'apparition d'une blanche est comprise pour cette urne entre les deux valeurs (l), et si je répétais le même jugement à la suite de N résultats semblables, donnés par autant d'urnes différentes (N étant d'ailleurs un grand nombre), le nombre des jugements vrais que j'émettrais serait au nombre des jugements erronés, sensiblement dans le rapport de P à $1 - $ P. En d'autres termes encore, $1 - $ P mesure précisément la chance ou la possibilité d'erreur qui affecte le jugement porté en premier lieu.

Mais il n'en serait plus de même, en général, si la chance de mettre la main sur une urne variait avec la valeur de x pour cette urne. Ainsi, représentons par la courbe $o'k'b'$ (*fig.* 16) la loi de probabilité de la variable x, dans l'opération du triage, ou la loi suivant laquelle varie effectivement la chance de tomber sur une urne pour laquelle x désigne le rapport du nombre des boules blanches au nombre total des boules. Soient OI', OK', OL', des longueurs respectivement égales à

$$\frac{n}{m} - l, \quad \frac{n}{m}, \quad \frac{n}{m} + l;$$

et supposons, pour fixer les idées, que l'ordonnée de la courbe passe en K′k' par une valeur *minimum*. La chance d'amener précisément n boules blanches en m tirages, est d'autant plus faible que la valeur de x, pour l'urne de tirage, s'écarte davantage de OK′; mais, d'autre part, la chance de mettre la main sur une urne pour laquelle la chance d'extraction d'une boule blanche ait la valeur x, devient d'autant plus grande que x diffère davantage de OK′. En conséquence, et à cause que l'aire I′L′$l'i'$ n'est qu'une petite fraction de l'aire totale OB′$b'k'o'$, il peut arriver que, sur un grand nombre N d'événements, qui ont consisté chacun à tirer une urne au hasard et à en extraire ensuite n boules blanches en m tirages, le nombre des cas où x sortait des limites (l) surpasse certainement, en vertu du principe de Bernoulli, le nombre des cas où x était contenu entre ces limites; quoique la probabilité P, définie plus haut, continue de surpasser $\frac{1}{2}$, ou même soit très-voisine de l'unité.

Lors donc qu'à la suite de l'extraction de n boules blanches en m tirages, on prononce que la valeur de x, pour l'urne qui a fortuitement servi au tirage, est comprise entre les limites (l), la chance d'erreur qui affecte ce jugement n'est plus en général la fraction $1 - P$, mais une autre fraction $1 - P'$ qui peut différer très-sensiblement de $1 - P$, et qui reste inconnue tant qu'on ne connaît pas la loi de probabilité représentée par la courbe $o'k'b'$. Sur un grand nombre N de jugements identiques, portés dans les mêmes circonstances, le rapport du nombre des jugements vrais au nombre des jugements erronés n'est plus sensiblement le rapport de

P à $1 - $P. La probabilité P, conclue de la règle de Bayes, ne peut plus être prise que dans un sens subjectif, comme servant à régler les conditions d'un pari, tant que nous ne possédons aucune donnée sur la forme de la courbe $o'k'b'$.

Mais supposons maintenant que m et n désignent de grands nombres : il arrivera, à la faveur de cette hypothèse et du principe de Bernoulli, que, pour des valeurs de x telles que OE′, qui tombent beaucoup au-dessous de OI′, l'événement consistant dans l'extraction de n boules blanches en m tirages sera un événement très-rare et comme impossible. En conséquence, bien que l'ordonnée E′e' soit beaucoup plus grande que K′k', on pourra, dans un calcul d'approximation, se dispenser de tenir compte des cas où le système des nombres n et $m - n$ serait donné par le tirage dans une urne pour laquelle x a la valeur OE′ ou une valeur plus petite : ces cas devenant extrêmement rares, même lorsque le nombre N devient très-grand. Pareille remarque est applicable aux valeurs de x beaucoup plus grandes que OL′. On n'aurait donc plus à considérer, dans le calcul du nombre P′ désigné plus haut, si la courbe $o'k'b'$ était donnée, que la portion de cette courbe voisine de k', pour laquelle l'ordonnée a une valeur peu différente de K′k' ou de $\dfrac{n}{m}$; car, en deçà et au delà, les autres portions de la courbe, quelque forme qu'elles affectent, n'influent plus sensiblement sur la valeur de P′. Puisque l'ordonnée varie peu, dans la portion de la courbe voisine de k', qui seule a une influence appréciable sur la valeur de P′, l'erreur que l'on commet en supposant implicitement cette ordonnée constante, sui-

vant la règle de Bayes, est une erreur très-petite ; et par
conséquent la valeur de P peut être prise, avec une approximation suffisante, pour la valeur de P′. C'est ainsi
que la probabilité P acquiert, quand les nombres m et n
deviennent suffisamment grands, une valeur objective,
indépendante de la forme de la fonction inconnue ; et
c'est ainsi, en d'autres termes, que la probabilité contraire $1 - P$ donne une mesure approchée, mais suffisante, de la chance d'erreur qui affecte réellement le jugement que nous portons, en prononçant *à posteriori*
que la chance x tombe entre les limites (l), après l'extraction de n boules blanches en m tirages, dans l'urne
que des causes fortuites, ou indépendantes de celles qui
ont dirigé l'opération même des tirages, ont soumise,
entre une multitude d'autres, à notre expérimentation.

96. Quand m et n sont de grands nombres, le calcul,
fondé sur les remarques qui précèdent, montre qu'il y
a entre la probabilité P et la limite l une liaison exprimée au moyen de la variable auxiliaire t [33], par
l'équation

$$t = lm \sqrt{\frac{m}{2n(m-n)}}. \qquad (\dot{m})$$

On peut se rendre compte de ce résultat par un raisonnement bien simple. En effet, x désignant toujours
la chance inconnue, on a vu [33] qu'il y a entre t et l,
pour des valeurs suffisantes de m et de n, l'équation

$$t = l \sqrt{\frac{m}{2x(1-x)}}.$$

Mais on n'altérera pas sensiblement cette dernière formule si l'on y substitue, à la place du nombre inconnu x,

le rapport $\dfrac{n}{m}$ qui en diffère très-peu, et qui en diffère d'autant moins que m et n sont plus grands. Le résultat de cette substitution est précisément la formule (m).

97. On peut demander la probabilité que, dans une autre série de m' tirages, effectués dans la même urne (m' étant pareillement un grand nombre), le rapport $\dfrac{n'}{m'}$ du nombre des boules blanches extraites au nombre des tirages, tombera entre les limites $\dfrac{n}{m} \pm l'$. Or, si l'écart l était rigoureusement nul, on aurait encore la probabilité P que l'écart $\dfrac{n}{m} - \dfrac{n'}{m'}$ tomberait entre des limites $\pm l'$, données par la formule

$$t = l'm \sqrt{\dfrac{m'}{2n(m-n)}}; \qquad (m')$$

mais on conçoit que la grandeur de la limite d'écart l', correspondant à cette même probabilité P, doit nécessairement augmenter, à cause des valeurs fortuites et très-petites, mais différentes de zéro, que comporte l'écart $x - \dfrac{n}{m}$. Le calcul prouve que la formule précédente doit être remplacée en conséquence par

$$t = l'm \sqrt{\dfrac{mm'}{2n(m-n)(m+m')}}. \qquad (m'_{\text{I}})$$

Lorsque le nombre m', quoique toujours considérable, est très-petit par rapport à m (comme si m' était de l'ordre des mille et m de l'ordre des millions), les formules (m'), (m'_{I}) coïncident sensiblement. Si l'on prend $m' = m$, la valeur de l', tirée de (m'_1), est à la valeur de l', tirée de (m'), dans le rapport de $\sqrt{2}$ à 1. Le rapport croît de plus en plus quand m' augmente, m restant constant, quoique la valeur absolue de l', tirée de (m'_1), aille toujours en diminuant. Enfin, quand m' devient très-grand par rapport à m, cette valeur l' se confond sensiblement avec la valeur de l, tirée de la formule (m) : résultat aisé à prévoir, puisqu'alors le rapport $\dfrac{n'}{m'}$, ne peut plus différer sensiblement de x.

On arrivera, si l'on veut, à la formule (m'_1), en déterminant par la règle de Bayes la probabilité qu'après le tirage de n boules blanches en m tirages, m' tirages subséquents donneront n' boules blanches; puis en passant, par les formules ordinaires d'approximation, au cas où m, n, m', n' désignent de grands nombres. Mais au fond les résultats qu'on vient d'énoncer sont indépendants des conditions de triage de l'urne, et par conséquent de la règle de Bayes : ils sont de pures conséquences du principe de Bernoulli, et de l'hypothèse qui assigne de grandes valeurs aux nombres m, n, m', n'.

98. La limite l', correspondante à la probabilité P, est donnée par la formule (m'_1) en fonction des nombres m, n, m' ; elle le serait en fonction des quatre nombres m, n, m', n' par cette autre formule dans laquelle les quatre nombres entrent symétriquement :

$$t = \frac{l' m m' \sqrt{m m'}}{\sqrt{2[m^3 n'(m' - n') + m'^3 n(m - n)]}}. \qquad (m'_2)$$

On conçoit que les deux valeurs de t, tirées de (m'_1), (m'_2), ne peuvent pas en général être identiques, à cause des écarts fortuits que comporte encore le nombre n', après qu'on a assigné au nombre m' une valeur déterminée; mais ces deux valeurs de t deviendraient égales, et auraient pour commune expression

$$t = \frac{l'm\sqrt{m}}{\sqrt{2n(m-n)}} \cdot \frac{\sqrt{\alpha}}{\sqrt{1+\alpha}},$$

si les deux rapports $\dfrac{n}{m}$, $\dfrac{n'}{m'}$, étaient rigoureusement égaux, de manière qu'on pût poser à la fois $m' = \alpha m$, $n' = \alpha n$. Par conséquent les deux valeurs de t, tirées de (m'_1), (m'_2) différeront très-peu, tant que la différence des deux rapports $\dfrac{n}{m}$, $\dfrac{n'}{m'}$, restera très-petite : ce qu'on doit admettre, si m, n, m', n' désignent de grands nombres, et si les deux séries de tirages ont lieu dans la même urne, comme on le suppose.

Pour l'application des formules (m'_1), (m'_2) il n'est évidemment pas nécessaire d'admettre que la première série des tirages a déjà eu lieu; conséquemment on a, avant toute épreuve, la probabilité P que l'écart des rapports $\dfrac{n}{m}$, $\dfrac{n'}{m'}$, donnés par deux séries de tirages futurs, dans la même urne, ou dans deux urnes pour lesquelles la chance x d'extraction d'une boule blanche conserve la même valeur, restera compris entre les deux limites $\pm\, l'$: la valeur de la limite l' étant liée à celles de t et de P au moyen de la formule (m'_2), que nous considérerons de préférence à cause de sa composition symétrique.

99. Supposons que les deux séries de tirages aient eu lieu dans deux urnes différentes, ou, si elles ont eu lieu dans la même urne, admettons que la constitution de

l'urne a pu changer dans le passage d'une série à l'autre. Désignons par x, x' les chances inconnues de l'extraction d'une boule blanche, pour la première série de tirages et pour la seconde. L'expérience a donné

$$\frac{n}{m} - \frac{n'}{m'} = \delta,$$

δ désignant, pour fixer les idées, une fraction positive; et, d'après la valeur de l'écart observé δ, on demande la probabilité Π que x surpasse x', au moins d'une quantité α, qui peut être choisie plus petite ou plus grande que δ.

Appelons toujours P la probabilité qu'on aurait eue avant toute expérience, et en admettant l'égalité des chances x, x', que l'écart $\dfrac{n}{m} - \dfrac{n'}{m'}$ serait compris entre les limites $\pm (\delta - \alpha)$: la valeur de P sera donnée, par l'intermédiaire de l'auxiliaire t, au moyen de la formule

$$t = \frac{\pm (\delta - \alpha) mm' \sqrt{mm'}}{\sqrt{2[m^3 n'(m' - n') + m'^3 n(m - n)]}}.$$

Le signe $\pm$ indique que la différence $\delta - \alpha$ doit toujours être prise positivement, afin de conserver à t une valeur positive.

Cela posé, la valeur de Π sera

$$\Pi = \frac{1 \pm P}{2},$$

et l'on devra choisir le signe $+$ ou le signe $-$, selon qu'on aura pris α plus petit ou plus grand que δ.

Si l'on a pris $\alpha = 0$, Π sera la probabilité que x surpasse x', quelque faible qu'on veuille d'ailleurs supposer la différence $x - x'$. En d'autres termes, ce sera la probabilité que l'écart δ ne doit pas être imputé uniquement aux anomalies du hasard, et qu'il accuse une variation de chances, d'une série d'épreuves à l'autre.

Posons $\dfrac{n'}{m'} = \varpi$, et faisons croître ensuite le nombre m' jusqu'à l'infini : Π désignera la probabilité que la chance x, dans la première série d'épreuves, surpasse la fraction ϖ, au moins d'une quantité α. Dans ce cas, la valeur de t, qui détermine celle de P, et par suite celle de Π, devient

$$ t = \frac{\pm \left(\dfrac{n}{m} - \varpi - \alpha \right) m \sqrt{m}}{\sqrt{2n(m-n)}} . $$

Par exemple, si le nombre n surpasse $\dfrac{1}{2}m$, la probabilité que x surpasse $\dfrac{1}{2}$, ou qu'il y a dans l'urne plus de boules blanches que de noires, sera la valeur de Π correspondant à

$$ t = \frac{(2n - m) \sqrt{m}}{2 \sqrt{2n(m-n)}} . $$

100. Imaginons que chacune des boules, blanches ou noires, qui se trouvent dans l'urne d'où l'on a extrait n boules blanches en m tirages, soit marquée à l'encre rouge de l'une des lettres a, b; mais qu'on ignore si ces marques ont été appliquées par un agent aveugle, sans distinction de couleurs, ou si au contraire, par une cause quelconque, l'une des marques est tombée de préférence sur les boules d'une certaine couleur. A chaque tirage on reconnaît la marque qui affecte la boule extraite; et le résultat du dépouillement des tirages est la décomposition de la série totale des m boules extraites

en deux séries partielles : l'une de m_1 boules marquées a, sur lesquelles il y en a n_1 blanches, l'autre de m_2 boules marquées b, parmi lesquelles on en compte n_2 blanches. Il s'agit de savoir si l'écart

$$\frac{n_1}{m_1} - \frac{n_2}{m_2} = \delta$$

doit être imputé aux anomalies du hasard, ou s'il indique au contraire, avec une probabilité suffisante, que les chances d'extraction d'une boule blanche ne sont pas les mêmes dans la série (a) et dans la série (b) : la distribution des caractères a, b n'ayant pas été complétement indépendante de la couleur des boules.

Avant le dépouillement des tirages, il y avait une probabilité P correspondant à

$$t = \frac{\delta m_1 m_2 \sqrt{m_1 m_2}}{\sqrt{2[m_1^3 n_2(m_2 - n_2) + m_2^3 n_1(m_1 - n_1)]}},$$

que l'écart $\dfrac{n_1}{m_1} - \dfrac{n_2}{m_2}$ serait renfermé entre les limites $\pm \delta$, si la chance x restait la même pour les deux séries (a), (b); et après le dépouillement, il y a une probabilité

$$\Pi = \frac{1 + P}{2},$$

que l'existence de l'écart δ accuse la supériorité de la chance x_1 sur la chance x_2 : x_1, x_2 désignant respectivement les valeurs de la chance x, pour chacune des séries (a), (b). En conséquence, si la valeur de Π ne diffère de l'unité que d'une très-petite fraction, on regardera comme presque certain que la chance d'extraction d'une boule blanche varie d'une série à l'autre.

101. Quand on compare, non plus une série partielle

à l'autre série partielle, mais une série partielle à la série totale, la probabilité P que l'écart $\frac{n}{m} - \frac{n_1}{m_1}$ sera contenu entre les limites $\pm \delta$, est donnée en fonction de t par l'équation

$$t = \frac{\delta m \sqrt{mm_1}}{\sqrt{2n(m-n)(m-m_1)}}.$$

Cette dernière formule est due à M. Bienaymé [1]. Elle offre une analogie remarquable avec celle du n° 97.

102. Maintenant rien n'empêche que les boules soient encore distinguées par une autre marque, consistant dans l'inscription de l'un des caractères a', b'. Nous admettrons que la distribution de ces nouveaux caractères est indépendante de la distribution des caractères a, b; mais on sera censé ignorer *à priori* si elle est ou non indépendante de la distribution des couleurs. Le dépouillement des m tirages décomposera la série totale en deux nouvelles séries partielles : l'une, composée des boules marquées a', dans laquelle entrent n'_1 boules blanches et $m'_1 - n'_1$ boules noires; l'autre, composée des boules marquées b', dans laquelle on compte n'_2 boules blanches pour $m'_2 - n'_2$ boules noires. A l'écart observé

$$\frac{n'_1}{m'_1} - \frac{n'_2}{m'_2} = \delta'$$

correspondront des probabilités P', Π', suffisamment définies par ce qui précède.

Rien ne limite le nombre des systèmes binaires de caractères opposés, d'après lesquels on peut faire autant

---

[1] Journal *l'Institut,* n° du 14 mai 1840.

de coupes dans la série totale. Désignons ce nombre par
s, et par

$$m_1^{(i)}, \ n_1^{(i)}, \ m_2^{(i)}, \ n_2^{(i)}, \ \delta^{(i)}, \ x_1^{(i)}, \ x_2^{(i)}, \ P^{(i)}, \ \Pi^{(i)},$$

les analogues, pour le système $(a^{(i)}, b^{(i)})$, des nombres

$$m_1, \ n_1, \ m_2, \ n_2, \ \delta, \ x_1, \ x_2, \ P, \ \Pi,$$

relatifs aux systèmes (a, b). Supposons, en outre, que
tous les termes de la série $\Pi, \Pi',\ldots \Pi^{(s-1)}$, à l'exception
de $\Pi^{(i)}$, soient assez petits pour donner lieu de croire,
de prime abord, que tous les écarts $\delta, \delta',\ldots\delta^{(s-1)}$, à l'exception de $\delta^{(i)}$, sont imputables aux anomalies du hasard :
il s'agit de savoir quelle conséquence on doit tirer des
valeurs trouvées pour $\delta^{(i)}, \Pi^{(i)}$; et il y a à cet égard une
distinction importante à faire.

Si l'expérimentateur s'était proposé directement, avant
tout dépouillement du tirage, de décomposer la série
totale d'après les caractères $a^{(i)}, b^{(i)}$, soit que le hasard
lui eût suggéré l'idée d'éprouver ce système de caractères
de préférence à tous les autres, soit qu'il eût à priori
quelque motif de conjecturer que les chances $x_1^{(i)}, x_2^{(i)}$ sont
inégales, le nombre $\Pi^{(i)}$ mesurerait sans contredit, d'a-
près ce qui a été expliqué plus haut, la probabilité qu'il
a, après l'expérience, qu'en effet $x_1^{(i)}$ surpasse $x_2^{(i)}$; et, dans
le cas où $\Pi^{(i)}$ différerait très-peu de l'unité, le fait de cette
supériorité devrait être regardé par lui comme presque
certain.

Mais si l'expérimentateur n'a été induit que par le
résultat même du dépouillement à considérer le système
$(a^{(i)}, b^{(i)})$ de préférence aux autres, les conclusions ne peuvent plus être les mêmes. En effet, quoiqu'il y ait une
grande probabilité P que, pour chacun des systèmes
(a, b), l'écart δ ne franchira pas une certaine limite l, si

les chances x_1, x_2 sont égales, il peut y avoir une grande probabilité (si le nombre s est très-grand) que, pour l'un des systèmes au moins, l'écart δ franchira cette limite. Dès lors l'anomalie observée, pour ce qui concerne le système ($a^{(i)}$, $b^{(i)}$) pris entre une foule d'autres, peut très-bien être fortuite ; il est même très-probable qu'on finira par tomber fortuitement sur une telle anomalie, à force de multiplier les coupes et les essais.

Il n'y a d'ailleurs rien d'étonnant à ce que des chances d'erreur très-inégales affectent le même jugement, porté sur le même fait, selon les circonstances dans lesquelles le jugement est porté. Ainsi, l'on conçoit très-bien que l'expérimentateur ne se tromperait qu'une fois sur mille, lorsque, décomposant directement, d'après une idée préconçue, la série totale par rapport aux caractères $a^{(i)}$, $b^{(i)}$, et trouvant pour $\Pi^{(i)}$ la valeur 0,999, il prononcerait que $x_1^{(i)}$ surpasse $x_2^{(i)}$; tandis qu'il pourrait au contraire se tromper 999 fois sur 1000 en portant le même jugement, s'il n'était tombé que par tâtonnements, après un grand nombre d'essais, sur l'écart $\delta^{(i)}$, et si le résultat même des tâtonnements était le seul motif qui fixât son attention sur le système ($a^{(i)}$, $b^{(i)}$), de préférence à une foule d'autres.

De là résulte pourtant cette conséquence singulière, qu'une personne étrangère à l'opération du dépouillement, à qui l'expérimentateur communiquera le résultat du dépouillement en ce qui concerne le système ($a^{(i)}$, $b^{(i)}$), sans lui faire connaître par combien de tâtonnements et d'essais l'on a passé pour obtenir ce résultat, ne pourra porter un jugement, *affecté d'une chance d'erreur déterminée*, en ce qui concerne l'égalité ou l'inégalité des chances $x_1^{(i)}$, $x_2^{(i)}$. A la vérité cette personne pourra avoir des motifs de conjecturer *à priori* qu'une certaine inégalité existe, et que, pour des motifs du même genre, la coupe $(a^{(i)}, b^{(i)})$ s'est offerte naturellement à l'expérimentateur, indépendamment du résultat même du dépouillement, et entre une foule d'autres coupes également possibles. Mais l'appréciation de ces motifs n'équivaudra pas à une probabilité mesurable, ayant une valeur objective, et représentant la chance de véracité ou d'erreur qui affecte réellement un jugement porté dans des circonstances où les conditions du hasard sont rigoureusement définies. Nous reviendrons sur cette conséquence singulière, et nous la rendrons plus sensible, en recourant à des exemples moins abstraits, dans le chapitre suivant, où nous traiterons des applications à la statistique.

CHAPITRE IX.

DE LA STATISTIQUE EN GÉNÉRAL, ET DE LA DÉTERMINATION EXPÉRIMENTALE DES CHANCES.

—

103. La statistique est une science toute moderne : le génie des anciens ne se portait pas volontiers vers les travaux de précision ; les moyens de recherche et de communication leur manquaient; enfin (ce qui surprend davantage), malgré la variété de leurs spéculations philosophiques, ils ne paraissent pas avoir soupçonné l'existence d'un principe de compensation qui finit toujours par manifester l'influence des causes régulières et permanentes, en atténuant de plus en plus celle des causes irrégulières et fortuites.

De nos jours, au contraire, la statistique a pris un développement en quelque sorte exubérant; et l'on n'a plus qu'à se mettre en garde contre les applications prématurées et abusives qui pourraient la décréditer pour un temps, et retarder l'époque si désirable où les données de l'expérience serviront de bases certaines à toutes les théories qui ont pour objet les diverses parties de l'organisation sociale.

En effet, l'on entend principalement par statistique (comme l'indique l'étymologie) le recueil des faits auxquels donne lieu l'agglomération des hommes en sociétés

politiques : mais pour nous le mot prendra une acception plus étendue. Nous entendrons par statistique « la
science qui a pour objet de recueillir et de coordonner
des faits nombreux dans chaque espèce, de manière à
obtenir des rapports numériques sensiblement indépendants des anomalies du hasard, et qui dénotent l'existence des causes régulières dont l'action s'est combinée
avec celle des causes fortuites. »

104. Comme cette distinction des causes régulières ou
permanentes, et des causes accidentelles ou fortuites, revient fréquemment dans le discours, il convient d'y attacher un sens bien précis, et de voir comment elle se rattache à la notion que nous nous sommes faite du hasard
et de la possibilité physique des événements.

Quand un dé qui offre des irrégularités de structure
est projeté plusieurs fois de suite, l'apparition de telle
face du dé à chaque jet est un effet dépendant de la direction et de l'intensité de la force impulsive, aussi
bien que de la forme du dé et du mode de distribution
de la masse; mais on peut admettre communément qu'il
y a une parfaite indépendance entre les causes qui déterminent, pour un jet, l'intensité et la direction de la
force impulsive, ainsi que son point d'application, et
celles qui les déterminent aux jets suivants; tandis que
les irrégularités de structure, par exemple la distance
du centre de gravité du dé à son centre de figure, agissent (¹) à chaque jet, et toujours dans le même sens,

---

(¹) Il est bien entendu que les mots *cause, action*, etc., sont pris
ici par nous avec toute la latitude d'acception qu'ils comportent
dans la langue commune, et non avec cette rigueur qu'exige
quelquefois l'analyse métaphysique. Quand on dit, par exemple,

pour favoriser l'apparition de telle face plutôt que de telle autre. Ces causes toujours présentes, dont l'influence s'étend sur toute une série d'épreuves, sont ce que nous entendons par causes régulières ou permanentes, tandis que les causes qui régissent chaque épreuve individuellement, sans qu'il y ait aucune trace de solidarité entre l'action qu'elles exercent dans un cas individuel, et l'action qu'elles exercent dans un autre cas, sont ce que nous entendons par causes accidentelles ou fortuites. Les effets dus à leurs variations irrégulières se compensent et disparaissent dans le résultat moyen d'un grand nombre d'épreuves; de sorte qu'elles n'influent pas sur la mesure de la possibilité de l'événement A ou de l'événement B, bien qu'elles concourent efficacement, dans chaque cas particulier, à déterminer la pro-

---

qu'un volant *agit* pour régulariser les mouvements d'une machine, ou qu'il est *cause* de la régularité des mouvements, on n'entend pas prêter à la masse inerte du volant une énergie qu'elle n'a point; on comprend bien que le volant joue, dans le mouvement de la machine, un rôle véritablement passif : absorbant de la force vive et en restituant aux autres pièces de l'appareil, toujours par suite de l'inertie de sa masse, et non en vertu d'une force propre qui résiderait en lui. De même une petite masse additionnelle, fixée en un point d'un dé homogène, et qui trouble la symétrie de la distribution de la masse totale autour du centre de figure ne joue qu'un rôle passif dans les mouvements du dé, bien qu'on ait coutume de dire qu'elle est *cause* de la plus fréquente apparition d'une des faces, ou qu'elle *agit* pour favoriser l'apparition de cette face. On s'exprimerait plus philosophiquement en disant que la présence du volant est la *raison* de la régularité du mouvement de la machine, et que le défaut de symétrie dans la distribution de la masse du dé est la *raison* de la plus fréquente apparition d'une des faces.

duction de l'événement A ou de l'événement B. Les causes permanentes sont celles qui déterminent, par leur influence, la possibilité de chaque événement, susceptible de se produire où de ne se pas produire, selon la combinaison qui a lieu entre les causes permanentes et les causes fortuites ; et l'élimination des causes accidentelles, l'investigation des causes permanentes constituent l'objet essentiel des recherches de statistique.

105. Pour que la statistique mérite le nom de science, elle ne doit pas consister simplement dans une compilation de faits et de chiffres : elle doit avoir sa théorie, ses règles, ses principes. Or cette théorie s'applique aux faits de l'ordre physique et naturel, comme à ceux de l'ordre social et politique. En ce sens, des phénomènes qui s'accomplissent dans les espaces célestes peuvent être soumis aux règles et aux investigations de la statistique, comme les agitations de l'atmosphère, les perturbations de l'économie animale, et comme les faits plus complexes encore qui naissent, dans l'état de société, du frottement des individus et des peuples.

106. La recherche et la critique des documents doivent donner lieu, dans chaque branche de la statistique, à des difficultés et à des règles spéciales, dont nous n'avons pas à nous occuper ici.

En admettant qu'on ait réuni les matériaux ou les documents nécessaires, qu'ils aient l'exactitude et l'authenticité requises, il s'agit de les mettre en œuvre, d'y démêler un ordre, d'opérer la réduction des éléments, de remonter aux données primitives, dont les valeurs déterminent implicitement toutes les autres, et qui peuvent quelquefois être inaccessibles à l'observation directe. Par exemple, lorsque nous traiterons de la statistique judiciaire, on verra que la chance d'erreur qui affecte la sentence d'un juge ou d'un tribunal est un nombre que la statistique ne saurait donner directement, mais qui pourtant peut se conclure indirectement des valeurs que la statistique assigne à d'autres nombres, dérivant du premier comme l'effet dérive de sa cause.

La statistique est une science d'observation. Les chiffres sont les instruments à l'usage des statisticiens, et la précision de ces instruments est rendue comparable au moyen des formules tirées de la théorie des chances. Mais le but essentiel du statisticien, comme de tout autre observateur, est de pénétrer autant que possible dans la connaissance de la chose en soi, et pour cela de dégager autant que cela se peut faire, par une discussion rationnelle, les données immédiates de l'observation, des modifications qui les affectent, en raison seulement du point de vue où se trouve placé l'observateur, et des moyens d'observation mis à sa disposition.

107. L'objet immédiat des relevés et des tableaux statistiques est ordinairement, soit de faire connaître la chance de l'arrivée d'un événement qui peut se produire ou ne pas se produire, dans des circonstances données, selon des combinaisons fortuites ; soit de déterminer la valeur moyenne d'une quantité variable, susceptible d'osciller fortuitement entre certaines limites ; soit enfin d'assigner la loi de probabilité des valeurs, en nombre infini, qu'une quantité variable est susceptible de prendre, sous l'influence de causes fortuites. Il est naturel de traiter d'abord du problème qui consiste à déterminer par la statistique la chance d'un événement, ou à donner la mesure de sa possibilité.

Déjà l'on a vu dans le chapitre précédent [96] que si

l'événement A, dont nous désignerons par p la probabilité inconnue, s'est produit n fois dans un nombre m d'observations ou d'épreuves recueillies par la statistique, il y a une probabilité P que l'erreur que l'on commet en prenant pour p le rapport $\dfrac{n}{m}$, tombe entre les limites $\pm l$, le nombre l étant lié à l'auxiliaire t, et par suite à la probabilité P, au moyen de la formule

$$ t = lm \sqrt{\frac{m}{2n(m-n)}}. $$

La probabilité P a, comme nous l'avons expliqué, une valeur objective; elle mesure effectivement la possibilité de l'erreur du jugement que nous portons, en prononçant que la différence $p - \dfrac{n}{m}$ tombe entre les limites $\pm l$.
Lors même que, dans la multitude indéfinie de faits auxquels peuvent s'appliquer les observations statistiques, des raisons inconnues rendraient certaines valeurs de p habiles à se produire plus fréquemment que d'autres, le nombre des jugements vrais que nous émettrions, en prononçant, d'après la probabilité P, que la différence $p - \dfrac{n}{m}$ tombe entre les limites $\pm l$, serait au nombre des jugements erronés, sensiblement dans le rapport de P à $1-$P, si d'ailleurs on embrassait une série de jugements assez nombreux pour que les anomalies fortuites aient dû se compenser sensiblement.

Pour la même valeur de P, l'intervalle $2l$ des limites d'erreur est inversement proportionnel à

$$ \frac{m\sqrt{m}}{\sqrt{2n(m-n)}}; \qquad (p) $$

en conséquence, ce dernier nombre peut être pris pour mesure de la *précision* avec laquelle l'inconnue p se trouve déterminée, quand on lui assigne pour valeur la fraction $\frac{n}{m}$. En d'autres termes, et pour employer le langage de quelques auteurs, le nombre (p) mesure le *poids* du résultat obtenu par l'observation statistique. Afin de rendre les résultats de statistique aisément comparables, quant au degré de précision qu'ils comportent, il conviendrait d'inscrire dans les tableaux, à côté des rapports $\frac{n}{m}$, les poids correspondants (p).

108. Dans une nouvelle série de m' observations, l'événement A se produira n' fois, et l'on doit regarder comme impossible que le rapport $\frac{n'}{m'}$ coïncide rigoureusement avec le rapport précédemment trouvé $\frac{n}{m}$. Si la chance p est restée la même dans les deux séries d'épreuves, on a [98] la probabilité P que l'écart $\frac{n}{m} - \frac{n'}{m'}$ doit tomber entre les limites $\pm\, l'$, déterminées au moyen de l'équation

$$t = \frac{l'mm'\sqrt{mm'}}{\sqrt{2[m^3 n'(m'-n') + m'^3 n(m-n)]}}.$$

Admettons que l'expérience ait donné

$$\frac{n}{m} - \frac{n'}{m'} = \delta :$$

on fera, dans l'équation précédente, $l' = \delta$, et après qu'on aura calculé les valeurs correspondantes de t et de P, la fraction

$$\Pi = \frac{1 + P}{2}$$

sera la probabilité que la chance p de l'événement A, dans la première série d'épreuves, surpasse la chance p' du même événement, dans la seconde série, ou bien encore la probabilité que l'écart δ n'est pas imputable aux anomalies du hasard.

109. En général, il faut entendre par p, p' des moyennes entre une multitude de valeurs distinctes que la chance de l'événement A est susceptible de prendre, quand on passe d'une catégorie à une autre, ou même d'un cas individuel à un autre [75]. Les moyennes p, p' peuvent différer, soit parce que les chances de l'événement, pour les diverses catégories, ont varié dans le passage de la première série d'observations à la seconde; soit parce que les mêmes catégories sont entrées en proportions différentes dans la composition des deux séries; soit parce que des catégories qui figuraient dans la première série ne figurent pas dans la seconde, ou réciproquement; soit enfin en raison du concours de de toutes ces diverses circonstances.

Toutes ces causes de la variation de la moyenne p, dans le passage de la première série à la seconde, peuvent être fortuites et irrégulières. Ainsi, un événement comparable à un coup de dés peut avoir déterminé les proportions dans lesquelles les catégories $(a),(b),(c)$, etc., concourent à former la série (m), et les proportions dans lesquelles ces mêmes catégories contribuent à former la série (m'). Un autre événement, comparable aussi à un coup de dés, peut avoir déterminé, d'abord pour la série (m), puis pour la série (m'), les valeurs de la chance de l'événement A, relatives à chacune des catégories (a), (b), (c), etc. En ce sens, il ne serait plus exact de dire que l'écart δ, dès qu'il accuse avec une grande probabilité une variation dans la moyenne p, d'une série à l'autre, cesse d'être imputable aux irrégularités du hasard. Néanmoins nous continuerons d'employer cette locution, et voici dans quel sens.

Il est clair que l'événement qui déterminerait, pour la série (m), les valeurs de la chance p relatives à chacune des catégories (a), (b), (c), etc., quoique jouant le rôle de cause fortuite et irrégulière par rapport à un système formé d'un grand nombre de séries (m), (m'), (m''), etc., jouerait le rôle de cause constante [104] par rapport aux observations individuelles dont la série (m) se compose; puisqu'il affecterait à la fois, et de la même manière, toutes les observations de la série (m) et de la catégorie (a), toutes les observations de la série (m) et de la catégorie (b), et ainsi de suite. De même, l'événement qui déterminerait dans quelles proportions les catégories (a), (b), (c), etc., concourront à former la série (m), quoique jouant toujours le rôle de cause fortuite par rapport au système des séries (m), (m'), etc., affecterait solidairement les cas individuels dont chaque série se compose.

Groupons par la pensée toutes les influences qui affectent solidairement la totalité des observations d'une série, ou partie d'entre elles; groupons de même toutes les influences qui affectent chaque observation indépendamment de toutes les autres : le premier groupe d'influences ou de causes sera ce qui détermine pour chaque série les moyennes p, p', etc.; qu'elles changent ou non d'une manière fortuite et irrégulière d'une série à l'autre. Ce qui subsiste de l'action du second groupe, dans les résultats observés, et ce que la compensation n'y a pas effacé, est ce que nous regardons ici comme la part du hasard, comme l'anomalie fortuite, pour chacune des séries (m), (m'), etc. Lors donc que nous disons que l'écart δ accuse une variation dans la moyenne p, et par là même n'est pas imputable aux anomalies du hasard, nous entendons dire que l'écart δ ne provient pas, ou du moins ne provient pas en totalité, des influences du second groupe; qu'il provient, au moins en partie, de modifications apportées dans les influences du premier groupe, quoique d'ailleurs ces modifications puissent elles-mêmes résulter de causes fortuites et irrégulières, dont les effets se compenseront, si l'on embrasse un nombre suffisant d'observations.

110. Admettons qu'on ait distribué en deux catégories (a), (b), chacune très-nombreuse, les m observations de la première série; que m_1 soit le nombre des observations et n_1 celui des événements A pour la catégorie (a); que m_2, n_2 désignent les nombres analogues pour la catégorie (b); posons en outre

$$\frac{n_1}{m_1} - \frac{n_2}{m_2} = \delta :$$

on aura la probabilité

$$\Pi = \frac{1 + P}{2},$$

que la chance moyenne de l'événement A, pour la catégorie (a), surpasse celle du même événement pour la catégorie (b); la valeur de P étant celle qui correspond à la valeur de t donnée par l'équation

$$t = \frac{\delta m_1 m_2 \sqrt{m_1 m_2}}{\sqrt{2[m_1^3 n_2 (m_2 - n_2) + m_2^3 n_1 (m_1 - n_1)]}}.$$

111. C'est ici que nous devons revenir sur la remarque

déjà faite au n° 102. Il est clair que rien ne limite le
nombre des faces sous-lesquelles on peut considérer les
événements naturels ou les faits sociaux auxquels s'appliquent les recherches de statistique, ni, par suite, le
nombre des caractères d'après lesquels on peut les distribuer en plusieurs groupes ou catégories distinctes.
Supposons, pour prendre un exemple, qu'il s'agisse de
déterminer, d'après un grand nombre d'observations
recueillies dans un pays tel que la France, la chance
d'une naissance masculine qui, en général, comme on
le sait, surpasse $\frac{1}{2}$: on pourra distinguer d'abord les
naissances légitimes des naissances hors mariage; et
comme on trouvera, en opérant sur de grands nombres,
une différence très-sensible entre les valeurs du rapport
du nombre des naissances masculines au nombre total
des naissances, selon qu'il s'agit d'enfants légitimes ou
naturels, on en conclura avec une probabilité très-
grande que la chance d'une naissance masculine, dans
la catégorie des naissances légitimes, surpasse sensiblement la chance du même événement, dans la catégorie
des naissances hors mariage. On pourra distinguer encore les naissances dans les campagnes des naissances
dans les villes, et l'on arrivera à une conclusion analogue. Ces deux classifications s'offrent si naturellement à l'esprit, qu'elles ont été un objet d'épreuve pour
tous les statisticiens.

Maintenant il est clair qu'on pourrait aussi classer
les naissances d'après l'ordre de primogéniture, d'après
l'âge, la profession, la fortune, la religion des parents ;
qu'on pourrait distinguer les premières noces des se-
condes, les naissances survenues dans telle saison de

l'année, des naissances survenues dans une autre saison;
en un mot, qu'on pourrait tirer d'une foule de circonstances accessoires au fait même de la naissance, des
caractères, en nombre indéfini, qui serviraient de base
à autant de systèmes de distribution catégorique. Il est
pareillement évident que, tandis que le nombre des
coupes augmente ainsi sans limite, il est *à priori* de plus
en plus probable que, par le seul effet du hasard, l'une
des coupes au moins offrira, pour le rapport du nombre des naissances masculines au nombre total des naissances, dans les deux catégories opposées, des valeurs
sensiblement différentes. En conséquence, ainsi que
nous l'avons déjà expliqué, pour le statisticien qui se
livre à un travail de dépouillement et de comparaison,
la probabilité qu'un écart de grandeur donnée n'est pas
imputable aux anomalies du hasard, prendra des valeurs
très-différentes, selon qu'il aura essayé un plus ou moins
grand nombre de coupes avant de tomber sur l'écart
observé. Comme on suppose toujours qu'il a opéré sur
de grands nombres, cette probabilité, en vertu des principes posés [95], n'en aura pas moins, dans chaque système d'essais, une valeur objective, en ce sens qu'elle
sera proportionnelle au nombre de paris que l'expérimentateur gagnerait effectivement, s'il répétait un grand
nombre de fois le même pari, toujours à la suite d'autant d'essais parfaitement semblables, et si l'on possédait d'ailleurs un *criterium* certain pour distinguer les
cas où il se trompe des cas où il rencontre juste.

Mais ordinairement ces essais par lesquels l'expérimentateur a passé ne laissent pas de traces; le public
ne connaît que le résultat qui a paru mériter de lui
être signalé; et en conséquence, une personne étran-

gère au travail d'essais qui a mis ce résultat en évidence, manquera absolument de règle fixe pour parier que le résultat est ou non imputable aux anomalies du hasard. On ne saurait assigner approximativement la valeur du rapport du nombre des jugements erronés qu'elle portera, au nombre des jugements portés, même en supposant très-grand le nombre des jugements semblables, portés dans des circonstances identiques. En un mot, la probabilité que nous avons appelée II, et qui correspond à l'écart δ, perdra, pour la personne étrangère aux essais qui ont manifesté cet écart, toute consistance objective ; et, selon l'idée que cette personne se fera de la *valeur intrinsèque* du caractère qui a servi de base à la division catégorique correspondante, elle devra porter des jugements différents, la grandeur de l'écart signalé restant la même.

112. Pour éclaircir cette dernière remarque, sans sortir de notre exemple, supposons qu'on ait distribué les naissances en deux catégories, suivant qu'elles sont arrivées du solstice d'été au solstice d'hiver, ou, au contraire, du solstice d'hiver à celui d'été. Il est *à priori* fort plausible que la chance d'une naissance masculine ne reste pas rigoureusement la même dans les deux semestres, ou même qu'elle éprouve, d'un semestre à l'autre, une variation appréciable. En effet, l'époque de la naissance se lie à l'époque de la conception, de manière que les naissances de la première catégorie correspondent, pour la plupart, à des conceptions survenues dans la saison d'hiver, de l'équinoxe d'automne à celui du printemps, tandis que les naissances de la seconde catégorie correspondent, aussi pour la plupart, à des conceptions survenues dans la saison d'été, de

l'équinoxe du printemps à l'équinoxe d'automne. Or, il est bien naturel de présumer que des différences dans la température, dans le régime alimentaire, dans les travaux et les habitudes, aussi sensibles que celles qui résultent, pour nos climats, du passage de la saison d'été à la saison d'hiver, peuvent exercer une influence appréciable sur la chance de conception d'un enfant du sexe masculin : de sorte que, si la grandeur de l'écart observé cadre avec cette conjecture, on sera extrêmement fondé à croire qu'un tel écart n'est pas imputable aux anomalies du hasard. En effet, il faudrait opérer fortuitement un très-grand nombre de coupes ou de divisions catégoriques, pour que le hasard seul fît correspondre à quelques-unes seulement de ces coupes des écarts très-sensibles ; et il serait bien peu probable *à priori* que ces coupes, sur lesquelles le hasard tomberait, fussent précisément du nombre de celles pour lesquelles il nous paraît vraisemblable, d'après l'idée que nous nous faisons des conditions du phénomène, que l'on rencontrera un écart non fortuit, et dû à une variation réelle des chances.

Supposons maintenant qu'on ait distribué les naissances en deux catégories, suivant qu'elles sont arrivées les jours pairs ou les jours impairs du mois, et qu'il résulte de cette coupe un écart très-sensible : nous soutenons que, malgré la grandeur de l'écart observé, il restera très-peu probable que l'écart n'est pas imputable aux anomalies du hasard. Car, *à priori*, le caractère qui a servi de base à cette distribution catégorique doit paraître tout à fait arbitraire et artificiel. La distinction des jours du mois en pairs et en impairs, selon leurs numéros d'ordre, n'a de rapport avec aucun des phénomènes naturels, avec aucune des habitudes de la vie sociale. La période des saisons, la période de la semaine, la période même des lunaisons, circulent de manière que les jours pairs et impairs du mois correspondent indifféremment à chaque jour de ces périodes. Dès lors il y a tout lieu de croire que, si un écart notable correspond à la distribution catégorique dont il s'agit, c'est qu'il faut bien qu'on finisse par tomber fortuitement sur des écarts notables, à force de multiplier les coupes; et que vraisemblablement le calculateur, à la patience duquel on doit la manifestation de ce résultat fortuit, n'y est arrivé qu'à force de tâtonnements et d'essais.

Sans doute, si l'écart se soutenait dans de nouvelles séries d'observations, on serait bien obligé d'admettre, quelque bizarre que la chose paraisse *à priori*, qu'en effet la chance d'une naissance masculine n'est pas la même pour les jours pairs et pour les jours impairs du mois. C'est que le résultat même de la première expérience aurait déjà signalé la coupe dont il s'agit, comme une de celles qu'il y a lieu d'essayer dans une nouvelle série d'épreuves; et il serait fort extraordinaire, vu la multitude infinie des coupes que l'on peut faire d'après des caractères choisis arbitrairement, que le hasard seul fît tomber deux ou plusieurs fois de suite sur un écart notable, pour la même coupe.

113. Il suit de là que le jugement probable que nous portons, en prononçant qu'un écart observé n'est pas imputable aux anomalies du hasard, résulte de deux éléments: l'un, susceptible d'une définition précise et mathématique, est le rapport désigné jusqu'ici par P, entre le nombre des combinaisons fortuites qui donne-

raient un écart moindre, pour une coupe prise au hasard, et le nombre total des combinaisons possibles ;
l'autre élément consiste dans un jugement préalable, en
vertu duquel nous regardons la coupe qui a donné lieu
à l'écart observé, comme une de celles qu'il est naturel
d'essayer, dans la multitude infinie des divisions possibles,
et non pas comme une de celles qui ne fixent l'attention
qu'en raison même de l'écart observé. Or, ce jugement
préalable, par lequel l'expérience statistique nous semble devoir être dirigée sur telle coupe plutôt que sur
telle autre, tient à des motifs dont la valeur ne peut
être appréciée rigoureusement, et peut être diversement
appréciée par des esprits divers. C'est un jugement con-
jectural, fondé lui-même sur des probabilités, mais sur
des probabilités qui ne se résolvent pas dans une énumération de chances, et dont la discussion n'appartient
pas proprement à la doctrine des probabilités mathématiques : nous y reviendrons dans le dernier chapitre de
cet ouvrage.

Toutefois, de ce qu'il entre dans les jugements que
nous portons à l'inspection des tableaux statistiques, un
élément variable, et qui échappe à une mesure précise,
nous nous garderons bien d'en conclure que la théorie
mathématique des chances est indifférente au statisticien.
Il est évident que l'importance de l'écart δ, comme fait
d'observation, dépend à la fois de la grandeur de cet
écart et de la grandeur des nombres employés ; mais suivant quelles lois en dépend-elle ? C'est ce que la théorie
des chances peut seule nous apprendre, en nous ensei-
gnant à calculer le rapport P correspondant à l'écart δ.
Quant à la probabilité désignée plus haut par Π, elle
manque réellement, dans les applications à la statistique,

de consistance objective; elle ne mesure point la chance de vérité ou d'erreur afférente à un jugement déterminé.

114. Nous ne nous dissimulons pas ce qu'il y a de délicat dans toute cette discussion, et nous voudrions multiplier les exemples propres à y jeter du jour. Supposons donc qu'on nous donne le dépouillement des naissances par sexes, pour la France entière et pour un département en particulier. Il y aura un certain écart δ; une probabilité *à priori* P ([1]) que l'écart n'atteindrait pas cette valeur, si la chance d'une naissance masculine était la même pour toute la France et pour ce département en particulier; enfin, une probabilité *à posteriori* Π qu'en effet la chance d'une naissance masculine a des valeurs différentes pour ce département et pour la France entière. Mais, pour que cette dernière probabilité ait une valeur objective, il faut que nous sachions que le département dont il s'agit a été pris au hasard; qu'on a, par exemple, extrait le nom de ce département d'une urne où se trouvaient des billets portant chacun le nom de l'un des quatre-vingt-six départements. Si, au contraire, la personne de qui nous tenons le résultat avait fait le dépouillement pour tous les départements, et qu'elle eût choisi, d'après le résultat du dépouillement, le département pour lequel l'écart a atteint sa plus grande

---

([1]) Lorsque l'écart est donné par la comparaison d'une série partielle avec la série totale, l'expression de P ne peut plus être celle que nous avons donnée plus haut [108], pour le cas où l'on compare deux séries partielles; elle doit alors se tirer de la formule du n° 101; mais cette particularité ne change rien aux raisonnements généraux.

valeur, la probabilité Π ne pourrait plus être prise dans le même sens; puisque autre chose est la probabilité *à priori* que l'écart ne franchira pas une certaine limite pour un département pris au hasard, ou d'après des vues indépendantes du résultat de l'expérience, et autre chose la probabilité que l'écart ne franchira cette limite pour aucun des quatre-vingt-six départements : toujours dans l'hypothèse où les écarts seraient purement fortuits, la chance moyenne d'une naissance masculine ne variant pas réellement d'un département à l'autre.

Si cependant le département que l'on considère en particulier était le département de la Seine, que tant de circonstances désignent naturellement au statisticien comme placé dans des conditions exceptionnelles, qui peuvent avoir une influence très-sensible sur la chance des naissances masculines, le rapport Π reprendrait sa signification primitive. En effet, lors même qu'il serait probable que le seul jeu du hasard produira, pour l'un des quatre-vingt-six départements, un écart aussi grand que celui qui est donné par l'observation pour le département de la Seine, il serait très-extraordinaire que le hasard fît tomber cet écart sur le département de la Seine, signalé entre tous les autres, avant tout dépouillement statistique, comme celui pour lequel on a le plus de raisons de s'attendre à un écart très-sensible, dû à une variation effective de la chance moyenne.

Mais, ce qui frappe tous les esprits quand il s'agit du département de la Seine, les frappera-t-il tous, ou les frappera-t-il au même degré, s'il s'agit du département de la Corse, ou du département du Nord, ou de plusieurs autres qui peuvent aussi sembler *à priori* placés dans des conditions exceptionnelles ? Comment estimera-t-on la valeur de l'expérience statistique et de la probabilité *à posteriori* qui en dérive, pour chacun de ces départements considérés à part? Évidemment il entre dans cette estime un élément variable et rebelle à la détermination mathématique.

Pareille remarque est applicable au dépouillement des naissances par années. Si j'ai choisi une année au hasard, et trouvé un écart notable pour cette année comparée à la moyenne de plusieurs années consécutives, il y aura une certaine probabilité que la chance moyenne, pour l'année considérée en particulier, n'était pas la même que la chance moyenne pour toute la série embrassée dans les observations. Mais, si l'attention n'est fixée sur cette année qu'après le résultat des dépouillements pour chaque année en particulier, parce qu'elle se trouve être celle pour laquelle l'écart atteint la plus grande valeur, la probabilité d'une variation de chance deviendra très-différente. Elle pourra reprendre sa valeur primitive, si l'année avait été signalée par quelque grande perturbation climatérique, par une disette, une influence morbide, qui auraient d'avance signalé cette année comme une de celles sur lesquelles doit se porter de préférence l'expérimentation statistique.

115. Lorsqu'il s'agit, comme dans ce dernier exemple, de classification suivant l'ordre du temps, le prolongement de la même expérience statistique est impossible, et il faut en accepter les résultats avec toute l'indétermination qui les affecte. Mais quand on a lieu de croire, et lorsque l'expérience même indique que, dans un autre système de classification, les chances ne varient pas avec le temps, on est dispensé de toutes les distinctions subtiles qui viennent de nous occuper. En poursuivant

indéfiniment l'expérience, on détermine avec une précision indéfinie, pour chaque système de division catégorique, les chances qui lui sont propres. A mesure que
les observations s'accumulent, on peut multiplier le
nombre des catégories, toujours en se guidant par les
notions acquises sur les conditions du phénomène étudié,
dans l'ordre naturel ou social; et le fait complexe qui
avait été l'objet des premières déterminations numériques
[106], se trouve ainsi graduellement décomposé dans
les éléments qui le constituent. Le principe de Bernoulli, auquel il faut toujours revenir en définitive, comme à la seule base solide de toutes les applications de
la théorie des probabilités, suffit alors au statisticien; et
des formules mathématiques lui donnent continuelle-
ment la mesure du degré de précision qu'il a atteint.

116. Ces formules, telles que nous les avons écrites
dans tout le cours du présent ouvrage, n'ont qu'une
exactitude approchée; mais l'approximation suffit communément dès que les observations se comptent par centaines, et les auteurs les plus considérables, Laplace notamment, n'ont pas hésité à s'en servir en pareil cas
[13, 33 et 69, *Notes*]. D'ailleurs, quand même les nombres employés seraient trop petits pour se prêter à l'emploi des formules d'approximation, ils pourraient être
bien suffisants pour mettre en évidence la variation des
chances, d'une catégorie à une autre : seulement il faudrait recourir dans ce cas, pour calculer numériquement
les probabilités, à des formules dont la complication
rendrait souvent l'usage très-pénible.

Les nombres employés pourraient aussi être trop petits pour donner des probabilités très-grandes que les
chances varient d'une catégorie à une autre, lorsqu'on

ne tire ces probabilités que des résultats fournis par la série totale des observations ; tandis que, par la manière dont cette série totale se décompose, l'existence des variations serait rendue très-vaisemblable. Ainsi, par exemple, on aura *à posteriori* une certaine probabilité Π d'une inégalité dans les chances, si l'on considère l'écart δ fourni par la comparaison de deux séries de 50 observations pour chaque catégorie, et une autre probabilité Π', si l'on considère l'écart δ' fourni par la comparaison de deux séries de 150 observations chacune ; δ' pourra être indifféremment plus petit ou plus grand que δ ; mais en général Π' surpassera Π, quoique d'ailleurs les probabilités Π et Π' puissent être toutes deux de l'ordre de celles qui ne rendent pas invraisemblable l'explication de l'écart par une anomalie fortuite. Au contraire, si l'on décompose chaque série de 150 observations en trois séries consécutives, de 50 observations chacune, la persistance d'un écart de même ordre, fourni par les trois groupes de séries partielles, pourra donner à l'hypothèse d'une succession d'anomalies fortuites une telle invraisemblance qu'on ne mettra plus raisonnablement en doute le fait d'une inégalité dans les chances du même événement, pour les deux catégories (¹).

(¹) Soient m le nombre des observations et n celui des événements A dans la série totale : si l'on trie au hasard, pour en former une série partielle, m_1 observations, la probabilité que cette série partielle contiendra n_1 événements A, est évidemment la même que celle d'extraire n_1 boules blanches en m_1 tirages, d'une urne qui renferme m boules, dont n blanches, quand d'ailleurs on ne rejette pas dans l'urne les boules extraites. Cette probabilité a donc pour valeur [36]

$$\frac{m_1(m_1-1)\ldots(n_1+1).n(n-1)\ldots(n-n_1+1).(m-n)(m-n-1)\ldots[m-n-(m_1-n_1)+1]}{1.2.3\ldots(m_1-n_1).m(m-1)\ldots(m-m_1+1)},$$

117. Si l'on a insisté souvent sur la nécessité de réunir de très-grands nombres d'observations, pour arriver

---

et, d'après ce qui a été dit dans le numéro cité, si les nombres m, n, m_1, n_1 sont très-grands, il devient très-probable que le rapport $\frac{n_1}{m_1}$ différera très-peu du rapport $\frac{n}{m}$.

Si la chance p de l'événement A n'a pas varié dans le cours des observations de la série (m), l'opération qui consisterait à classer les observations selon l'ordre des temps, à former, par exemple, la série (m_1) des m_1 observations premières en dates, équivaudra manifestement à un tirage fortuit; et dans ce cas encore, pourvu que les nombres m, n, m_1, n_1 soient suffisamment grands, le rapport $\frac{n_1}{m_1}$ différera très-peu du rapport $\frac{n}{m}$, quand bien même ce dernier rapport, par une anomalie extrêmement peu probable à priori, s'écarterait notablement de la chance p. M. Bienaymé a signalé ce résultat (Journal l'Institut, n° du 14 mai 1840), et il l'a tiré d'un calcul élégant, mais qui ne nous paraît pas nécessaire, la chose étant évidente d'après le raisonnement qui précède.

Il n'est même pas nécessaire d'assigner pour condition que la chance p reste constante : il suffit que ses variations, si elle varie, aient lieu dans un autre ordre que celui du temps. Pour le montrer, supposons que la série totale (m) se compose de deux séries d'observations (m'), (m''), faites, par exemple, dans des lieux différents, et qui ont été régies, l'une par la chance p', l'autre par la chance p''. Nous concevons toujours la série totale (m) disposée par ordre chronologique, de manière qu'on forme une catégorie à part des m_1 observations premières en dates, celle-ci comprenant m_1' observations régies par la chance p', et m_1'' observations régies par la chance p''. Dans l'hypothèse où nous nous plaçons (les nombres m', m'', m_1', m_1'' étant d'ailleurs d'un ordre de grandeur convenable), le rapport $\frac{m_1'}{m_1''}$ se trouve assujetti, par une raison quelconque, à différer fort peu du rapport $\frac{m'}{m''}$. C'est ainsi, par exemple, que si l'on range par ordre

à des résultats sensiblement fixes et affranchis de toutes les irrégularités du hasard, c'est qu'on a eu en vue les cas effectivement très-fréquents, où il faut distinguer, outre les influences fortuites qui affectent chaque observation indépendamment de toutes celles qui composent avec elle la même série, d'autres influences par lesquelles

---

de dates les naissances annuelles de deux départements, le rapport entre les nombres de naissances fournies par les deux départements pourra être assujetti à rester sensiblement le même pour les six premiers mois que pour l'année entière. Cela posé, l'opération qui consiste à extraire de la série totale (m) les m_1 observations premières en dates, équivaudra à extraire au hasard m_1' boules d'une urne qui en renferme m', dont n' blanches, et m_1'' boules d'une seconde urne qui en renferme m'', dont n'' blanches; sous la double condition que les nombres m_1', m_1'' aient pour somme m_1, et que leur rapport diffère très-peu de celui des nombres m', m''. D'après toutes ces conditions, et en admettant toujours qu'on opère sur des nombres suffisamment grands, le rapport $\dfrac{n_1}{m_1}$ devra, avec une grande probabilité, différer très-peu du rapport $\dfrac{n}{m}$, même quand les rapports $\dfrac{n'}{m'}$, $\dfrac{n''}{m''}$, par une anomalie très-invraisemblable à priori, s'écarteraient respectivement beaucoup des chances p', p''.

La remarque qui fait l'objet de cette note n'infirme aucunement ce qui a été dit dans le texte, et même en est, suivant nous, complétement indépendante. Il n'en sera pas moins permis de substituer à la probabilité à posteriori tirée de la série totale, le produit des probabilités à posteriori qu'on obtient en considérant séparément les séries particiles. Seulement il pourra et même il devra arriver, pour de très-grands nombres, que les probabilités à posteriori, ainsi calculées dans deux systèmes différents, se rapprochent beaucoup; puisque le résultat offert par la série totale entraîne alors avec une grande probabilité des résultats sensiblement les mêmes dans chacune des séries partielles.

les observations d'une même série sont régies solidairement, en totalité ou en partie, et qui néanmoins sont
encore fortuites, en ce sens qu'elles varient irrégulièrement d'une série à l'autre [104], et que les effets de
leurs variations se compensent, pourvu qu'on embrasse
un grand nombre de séries, et par conséquent un très-
grand nombre de cas individuels.

Parmi les causes de solidarité entre les causes ou
influences qui régissent les diverses épreuves du même
hasard, et qui rendent nécessaire l'accumulation d'un
bien plus grand nombre d'épreuves pour la fixité des
résultats moyens, il faut mettre en première ligne le
voisinage des épreuves dans l'ordre de l'espace ou du
temps. Déjà l'on a vu, à propos de l'exemple du n° 79,
emprunté à M. Bienaymé, que, si la valeur de la chance,
au lieu de varier fortuitement d'une épreuve à l'autre
dans une série totale de m épreuves, est déterminée fortuitement, d'abord pour une série partielle de m_1 épreuves,
puis pour une autre série partielle de m_2 épreuves, et
ainsi de suite, il ne suffit plus en général que m soit
un grand nombre, pour que les anomalies fortuites se
trouvent sensiblement compensées. La compensation ne
s'opère, dès que les nombres m_1, m_2, etc., sont un peu
grands, qu'autant que la série totale (m) se compose d'un
grand nombre de séries partielles (m_1), (m_2), etc. A la
vérité, dans les faits du ressort de la statistique, l'exemple
du n° 79 n'est pas directement applicable : on ne peut
pas supposer, en général, que les chances restent rigoureusement constantes pour toute une série d'épreuves
voisines, en changeant brusquement et fortuitement dans
le passage d'une série à l'autre. Elles doivent subir au
contraire des modifications progressives, et, comme

toutes les grandeurs de la nature, obéir communément
à la loi de continuité, même dans leurs variations irrégulières. Mais toujours est-il que des chances peu différentes régissent en général un grand nombre d'épreuves
voisines ; de sorte qu'on ne peut nullement regarder
comme indépendantes deux épreuves qui se suivent immédiatement, ni même comme absolument indépendantes
deux épreuves qui ne sont pas séparées par un assez
grand nombre d'intermédiaires, pour que la trace de
l'état initial de la chance se soit effacée dans le passage
d'une épreuve à l'autre. C'est ainsi que les inégalités de
la surface terrestre, ou celles de la surface d'une mer
agitée, deviennent à de grandes distances sensiblement
indépendantes les unes des autres ; tandis que, malgré
leur allure irrégulière, des points très-rapprochés sont
nécessairement à des niveaux très-peu différents. Nous
ne pouvons à priori réduire en formules l'influence
de cette liaison entre les chances des épreuves voisines ;
mais des exemples fictifs, comme celui du n° 79,
suffisent pour montrer que cette influence peut être
très-grande, et l'expérience vient à l'appui de cette
présomption. Dans une multitude d'applications à l'économie sociale, et à certaines branches des sciences
naturelles, telles que la météorologie, il faut, pour
arriver à des moyennes sensiblement fixes, accumuler
des observations en nombre bien supérieur à celui qu'as-
signeraient les formules assises sur l'hypothèse de l'indépendance des chances d'une épreuve à l'autre.

118. Un fait singulier au premier abord, et qu'on
n'a pas omis de remarquer, c'est que, pour des choses
qui proviennent du développement de l'activité de
l'homme, et qui paraissent tenir à une multitude de

causes très-complexes, telles que le rapport entre le nombre des accusés pour crimes et celui des habitants d'un pays, le rapport entre le nombre des condamnés et celui des accusés, on trouve, d'une année à l'autre, des variations bien moindres que pour des choses qui dépendent du concours des forces aveugles de la nature. Mais, quand on y réfléchit, ce résultat cesse de surprendre; on conçoit aisément qu'il n'existe que peu ou point de solidarité entre les causes dont le concours détermine la perpétration d'un crime, et celles qui déterminent la perpétration d'un autre crime; entre les causes qui déterminent la condamnation d'un accusé, et celles qui déterminent la condamnation d'un autre accusé : tandis que, bien évidemment, il y a une solidarité très-grande entre les causes dont le concours fortuit amène aujourd'hui la pluie, et celles dont le concours amènera demain la pluie dans le même lieu. Il est donc tout simple que, dans les choses qui tiennent à l'activité individuelle de l'homme, les valeurs des chances moyennes paraissent plus fixes, et éprouvent en effet moins de perturbations irrégulières. Au contraire, il y a tout lieu de penser qu'elles sont sujettes, par suite des transformations lentes de l'état social, à des variations séculaires qu'on n'observe pas, en général, pour les phénomènes de l'ordre physique : soit parce qu'elles n'existent pas, soit parce qu'elles ne procèdent qu'avec une excessive lenteur.

119. Lors même qu'il n'y aurait entre les chances qui régissent chaque épreuve aucune solidarité résultant du voisinage de ces épreuves, dans l'ordre de l'espace ou du temps, les écarts qui accuseraient, d'une série d'é-

preuves à une autre, une variation dans la valeur moyenne des chances qui ont effectivement régi chaque épreuve, n'accuseraient pas nécessairement une variation dans le système général des causes fortuites dont dépend le phénomène que l'on veut étudier par la statistique. Nous avons déjà fait remarquer [109] que les proportions dans lesquelles des catégories (a), (b), (c), etc., concourent à former les séries (m), (m'), etc., peuvent varier d'une série à l'autre par des causes qui agissent irrégulièrement et fortuitement d'une série à l'autre, bien qu'elles affectent solidairement, en tout ou en partie, les observations d'une même série, et par là même affectent la valeur de la chance moyenne. Ainsi, la catégorie des prévenus pour délits forestiers pourra s'accroître dans une année où l'hiver a été rigoureux et le combustible cher; celle des prévenus pour rixes, dans une année où le bas prix des boissons aura poussé à la fréquentation des cabarets, et ainsi de suite. Comme le rapport du nombre des condamnés au nombre des prévenus varie pour chaque catégorie de délits, la valeur moyenne de ce rapport, pour la totalité des prévenus traduits devant les tribunaux dans le cours d'une même année, variera certainement par suite de l'altération des rapports suivant lesquels les diverses catégories concourent à la composition de la série annuelle; mais les causes de cette variation seront avec raison réputées accidentelles et fortuites; leurs effets se compenseront si l'on embrasse un nombre d'années tant soit peu considérable.

Au contraire, personne ne rangerait parmi les causes fortuites un changement dans la législation criminelle, qui supprimerait une classe de délits, ou en enlèverait la connaissance aux tribunaux ordinaires, et par suite changerait le rapport du nombre des prévenus que ces tribunaux condamnent, au nombre total des prévenus traduits devant eux.

120. Le but éminent de la statistique est l'investigation des causes qui régissent les phénomènes de l'ordre physique ou de l'ordre social, et il faudra dorénavant s'occuper, pour y atteindre, bien moins d'accumuler des nombres qui satisfassent par leur énormité à la condition de fixité des moyennes, que de décomposer ces hasards entés les uns sur les autres [79, 106 et 109], d'épurer en quelque sorte les conditions du sort; de sorte que l'agglomération des cas individuels en série n'ait pour but que la compensation des effets produits par des causes qui agissent avec une parfaite indépendance sur chaque cas isolé; et alors il n'est plus indispensable d'opérer sur des séries très-nombreuses. En tout cas, si l'expérimentation ainsi faite pouvait induire quelquefois en erreur, à cause des caprices du hasard, elle conduirait communément à des conséquences vraies; et l'on ne doit pas se priver du moyen d'investigation le plus fécond, parce qu'il ne comporte pas cette certitude absolue que d'ailleurs l'homme atteint si rarement. On multipliera donc le nombre des catégories, et l'on choisira des observations assez rapprochées dans les lieux ou dans les temps, pour que les variations des chances moyennes, d'un lieu à l'autre et d'une époque à l'autre, soient peu sensibles pour chaque série que l'on considère.

CHAPITRE X.

DE LA DÉTERMINATION EXPÉRIMENTALE DES VALEURS MOYENNES, ET DE LA FORMATION DES TABLES DE PROBABILITÉ.

121. La détermination des valeurs moyennes en statistique peut avoir lieu dans deux buts différents qu'il convient de distinguer. Souvent les moyennes sont des quantités qu'on a un intérêt direct à connaître, parce que leur valeur influe directement sur des phénomènes de l'ordre physique ou sur des faits de l'ordre social. Par exemple, la quantité moyenne de blé qu'un pays produit est un élément qui influe directement sur la population et sur tout le système économique du pays. On en peut dire autant au sujet des valeurs moyennes du produit d'un impôt, des importations ou exportations d'une denrée. Mais, plus souvent encore, on ne considère les moyennes que comme des résultats sensiblement indépendants des oscillations du hasard, et dont les variations peuvent accuser, d'une manière plus ou moins sûre et rapide, l'existence de changements survenus dans l'intensité ou dans le mode d'action des causes régulières. Supposons, par exemple, qu'on fasse le recensement de la population d'un pays, et qu'on prenne la moyenne des âges de tous les habitants : cette moyenne

ne sera pas quelque chose de significatif en soi, car on
n'aperçoit aucun fait de l'ordre social qui dépende directement de la valeur de cette moyenne ; mais la valeur
trouvée dépendra de la loi suivant laquelle la population
est répartie entre les différents âges, et des chances de
longévité qu'offrent le climat et les mœurs des habitants :
de sorte que , si toutes ces choses ou l'une d'elles ve-
naient à changer, on le reconnaîtrait au changement de
la moyenne. Supposons de même que l'on tire d'un tableau de recensement la valeur moyenne de la taille des
jeunes gens appelés au service militaire : si de nouvelles
circonstances tendaient à améliorer ou à empirer l'état
physique de l'espèce humaine, dans le pays où l'on observe, on le reconnaîtrait au changement de la moyenne
observée. L'esprit se sent soulagé dans ses recherches ,
quand il n'a plus à considérer, au lieu d'un ensemble
de faits compliqués, qu'un résultat d'une expression simple, bien qu'on n'en puisse tirer que des renseignements
incomplets et indirects.

122. On est fondé à se demander si d'autres valeurs
que les moyennes ordinaires ne rempliraient pas mieux,
dans certains cas, le but que l'on se propose en statistique ; si elles ne seraient pas plus promptement affran-
chies des oscillations du hasard, plus propres à manifester
l'influence des causes constantes et celle des forces perturbatrices, ou même plus propres à servir de terme de
comparaison dans certaines questions de droit et d'économie publique, abstraction faite de toute investigation
statistique. Ainsi, en France, la loi du 15 mai 1818
statue que, pour la perception du droit de mutation, on
prendra les prix moyens des mercuriales dans les quatorze années précédentes, qu'on exclura les deux valeurs

les plus fortes et les deux plus faibles, pour prendre la moyenne des dix valeurs restantes, qui sera considérée comme le prix moyen de l'année *commune*. On peut supposer au législateur l'intention de soustraire autant que possible la perception du droit à l'influence du hasard, tant dans l'intérêt de l'État que dans celui des contribuables; et il s'agirait de savoir s'il a mieux atteint le but par cette combinaison, qu'il ne l'aurait fait en prescrivant de prendre simplement, à la manière ordinaire, la moyenne des dix ou des quatorze années précédentes. L'expérience seule peut donner la solution de cette question, et pour l'avoir il faudrait comparer une longue série de mercuriales, prises suivant la méthode ordinaire, à une série correspondante de moyennes ou de valeurs *communes*, formées d'après le système de la loi de 1818.

Supposons qu'au lieu de dix ou de quatorze valeurs particulières, on pût en employer 1000 ou 1400. Soit *aib* (*fig.* 17) la courbe dont l'ordonnée I*i* mesure la probabilité d'une valeur OI, OA désignant la plus petite valeur possible, et OB la plus grande : la moyenne fournie par la méthode ordinaire serait sensiblement la valeur OG correspondant à une ordonnée G*g* menée par le centre de gravité de l'aire AB*bga* [67]. Si l'on retranche de cette aire deux portions AC*ca*, BD*db*, qui soient chacune le septième de l'aire totale, la moyenne, prise dans le système de la loi de 1818, sera sensiblement la valeur OG' correspondant à une ordonnée G'*g'*, menée par le centre de gravité de la portion d'aire non retranchée CD*dc*. Or, il pourra se faire, d'après la forme de la courbe, que le module de convergence [69], pour la portion d'aire conservée, surpassant notablement le module de convergence pour l'aire totale, les écarts fortuits de part et d'autre de la moyenne OG' soient resserrés dans de plus étroites limites que les écarts fortuits de part et d'autre de la moyenne OG ; bien que le nombre des valeurs particulières employées pour déterminer approximativement la moyenne OG surpasse, dans le rapport de 7 à 5, le nombre des valeurs employées à déterminer approximativement la moyenne OG'.

Désignons par OI la valeur médiane pour l'aire totale [68], c'est-à-dire une valeur telle, que l'ordonnée Ii divise l'aire totale en deux parties égales : il est évident que, plus les parties retranchées ACca, BDdb seront grandes relativement à l'aire totale (pourvu qu'elles restent égales entre elles), plus l'ordonnée G'g' approchera de coïncider avec l'ordonnée Ii; d'où il suit qu'en général, un système analogue à celui de la loi de 1818 doit donner pour valeur *commune*, quand le nombre des valeurs particulières employées à la former devient très-grand, une valeur intermédiaire entre la valeur moyenne proprement dite et la valeur médiane (¹).

Le prix des denrées telles que le blé, est sujet à s'élever au-dessus de la moyenne, dans les années de grande cherté, beaucoup plus qu'il ne s'abaisse au-dessous de

---

(¹) On peut conclure d'une remarque faite dans la *note* sur le n° 69, que la détermination empirique de la valeur moyenne est toujours plus promptement affranchie des anomalies fortuites, que celle de la valeur médiane; mais cela n'empêche pas que la détermination empirique d'une valeur comprise par sa définition entre les valeurs moyenne et médiane ne puisse être plus promptement affranchie des anomalies fortuites que celle de la valeur moyenne.

cette moyenne dans les années d'abondance : ceci revient à dire que la moyenne OG surpasse OG′ et OI; et dès lors on peut regarder le système de la loi de 1818 comme plus favorable aux contribuables, dans l'ensemble des applications, que celui qui consisterait à prendre une moyenne entre toutes les valeurs particulières, sans retranchement des valeurs extrêmes. Mais, indépendamment de cette considération, si l'on fait attention que le prix des denrées dont il s'agit oscille communément entre des limites assez resserrées, qu'il ne franchit que sous l'influence de causes perturbatrices, violentes et passagères, on comprendra que le législateur ait voulu complétement écarter l'influence de ces causes perturbatrices par le rejet des valeurs extrêmes, dont il n'est pas tenu compte dans les transactions entre les citoyens, et qui tombent tout à fait en dehors du système économique du pays.

123. Lorsqu'on applique la détermination des moyennes aux diverses parties d'un système compliqué, il faut bien prendre garde que ces valeurs moyennes peuvent ne pas se convenir : en sorte que l'état du système, dans lequel tous les éléments prendraient à la fois les valeurs moyennes déterminées séparément pour chacun d'eux, serait un état impossible [74]. Si, par exemple, un triangle est assujetti à rester rectangle pendant que ses côtés varient, il y aura une valeur moyenne pour chacun des trois côtés; mais ces trois moyennes, prises ensemble, ne conviendront pas à un triangle rectangle, ou ne satisferont pas à cette condition si connue, que le carré fait sur l'hypoténuse égale la somme des carrés faits sur les deux côtés de l'angle droit. Si les côtés et les angles d'un triangle quelconque passent par divers

états de grandeur, les valeurs moyennes de chaque angle se conviendront, en ce sens que leur somme égalera deux angles droits, et qu'on pourra former un triangle, ou même une infinité de triangles semblables, dont les angles auront respectivement pour valeurs ces valeurs moyennes. Les moyennes des trois côtés appartiendront pareillement à un triangle possible, chacune de ces moyennes étant plus petite que la somme des deux autres : mais généralement il n'y aura pas de triangle dans lequel ces valeurs moyennes pour les angles et pour les côtés puissent se correspondre. La moyenne des aires de chaque triangle ne coïncidera pas avec l'aire du triangle construit sur les valeurs moyennes des côtés, et ainsi de suite.

De même, si l'on mesurait, sur plusieurs animaux de la même espèce, les dimensions des divers organes, il pourrait arriver, et il arriverait vraisemblablement que les valeurs moyennes seraient incompatibles entre elles et avec les conditions pour la viabilité de l'espèce.

Nous insistons sur cette remarque bien simple, parce qu'elle semble avoir été perdue de vue dans un ouvrage, fort estimable d'ailleurs, où l'on se propose de définir et de déterminer l'*homme moyen*, par un système de moyennes tirées de la mesure de la taille, du poids, des forces, etc., sur des individus en grand nombre. L'homme moyen ainsi défini, bien loin d'être en quelque sorte le type de l'espèce, serait tout simplement un homme impossible, ou du moins rien n'autorise jusqu'ici à le concevoir comme possible.

124. Soit *mib* (*fig.* 9) la courbe qui représente la loi de probabilité d'une grandeur x : chaque ordonnée telle que Ii, étant proportionnelle à la probabilité d' la

valeur particulière mesurée par l'abscisse correspondante OI [65]. En général, cette loi de probabilité est inconnue *à priori*, pour les grandeurs auxquelles s'appliquent les recherches de statistique. Si pourtant le nombre N des valeurs particulières observées était extrêmement grand, le nombre n_1 des valeurs comprises entre $OA = a$ et $OA_1 = a_1$, serait au nombre total N, sensiblement dans le rapport de l'aire AA_1a_1a à l'aire totale $ABba$, quoique d'ailleurs l'intervalle AA_1 pût être très-petit relativement à l'intervalle AB qui sépare la plus grande de la plus petite des valeurs possibles. En d'autres termes, si l'on prend pour unité l'aire totale $ABba$, le rapport $\frac{n_1}{N}$ sera sensiblement la mesure de l'aire partielle AA_1a_1a. Quand l'intervalle AA_1 ou la différence $a_1 - a$ sont des quantités très-petites, l'aire AA_1a_1a peut être prise pour celle d'un rectangle dont l'aire est égale au produit de la base par la hauteur. En conséquence, si l'on divise l'aire AA_1a_1a, ou le nombre $\frac{n_1}{N}$, par la différence $a_1 - a$, le quotient pourra être pris, sans erreur sensible, pour la mesure de l'une quelconque des ordonnées Aa, A_1a_1, qui diffèrent très-peu. Plus exactement, ce quotient exprimera numériquement la valeur de l'ordonnée correspondant à un point situé sur la ligne AA_1, à égales distances de A et de A_1.

Par là on conçoit la possibilité de déterminer empiriquement, au moyen d'un nombre suffisant de valeurs fournies par la statistique, la loi de probabilité de la grandeur x. Pour cela, on décomposera le nombre total N des valeurs particulières observées, en des nombres partiels n_1, n_2, n_3, etc. : n_1 étant le nombre des va-

leurs particulières qui tombent entre a et a_1, n_2 celui
des valeurs particulières qui tombent entre a_1 et a_2, et
ainsi de suite. La série des quotients

$$\frac{n_1}{N(a_1 - a)}, \quad \frac{n_2}{N(a_2 - a_1)}, \quad \frac{n_3}{N(a_3 - a_2)}, \text{ etc.,} \quad (a)$$

mise en regard des valeurs de x exprimées respectivement par

$$\frac{a + a_1}{2}, \quad \frac{a_1 + a_2}{2}, \quad \frac{a_2 + a_3}{2}, \text{ etc.,} \quad (b)$$

constituera une *table de probabilité*, et déterminera
autant de points de la courbe *aib* qu'il y a de termes
dans la série. On pourra joindre ces points par un trait
continu, de manière à avoir une représentation graphique de la loi de probabilité. On pourra aussi trouver
par le calcul une courbe dont l'ordonnée et l'abscisse
aient une liaison algébrique, et qui passe par tous les
points déterminés au moyen de la table. L'analyse mathématique donne pour cet objet des formules générales. Soit qu'on ait recours à la construction graphique
ou au calcul, il est visible qu'on doit regarder comme
déterminées, à très-peu près, les valeurs de l'ordonnée
pour des abscisses dont les valeurs tombent entre deux
termes consécutifs de la série (b), si, comme on le suppose, ces termes sont très-rapprochés, et si de plus la
différence entre les termes correspondants de la série (a)
est suffisamment petite, comparativement à l'un ou à
l'autre de ces termes. En conséquence, chacun des intervalles $a_1 - a$, $a_2 - a_1$, etc., doit être une petite fraction, par exemple la centième partie de l'étendue des
valeurs possibles, ou, si cette étendue n'est pas donnée
à priori, la centième partie de l'intervalle compris en

tre la plus grande et la plus petite des valeurs particulières observées. Pour la construction et l'usage de la
table, il est commode de prendre ces petits intervalles
égaux entre eux; mais si l'on remarquait que, dans certaines parties de la série (a), les différences des termes
consécutifs deviennent trop grandes pour que la seconde
des hypothèses énoncées ci-dessus soit admissible, il
conviendrait de resserrer les intervalles dans les parties
correspondantes de la série (b).

125. Pour que la valeur de l'un quelconque des termes de la série (a), par exemple du terme de rang i,
soit sensiblement indépendante des anomalies du hasard,
il faut déjà que le nombre correspondant n_i soit considérable, qu'il appartienne au moins à l'ordre des centaines; mais la probabilité d'une erreur notable, pour
chaque terme de la série (a) pris séparément, pourrait
être très-faible, tandis qu'en raison du grand nombre
de ces termes, il y aurait une grande probabilité que
l'un d'eux au moins se trouve affecté d'une erreur notable. Si donc l'un des termes de la série (a) s'écartait
notablement de la loi que semblent suivre les termes
voisins, avant et après lui, sans qu'on eût aucun motif
de soupçonner que la loi de probabilité subit en effet,
dans le voisinage du terme correspondant de la série (b),
de brusques changements, il ne faudrait pas hésiter
à rejeter de la série (a) le terme anomal, et à le remplacer provisoirement par une valeur accommodée, au
moyen des formules connues d'interpolation, à la loi
que suivent les termes qui l'avoisinent de part et d'autre.

De là résulte néanmoins que, pour qu'on ait une garantie suffisante que les erreurs fortuites affectant chaque terme de la table sont renfermées dans de très-

étroites limites, il faut que le nombre N soit extrêmement grand, beaucoup plus grand par exemple que celui
qui suffirait pour donner avec une grande précision la
valeur moyenne de la grandeur x, ou beaucoup plus que
que celui qui suffit, dans les circonstances ordinaires,
pour déterminer avec une grande précision la possibilité d'un événement simple. Si l'on remarque en outre
que les lois de probabilité recherchées par le statisticien
peuvent éprouver de notables perturbations pendant le
temps exigé pour l'accumulation d'observations en si
grand nombre, et si l'on tient compte des chances d'erreur qui peuvent affecter le dépouillement même des observations, on comprendra que la formation d'une table
de probabilité est le travail le plus difficile, et comme le
chef-d'œuvre de la statistique. Les nombres n'en peuvent
être réputés sûrs que lorsque le même travail, effectué
sur une nouvelle série d'observations, conduit à des résultats concordants. On ne possède guère de tables de
probabilité, à intervalles rapprochés, que pour la durée
de la vie humaine; et il s'en faut bien que ces tables,
par leur accord, donnent dès à présent cette parfaite
sûreté dont nous parlons.

126. Revenons à la détermination des valeurs moyennes. Si l'on avait formé une table de probabilité, en dis-
posant d'un nombre N de valeurs particulières, assez
grand pour qu'on pût regarder comme insensibles les
erreurs fortuites qui affectent chaque terme de la table,
la valeur moyenne M devrait *à fortiori* être réputée
exempte de toute erreur sensible. Une nouvelle série de
m valeurs particulières (m étant un nombre considérable, mais beaucoup moindre que N) donnerait une autre
valeur moyenne μ qui pourrait être affectée d'une erreur

sensible ; et comme M se confond sensiblement avec la moyenne rigoureuse, M — μ serait l'erreur fortuite qui affecte la détermination de la moyenne μ. On aura, avant d'effectuer la nouvelle série d'observations, la probabilité P que l'écart M — μ tombera entre les limites $\pm l$, données par la formule [69]

$$t = lg\sqrt{m} :$$

g désignant la valeur du module de convergence, qui est liée à la loi de probabilité de la grandeur x, et qu'on peut calculer par deux procédés différents.

Le premier procédé, qui suppose la construction préalable de la table de probabilité, consiste à exprimer algébriquement, par une méthode d'interpolation [124], la liaison qui existe entre l'ordonnée et l'abscisse de la courbe de probabilité, ou la fonction désignée par fx dans la note du n° 69, et à appliquer la formule de calcul intégral indiquée dans cette note : comme si l'observation avait effectivement déterminé le tracé continu de la courbe, et non pas seulement un nombre fini de points par lesquels elle est assujettie à passer, ou plutôt dont elle doit s'écarter extrêmement peu.

Le second procédé consiste à employer immédiatement le système des valeurs particulières données par l'observation, sans passer par une interpolation qui n'est jamais exempte d'arbitraire ; et voici la règle très-simple à laquelle on est conduit :

« Formez la somme des carrés des différences entre la valeur moyenne et chacune des valeurs particulières ; divisez le nombre des valeurs particulières par le double de cette somme, et extrayez la racine carrée du quotient : le résultat sera la valeur du module de convergence. »

Pour écrire cette règle en algèbre, nous désignerons par x_1, x_2, etc., les N valeurs particulières, et nous aurons

$$g = \frac{\sqrt{N}}{\sqrt{2[(x_1 - M)^2 + (x_2 - M)^2 + \text{etc.}]}}.$$

On peut encore écrire [69, *note*]

$$g = \frac{N}{\sqrt{2[(x_1 - x_2)^2 + (x_1 - x_3)^2 + \ldots + (x_2 - x_3)^2 + \text{etc.}]}},$$

$$g = \frac{1}{\sqrt{2\left[\dfrac{x_1^2 + x_2^2 + x_3^2 + \text{etc.}}{N} - M^2\right]}},$$

ou même donner à l'expression de g d'autres formes susceptibles d'être utilement employées, selon les cas.

Quand le nombre N est très-grand, la formation des carrés de toutes les différences conduirait à un calcul impraticable ; mais, dans l'application de la règle, on pourrait regarder comme égales entre elles, et égales à $\frac{a + a_1}{2}$, toutes les valeurs particulières comprises dans l'intervalle $a_1 - a$, supposé très-petit : n_1 étant le nombre de ces valeurs particulières, on multipliera par n_1 le carré $\left(\frac{a + a_1}{2} - M\right)^2$; et la somme de tous les produits semblables, pour chacun des intervalles partiels $a_1 - a$, $a_2 - a_1$, etc., pourra être prise pour la somme des carrés des différences entre la moyenne M et chacune des valeurs particulières qui ont servi à la former.

Plus exactement encore, on multiplierait par n_1 le carré $(\alpha_1 - M)^2$, α_1 étant la moyenne de toutes les valeurs particulières comprises entre a et a_1, et l'on opérerait de même sur chacun des intervalles partiels.

Le second procédé qui vient d'être donné pour la détermination du module de convergence ne suppose pas la construction préalable d'une table de probabilité : et en effet le module peut, comme la moyenne, et par la même raison, être déterminé avec une précision suffisante au moyen d'un nombre de valeurs particulières qui ne suffirait pas, à beaucoup près, pour calculer avec précision une table de probabilité.

127. Il suit de cette dernière remarque que, si l'on désigne par ξ_1, ξ_2, etc., les m valeurs particulières données par la nouvelle série d'observations, le nombre

$$\gamma = \frac{\sqrt{m}}{\sqrt{2\left[(\xi_1 - \mu)^2 + (\xi_2 - \mu)^2 + \text{etc.}\right]}}$$

différera peu du nombre g, ou que les deux fractions

$$\frac{g - \gamma}{g}, \quad \frac{M - \mu}{M},$$

seront en général du même ordre de grandeur. La moyenne μ étant, par hypothèse, une valeur très-approchée de la moyenne M, γ sera aussi une valeur très-approchée du module de convergence g.

Supposons donc maintenant qu'on ait seulement la série des m valeurs particulières ξ_1, ξ_2, etc., insuffisante pour déterminer la moyenne M sans erreur sensible, mais suffisante pour que l'erreur fortuite $M - \mu$ soit numériquement très-petite : les limites $\pm l$ entre lesquelles il y a la probabilité P que l'erreur est contenue, seront données sans erreur sensible par la formule

$$t = l\gamma\sqrt{m};$$

car, l étant une quantité fort petite, et γ ne différant du module g que d'une quantité fort petite aussi, l'erreur qui affecte la valeur de l, par suite de la substitution de γ à g, est une quantité très-petite, même par rapport à l, et de l'ordre de celles que l'on néglige dans ces calculs d'approximation. L'emploi des signes mathématiques permet de présenter cette démonstration sous une forme plus rigoureuse; mais le fond du raisonnement est le même.

Pour la même valeur de P, l'intervalle $2l$ des limites d'erreur est inversement proportionnel à

$$\gamma\sqrt{m}=\frac{m}{\sqrt{2[(\xi_1-\mu)^2+(\xi_2-\mu)^2+\text{etc.}]}}. \qquad (p)$$

En conséquence, le produit (p) peut être pris pour mesure de la précision avec laquelle l'inconnue M se trouve déterminée, quand on lui assigne pour valeur la moyenne μ, donnée par le système des m valeurs particulières ξ_1, ξ_2, etc. En d'autres termes, le produit (p) est le *poids* du résultat μ. Il conviendrait donc [107] d'inscrire dans les tableaux statistiques, à côté des moyennes μ, les poids correspondants (p), déterminés par le système même des observations.

128. Une nouvelle série de m' valeurs particulières donnera une moyenne μ', différente de μ, quoique la loi de probabilité soit supposée ne pas changer d'une série à l'autre; et l'on aura, postérieurement à l'expérience (m) et antérieurement à l'expérience (m'), la probabilité P que l'écart $\mu-\mu'$ tombera entre des limites $\pm l'$, données par l'équation

$$t=\frac{l'\gamma\sqrt{mm'}}{\sqrt{m+m'}}.$$

Si l'on décompose la série totale (m) en deux séries partielles, formées, l'une de m_1, l'autre de m_2 valeurs particulières, pour lesquelles les quantités μ, γ deviennent respectivement (μ_1, γ_1), (μ_2, γ_2), et si l'on admet que la loi de probabilité de la grandeur x est la même dans chacune des séries partielles, on aura *à priori*, avant la détermination par l'expérience des nombres μ_1, μ_2, γ_1, γ_2, la probabilité P que l'écart $\mu_1 - \mu_1$ tombera entre des limites $\pm l$, données par la formule

$$t = \frac{l\sqrt{m_1 m_2}}{\sqrt{\dfrac{m_1}{\gamma_1^2} + \dfrac{m_2}{\gamma_2^2}}};$$

d'où l'on pourra tirer une probabilité *à posteriori* Π, qu'un écart $\mu_1 - \mu_2 = \delta$, donné par l'expérience, accuse un changement de la loi de probabilité, dans le passage de la série (m_1) à la série (m_2).

Au lieu de comparer deux séries partielles entre elles, si l'on compare la série partielle (m_1) à la série totale (m), l'analogie déjà remarquée [101] indique suffisamment que les limites d'écart, correspondant à la probabilité P, se tireront de l'équation

$$t = \frac{l\gamma\sqrt{m m_1}}{\sqrt{m - m_1}}.$$

129. Toutes les discussions dans lesquelles nous sommes entrés, au sujet de l'interprétation des changements que subit ou que paraît subir la chance d'un événement, dans le passage d'une série d'observations à une autre, sont évidemment applicables aux changements subis par les valeurs moyennes. Nous nous dispenserons de les reproduire, en nous bornant à remarquer que, s'il existe entre les diverses déterminations fortuites d'une même grandeur, des traces de solidarité tenant au voisinage des épreuves dans l'ordre de l'espace

ou du temps, on pourra le reconnaître à ce que la
moyenne des carrés des différences qu'on obtient en
combinant deux à deux toutes les valeurs particulières,
moyenne dont dépend le module g ou le coefficient γ
[126], surpassera notablement la moyenne des carrés
des différences qu'on obtient quand on combine seulement chaque valeur particulière avec celle qui la précède ou qui la suit immédiatement, ou avec celles qui
s'en rapprochent assez pour qu'il y ait encore entre elles
des traces de solidarité.

CHAPITRE XI.

DES MOYENNES ENTRE LES MESURES ET LES OBSERVATIONS.

—

130. La théorie de la convergence des valeurs moyennes s'applique à une question d'un grand intérêt pour toutes les sciences physiques : à la détermination des limites probables de l'erreur d'un résultat numérique, qu'on a obtenu en prenant la moyenne d'un grand nombre de valeurs fournies par autant de mesures particulières, et qui toutes doivent être censées affectées d'une certaine erreur.

Désignons par fx la fonction qui exprime la probabilité de l'erreur x dans la mesure de la grandeur a; par ε la moyenne absolue des valeurs de l'erreur x; par g le module de convergence dont la valeur résulte implicitement de la forme de la fonction f; par m le nombre des mesures particulières dont on prend la moyenne, nombre que nous supposerons assez grand pour qu'il y ait lieu de faire usage de nos formules d'approximation [69, *note*] : la moyenne α des valeurs a_1, a_2, etc., données par les mesures particulières, convergera vers la grandeur fixe $a + \varepsilon$; et l'on aura la probabilité P que l'écart fortuit $a + \varepsilon - \alpha$ tombe entre des limites $\pm l$ données par l'équation

$$t = lg\sqrt{m} \,;$$
(L)

Par conséquent, lorsque la constante ε se trouvera nulle, par la nature de la fonction *f*, P sera la probabilité que l'erreur dont la moyenne α est encore affectée, tombe entre les limites ± *l*.

Quand on admet que la constante ε est nulle, on suppose en général que la courbe dont *fx* désigne l'ordonnée est symétrique par rapport à l'axe OY (*fig.* 8) : deux erreurs numériquement égales et de signes contraires ayant la même probabilité. Car, de cette seconde hypothèse, plus particulière que la première, résulte nécessairement que l'erreur a zéro pour valeur moyenne et pour valeur médiane [68]. D'un autre côté, si la symétrie dont il s'agit n'existait pas, il faudrait un concours si particulier de circonstances pour que la constante ε s'évanouît, qu'on doit regarder en pareil cas l'évanouissement de la constante comme tout à fait invraisemblable.

Lorsque la courbe de probabilité n'est pas symétrique de part et d'autre de l'axe OY, et que la constante ε acquiert une valeur sensible, on dit qu'il y a dans la série des mesures une cause constante d'erreur, qui peut être due à un défaut dans la construction des instruments employés, dans les sens de l'observateur, ou dans sa manière d'opérer. Une série de mesures, ainsi affectée d'une cause constante d'erreur, doit être rejetée comme impropre à déterminer la vraie valeur de la grandeur *a*; et la sagacité des expérimentateurs consiste principalement à trouver les moyens de se soustraire à l'influence de semblables causes d'erreur, à les analyser, et à en éluder ou à en corriger l'effet.

Sans doute il est infiniment peu probable que la constante ε soit rigoureusement nulle, quelque soin qu'on

apporte, dans la confection des instruments ou dans l'o-
pération même de la mesure, à éviter toutes les causes
qui rendraient les erreurs en un sens plus ou moins
probables que des erreurs égales en sens contraire. En
général, l'absolu mathématique ne peut pas se trouver
dans ce qui dépend des sens et du commerce de l'homme
avec le monde matériel. S'il n'en était ainsi, il résulterait
de la formule (L) qu'on peut, en augmentant suffisamment le nombre des mesures, obtenir avec une précision
indéfinie l'expression numérique de la grandeur a qu'il
s'agit de mesurer; qu'on peut l'avoir, par exemple, exprimée avec des décimales exactes du vingtième ordre, de
même qu'on peut calculer, avec des décimales exactes du
vingtième ordre ou d'un ordre quelconque, une racine
incommensurable ou le rapport de la circonférence au
diamètre. Cette conséquence serait absurde, et nous
reviendrons plus loin sur la discussion des causes qui
limitent nécessairement la précision de la mesure, pour
chaque espèce de grandeur mesurable, quel que soit le
nombre des observations ou des mesures particulières
que l'on emploie. En premier lieu nous supposerons,
comme l'ont fait expressément ou tacitement tous ceux
qui ont traité jusqu'ici cette question, que la constante ε
est nulle, ou du moins négligeable, comparativement à
l'erreur qui peut affecter chaque mesure en particulier,
ou à la moyenne des erreurs, prises abstraction faite du
signe.

On conçoit la possibilité de reconnaître *à posteriori*,
par l'inspection même des valeurs particulières, si elles
sont ou non compatibles avec l'hypothèse de symétrie
à laquelle correspond la condition $\varepsilon = 0$. Si, par exemple, m étant au moins de l'ordre des centaines, le rap-

port entre le nombre des valeurs particulières qui surpassent a, et le nombre m, différait sensiblement de $\dfrac{1}{2}$, on serait averti que la valeur médiane ne coïncide pas avec la valeur moyenne, ainsi que l'exige l'hypothèse de symétrie. On pourrait proposer d'autres épreuves, et même les varier d'une infinité de manières.

Quand les mesures sont prises avec le soin convenable, la probabilité de l'erreur x doit décroître avec une grande rapidité, tandis que x croît en valeur numérique; et la probabilité d'une erreur x qui ne serait pas très-petite par rapport à a, qui serait, par exemple, la vingtième ou la trentième partie de a, doit être regardée comme extrêmement petite, ou comme sensiblement nulle. La courbe de probabilité prend alors une forme telle que celle qui est indiquée sur la *fig.* 18. On ne peut pas assigner une limite où la chance d'erreur devienne brusquement nulle [66]; mais les chances de tomber sur des valeurs de x situées au-delà de certaines limites sont si petites, qu'on est pleinement autorisé à les négliger [1].

---

[1] On peut représenter l'ordonnée fx d'une courbe de probabilité qui a la forme indiquée sur la *fig.* 18 par une fonction telle que $Ke^{-k^2x^2}$ [33, *note*] : le coefficient K mesure l'ordonnée *maximum* Og; et le coefficient k doit être déterminé de manière que la courbe ayant pour équation

$$y = Ke^{-k^2x^2},$$

se confonde sensiblement avec la courbe agb, que l'on suppose tracée.

Lorsque la fonction fx a effectivement cette forme, il n'est plus nécessaire que m désigne un grand nombre, pour qu'on puisse

131. En général, la forme de la fonction f est inconnue et ne peut être assignée *à priori*; mais, d'après ce qu'on a vu [127], il est permis, quand les mesures sont en grand nombre, de prendre pour valeur suffisamment approchée du module g, le nombre

$$\gamma = \frac{\sqrt{m}}{\sqrt{2\left[(a_1 - \alpha)^2 + (a_2 - \alpha)^2 + \text{etc.}\right]}},$$

qui est donné par l'observation même.

Après qu'on aura calculé par cette formule le nombre γ, le produit $\gamma\sqrt{m}$ pourra être inscrit à côté de la moyenne α, comme mesurant le *poids* de cette valeur [127].

132. Quand les diverses mesures sont prises par divers observateurs, avec des instruments différents ou dans des circonstances dissemblables, la probabilité de l'erreur x varie d'une mesure à l'autre. Il faut entendre en pareil cas, par la fonction fx, une moyenne entre toutes les valeurs données par les diverses lois de probabilité, propres à chaque mesure : ainsi que cela a déjà été expliqué d'une manière générale [81].

Supposons que la série totale des m mesures se décompose en séries partielles (m_1), (m_2),.... (m_i) : soit que l'on groupe dans une même série partielle les me-

---

calculer, par la formule (L), la probabilité P correspondant à une limite d'écart l. La formule n'est plus seulement approchée; elle devient exacte pour des valeurs quelconques du nombre m. Ce cas se présente nécessairement, quand chacune des valeurs particulières qu'on emploie pour calculer la moyenne définitive, est déjà la moyenne d'un grand nombre de mesures prises dans des circonstances semblables.

sures prises par le même observateur, ou bien celles qui
résultent d'observations faites avec les mêmes instruments, ou dans des circonstances analogues; et affec-
tons des indices $(1), (2), \ldots (i)$ les quantités α, γ, suivant qu'elles se rapportent aux mesures de la série (m_1),
à celles de la série (m_2), et ainsi de suite. Le poids $\gamma\sqrt{m}$
variera aussi d'une série à l'autre, et deviendra successivement

$$\gamma_1\sqrt{m_1}, \quad \gamma_2\sqrt{m_2}, \ldots \gamma_i\sqrt{m_i}.$$

Cela posé, si l'on prenait, pour la valeur de la quantité α,
la moyenne

$$\frac{\alpha_1 + \alpha_2 + \ldots + \alpha_i}{i},$$

ou (ce qui serait moins défectueux) la moyenne

$$\frac{m_1\alpha_1 + m_2\alpha_2 + \ldots + m_i\alpha_i}{m},$$

on ne tiendrait pas un juste compte, dans la formation
du résultat final, du poids de chaque résultat partiel.
Si, par exemple, les valeurs particulières de la série (m_1)
diffèrent très-peu de leur moyenne α_1, beaucoup moins
que les valeurs de la série (m_2) ne diffèrent de leur
moyenne α_2, γ_1 sera un nombre beaucoup plus grand
que γ_2, et le produit $\gamma_1\sqrt{m_1}$ pourra être fort supérieur
au produit $\gamma_2\sqrt{m_2}$, même lorsque m_1 sera notablement
plus petit que m_2. Le bon sens dit aussi qu'une série
moins nombreuse, mais composée d'observations mieux
concordantes, doit inspirer plus de confiance qu'une série plus nombreuse où se manifestent de plus grands
écarts. Il appartient à la théorie de préciser ces indications du bon sens, en donnant une règle formelle
pour combiner les résultats partiels, de manière à res-

serrer (avec la même probabilité) dans les limites les plus étroites l'erreur dont doit être réputé affecté le résultat final. Cette règle consiste à prendre pour la valeur de la quantité a la moyenne

$$\frac{m_1\gamma_1^2\alpha_1 + m_2\gamma_2^2\alpha_2 + \ldots + m_i\gamma_i^2\alpha_i}{m_1\gamma_1^2 + m_2\gamma_2^2 + \ldots + m_i\gamma_i^2},$$

c'est-à-dire à faire entrer chaque moyenne partielle, proportionnellement au carré de son poids, dans la composition de la moyenne générale ; et l'on a alors la probabilité P que l'erreur tombe entre des limites $\pm\, l$ données par l'équation

$$t = l\sqrt{m_1\gamma_1^2 + m_2\gamma_2^2 + \ldots + m_i\gamma_i^2}.$$

133. Souvent la quantité qu'il s'agit de déterminer dépend de plusieurs grandeurs dont chacune doit être l'objet d'une mesure directe. Pour en donner un exemple des plus simples, s'il s'agit de calculer la hauteur d'une tour par la résolution d'un triangle rectiligne dont on mesure la base à partir du pied de la tour, et l'angle aigu adjacent, la hauteur cherchée est fonction de cet angle et de cette base, de manière que l'erreur sur la hauteur dépend à la fois de l'erreur commise sur la mesure de la base et de l'erreur commise sur la mesure de l'angle. Quand on calcule l'aire d'un triangle en fonction des trois côtés, d'après une formule bien connue de géométrie, l'erreur sur l'aire calculée se complique des erreurs commises dans la mesure de chacun des trois côtés. Enfin, si l'on imagine un réseau de triangles, comme ceux que l'on construit dans les grandes opérations géodésiques, l'erreur commise sur la valeur calculée de l'une des lignes du réseau, est une résultante de toutes les erreurs qui peuvent affecter, tant la me-

sure de la base primitive d'opérations, que celle des angles qui ont servi à calculer de proche en proche les lignes du réseau, jusqu'à celle que l'on considère.

Désignons par a, b, c, etc., les grandeurs qui sont l'objet d'une mesure directe, et par h la grandeur qui en dépend. Appelons α, β, γ, etc., les moyennes données par les mesures directes pour chacune des grandeurs a, b, c, etc. Soit η la valeur correspondante de h, ou celle qu'on obtiendrait pour h, en mettant à la place de a, b, c, etc., les valeurs numériques α, β, γ, etc., dans l'équation qui lie entre elles les grandeurs a, b, c,...h, et que nous représenterons, suivant une notation familière aux géomètres, par

$$h = F(a,\ b,\ c,\ \text{etc.}). \tag{F}$$

Si h était une fonction linéaire [74] des quantités a, b, c, etc., la valeur η serait la moyenne des valeurs

$$h_1 = F(a_1,\ b_1,\ c_1,\ \text{etc.}),\quad h_2 = F(a_2,\ b_2,\ c_2,\ \text{etc.}),\ \text{etc.} :$$

a_1, b_1, c_1,.... a_2, b_2, c_2,...., etc., désignant les systèmes de valeurs particulières qui ont servi à former les moyennes α, β, γ, etc. ; mais il n'en est plus de même en général, et lorsque F désigne une fonction quelconque.

Posons

$$h - \eta = \delta,\quad a - \alpha = \delta_1,\quad b - \beta = \delta_2,\quad c - \gamma = \delta_3,\ \text{etc.} ;$$

c'est-à-dire désignons par δ_1, δ_2, δ_3, etc., les erreurs qui affectent les moyennes des mesures des grandeurs a, b, c, etc., et par δ l'erreur qui en résulte sur la détermination de la grandeur h. En général, suivant le degré de complication de la fonction F, l'erreur résultante serait liée aussi d'une manière plus ou moins compliquée aux erreurs qui affectent chacune des mesures directes;

mais le problème de la recherche de la probabilité de l'erreur résultante se simplifie beaucoup, et comporte une solution générale, si l'on suppose que chacune des erreurs composantes δ_1, δ_2, δ_3, etc., est très-petite : supposition bien permise, quand il s'agit d'opérations dignes par leur précision d'une discussion rigoureuse, et lorsque les moyennes α, ε, γ, etc., résultent chacune d'un grand nombre de mesures particulières.

Imaginons que l'on substitue dans l'équation (F), au lieu de h, a, b, c, etc., leurs valeurs exactes

$$\eta + \delta, \quad \alpha + \delta_1, \quad \beta + \delta_2, \quad \gamma + \delta_3, \text{ etc. :}$$

on pourra, à cause de la petitesse des erreurs δ_1, δ_2, δ_3, etc., négliger, dans le développement du calcul, les produits de ces quantités, et leurs puissances supérieures à la première; et la théorie des fonctions nous apprend qu'on aura, entre les quantités très-petites δ, δ_1, δ_2, δ_3, etc., une équation linéaire, de la forme

$$\delta = C_1\delta_1 + C_2\delta_2 + C_3\delta_3 + \text{etc.}, \qquad (F')$$

dans laquelle C_1, C_2, C_3, etc., désignent des nombres constants, positifs ou négatifs. Plus la valeur numérique du coefficient C_1 est petite, moins l'erreur δ_1, commise dans la mesure de la grandeur a, a d'influence sur l'erreur qui affecte l'évaluation de la grandeur h; et ainsi des autres ([1]).

([1]) Par les principes du calcul différentiel, les coefficients C_1, C_2, C_3, etc., sont les valeurs numériques que les coefficients différentiels

$$\frac{d.F(a, b, c, \text{etc.})}{da}, \quad \frac{d.F(a, b, c, \text{etc.})}{db}, \quad \frac{d.F(a, b, c, \text{etc.})}{dc}, \text{ etc.}$$

acquièrent quand on y fait $a = \alpha$, $b = \beta$, $c = \gamma$, etc.

On peut aussi déterminer ces coefficients approximativement,

Cela posé, soit P la probabilité que les erreurs composantes δ_1, δ_2, δ_3, etc., tombent respectivement entre des limites $\pm l_1$, $\pm l_2$, $\pm l_3$, etc. : on aura la même probabilité P que l'erreur résultante δ tombe entre les limites

$$\pm l = \pm \sqrt{C_1^2 l_1^2 + C_2^2 l_2^2 + C_3^2 l_3^2 + \text{etc.}}$$

Pour $P = \dfrac{1}{2}$, les limites l_1, l_2, l_3, etc., sont les valeurs médianes des erreurs composantes, et l est la valeur médiane de l'erreur résultante.

Parmi les différents systèmes d'éléments a, b, c, etc., qui peuvent servir à calculer la grandeur h, il y en a qui donneront à la précédente expression de l la plus petite valeur possible : ce seront les systèmes les plus *avantageux* pour la détermination de la grandeur h. Ainsi, lorsqu'il s'agit de mesurer la hauteur d'une tour, on trouve aisément que le triangle le plus avantageux est celui dans lequel l'angle aigu, adjacent à la base, approche le plus d'être égal à un demi-droit : car alors

---

et en quelque sorte empiriquement, sans connaître les règles du calcul différentiel. Pour cela on donnera d'abord à a, b, c, etc., dans l'équation (F), les valeurs α, β, γ, etc., ce qui fera connaître le nombre η; puis sans changer les valeurs de b, c, etc., on donnera à a la valeur $\alpha + \delta_1$, δ_1 désignant une très-petite fraction de α, arbitrairement choisie, par exemple un centième ou un millième de α. On obtiendra ainsi pour h une autre valeur η_1, très-peu différente de η. La différence $\eta_1 - \eta$ sera une valeur très-approchée du terme $C_1 \delta_1$ dans l'équation (F'). En conséquence, le quotient

$$\frac{\eta_1 - \eta}{\delta_1},$$

sera une valeur très-approchée du coefficient C_1. Par le même artifice on déterminerait successivement les coefficients C_2, C_3, etc.

l'erreur sur la mesure de cet angle influe le moins possible sur la valeur que le calcul assigne à la hauteur de la tour. Dans les opérations beaucoup plus compliquées, et notamment dans les grandes opérations géodésiques, la recherche du système le plus avantageux devient une question à la fois très-délicate et très-importante.

134. Il arrive fréquemment que la quantité qui fait l'objet d'une mesure directe n'est point la même à chaque observation. Par exemple, pour déterminer avec précision la hauteur d'une tour, au lieu de mesurer plusieurs fois la même base et le même angle adjacent, on peut mesurer diverses bases, pour chacune desquelles l'angle adjacent prendra aussi des valeurs différentes. Ce qui n'est que facultatif, quand il s'agit d'opérations trigonométriques, ou d'expériences physiques dont on dispose à peu près à son gré les circonstances, devient nécessaire dans les sciences telles que l'astronomie, où l'expérience est remplacée par l'observation proprement dite, c'est-à-dire, par un autre genre d'expérience dont les conditions ne sont pas à la disposition de l'observateur. Ainsi, pour déterminer les éléments d'une comète, il faudra déterminer les lieux astronomiques de la comète à des époques différentes, détermination qui résultera de hauteurs méridiennes et d'angles horaires observés dans des circonstances très-diverses, qui peuvent être fort inégalement favorables à l'exactitude du résultat. Lorsque l'on veut combiner un grand nombre d'observations, dans l'intention d'arriver à des résultats très-précis, il faut, pour rendre les calculs praticables, que les inconnues cherchées soient des fonctions linéaires des grandeurs mesurées directement ; et cette condition essentielle sera remplie, si l'on connaît déjà, d'une manière très-ap-

prochée, les valeurs de certains éléments qu'il s'agit seulement de *corriger*, et les valeurs que l'observation doit assigner aux grandeurs mesurées directement. Supposons, par exemple, qu'on veuille déterminer avec une grande certitude, non plus les éléments du mouvement parabolique d'une comète, mais ceux du mouvement elliptique d'une planète, éléments déjà connus avec une grande approximation : les grandeurs angulaires (l'ascension droite et la déclinaison) qui fixent les lieux astronomiques de la planète à des époques données seront aussi connues à très-peu près, et pourront être assignées approximativement, avant toute observation, en conséquence des valeurs admises pour les éléments de la planète. L'observation donnera une *correction* pour chacune de ces grandeurs angulaires, ou une différence entre la grandeur calculée et la grandeur observée; et de ces corrections fournies par un grand nombre d'observations (afin que les petites erreurs dont chaque observation est encore affectée se compensent sensiblement), il faudra tirer par le calcul les corrections que les éléments de la planète doivent subir. Toutes ces corrections, tant celles que l'observation donne, que celles que le calcul doit en déduire, sont de fort petites fractions dont on peut négliger les produits et les puissances supérieures à la première; et par suite, il est permis de considérer les corrections calculées comme des fonctions linéaires des corrections observées.

135. Traitons d'abord le cas où il n'y a qu'un élément à corriger, et où la mesure ne porte, à chaque observation, que sur une seule grandeur. Soient a_1 la petite correction que l'observation n° 1, supposée rigoureusement exacte, aurait dû apporter au résultat du

calcul; α_1 la valeur que la mesure effective, entachée de l'erreur δ_1, donne pour cette correction ; de sorte qu'on ait

$$a_1 = \alpha_1 + \delta_1.$$

Appelons x la correction que l'élément doit recevoir, et qu'on se propose de calculer d'après l'ensemble des observations : on a entre x et a_1 une équation linéaire

$$a_1 = C_1 x + c_1,$$

dans laquelle C_1, c_1 sont des coefficients numériques connus; ce qui, lorsqu'on pose, pour abréger,

$$\alpha_1 - c_1 = \Delta_1,$$

donne

$$\delta_1 = C_1 x - \Delta_1. \qquad (1)$$

Si l'on négligeait l'erreur δ_1, on tirerait de cette équation

$$x = \frac{\Delta_1}{C_1};$$

et, en opérant de même sur les résultats d'un grand nombre d'observations, on aurait autant de valeurs différentes de x, dont on pourrait prendre la moyenne arithmétique, comme si les valeurs particulières de x avaient été données par une mesure directe dans chaque observation. Mais cette manière d'opérer ne serait pas conforme à ce que la raison indique : en effet il est clair que la grandeur de l'erreur δ_1 influe d'autant moins sur la valeur de x tirée de l'équation (1), que la valeur du coefficient C_1 est plus considérable; tandis qu'en prenant simplement la moyenne des valeurs de x, on ferait concourir de la même manière toutes les observations particulières à la détermination de x, sans distinguer entre les observations plus ou moins avantageuses.

Pour parer à cet inconvénient, le géomètre Cotes avait proposé une règle dont les astronomes ont fait longtemps et font encore usage, à cause de sa simplicité. Elle consiste à prendre

$$x = \frac{\Delta_1 + \Delta_2 + \Delta_3 + \text{etc.}}{C_1 + C_2 + C_3 + \text{etc.}}, \qquad (2)$$

Δ_2, C_2; Δ_3, C_3; etc., étant les analogues de Δ_1, C_1 pour les observations n° 2, n° 3, etc. Cette règle revient à supposer nulle la somme des erreurs

$$\delta_1 + \delta_2 + \delta_3 + \text{etc.}$$

Elle revient encore à prendre une moyenne entre les valeurs

$$x = \frac{\Delta_1}{C_1}, \quad x = \frac{\Delta_2}{C_2}, \quad x = \frac{\Delta_3}{C_3}, \text{etc.};$$

mais en supposant que la première valeur est donnée par un nombre d'observations proportionnel à C_1, la seconde par un nombre d'observations proportionnel à C_2, et ainsi de suite. De cette manière, l'influence de chaque observation, dans la fixation de la valeur définitive de l'inconnue x, se trouve d'autant plus grande que cette observation est en soi plus avantageuse pour la détermination de l'inconnue.

Ce n'est là cependant qu'un aperçu, subordonné à l'hypothèse gratuite que les erreurs oscillent entre les mêmes limites, suivant la même loi de probabilité, dans les différentes observations; et qui, même dans cette hypothèse, serait encore inexact. En effet, Laplace a montré qu'il faut prendre alors

$$x = \frac{C_1 \Delta_1 + C_2 \Delta_2 + C_3 \Delta_3 + \text{etc.}}{C_1^2 + C_2^2 + C_3^2 + \text{etc.}}, \qquad (3)$$

ou faire entrer la mesure de rang i, proportionnellement au carré du coefficient C_i, dans la composition de la moyenne définitive, si l'on veut resserrer autant que possible les limites $\pm l$ entre lesquelles doit tomber (avec une probabilité P) l'erreur que comporte la valeur de x. Dans ce cas, les limites l sont données par l'équation

$$l = lg\sqrt{C_1^2 + C_2^2 + C_3^2 + \text{etc.}}, \qquad (4)$$

g étant le module de convergence relatif à la loi de probabilité commune aux erreurs δ_1, δ_2, δ_3, etc.

Quand on détermine la correction x par la formule (2), ou par la règle de Cotes, les limites $\pm l$ sont liées à la probabilité P par l'équation

$$l = lg \cdot \frac{C_1 + C_2 + C_3 + \text{etc.}}{\sqrt{m}},$$

m désignant le nombre des observations. Or, en vertu du principe que nous avons plusieurs fois cité [73, 77], le coefficient de l, dans cette dernière équation, est toujours moindre que le coefficient de l dans l'équation (4).

On peut prendre pour valeur approchée du module inconnu g qui entre dans la formule (4), le nombre

$$\gamma = \frac{\sqrt{C_1^2 + C_2^2 + \text{etc.}}\sqrt{m}}{\sqrt{2[(C_1^2 + C_2^2 + \text{etc.})(\Delta_1^2 + \Delta_2^2 + \text{etc.}) - (C_1\Delta_1 + C_2\Delta_2 + \text{etc.})^2]}},$$

donné par l'observation même; et le produit

$$\gamma\sqrt{C_1^2 + C_2^2 + \text{etc.}}$$

exprimera dans ce système le poids de la correction x.

Si la loi de probabilité de l'erreur et par suite le module de convergence variaient d'une observation à l'autre, la courbe de probabilité restant néanmoins toujours symétrique, les formules (3) et (4) seraient remplacées par

$$x = \frac{g_1^2 C_1 \Delta_1 + g_2^2 C_2 \Delta_2 + g_3^2 C_3 \Delta_3 + \text{etc.}}{g_1^2 C_1^2 + g_2^2 C_2^2 + g_3^2 C_3^2 + \text{etc.}}$$

$$t = l\sqrt{g_1^2 C_1^2 + g_2^2 C_2^2 + g_3^2 C_3^2 + \text{etc.}}$$

La valeur de x donnée par l'équation (3) est celle qui résulte de la condition que la somme des carrés des erreurs δ_1, δ_2, δ_3, etc., ou que la somme des quantités

$$(C_1 x - \Delta_1)^2, \quad (C_2 x - \Delta_2)^2, \quad (C_3 x - \Delta_3)^2, \text{etc.}$$

soit un *minimum*. En conséquence la formule (3) se nomme *la règle des moindres carrés des erreurs* [1].

136. La même série d'observations doit souvent servir à déterminer simultanément les corrections de plu-

----

[1] La règle des moindres carrés a d'abord été proposée par Legendre, seulement comme un procédé empirique propre à introduire plus de symétrie dans les calculs. Gauss a prouvé ensuite que cette règle doit être réputée la plus *avantageuse*, en vertu des principes de la théorie des chances, lorsque la loi de probabilité des erreurs est de la forme $K e^{-k^2 x^2}$ [130, *note*]. Enfin Laplace a démontré la même chose pour une loi quelconque de probabilité, sous les conditions : 1° que la loi de probabilité soit la même dans toutes les observations, et la même pour les erreurs positives que pour les erreurs négatives; 2° que le nombre des observations atteigne l'ordre de grandeur qui permet d'appliquer les formules d'approximation. Or, il faut avouer que, pour un nombre fort grand d'observations, la règle devient presque impraticable par la longueur des calculs, ce qui restreint singulièrement la valeur pratique du théorème de Laplace. La bonté de la règle tient surtout alors à ce que la forme de la fonction qui exprime la loi de probabilité, quand il s'agit d'observations aussi précises que celles des astronomes, doit peu s'écarter de celle que Gauss lui avait primitivement assignée.

sieurs éléments. Par exemple, les observations des lieux d'une planète devront servir à corriger simultanément les six éléments de son mouvement elliptique, ou les masses des planètes perturbatrices, lorsqu'on a égard aux perturbations de ce mouvement ([1]). L'équation (1) se trouve alors remplacée par une équation de la forme

$$\delta_{\scriptscriptstyle 1} = C_{\scriptscriptstyle 1}x + C'_{\scriptscriptstyle 1}x' + C''_{\scriptscriptstyle 1}x'' + \text{etc.} - \Delta_{\scriptscriptstyle 1} :$$

x, x', x'', etc., désignant les corrections cherchées; $C_{\scriptscriptstyle 1}$, $C'_{\scriptscriptstyle 1}$, $C''_{\scriptscriptstyle 1}$, etc., des nombres donnés par la théorie; et $\Delta_{\scriptscriptstyle 1}$ un nombre déduit de l'observation même. La règle de Cotes n'est pas susceptible de s'étendre à ce cas; et la manière de combiner les équations de cette forme, pour en tirer autant d'équations résultantes qu'il y a d'inconnues x, x', x'', etc., restait, d'après cette règle, tout à fait indéterminée, lorsque Legendre a proposé la règle des moindres carrés, précisément pour faire cesser cette indétermination. En effet, le *minimum* d'une fonction

$$\delta_{\scriptscriptstyle 1}^2 + \delta_{\scriptscriptstyle 2}^2 + \delta_{\scriptscriptstyle 3}^2 + \text{etc.}$$

([1]) Jusqu'ici on n'a guère appliqué qu'aux observations astronomiques la théorie qui fait l'objet de ce chapitre. Si l'on n'admet pas d'une manière absolue la loi de Prout dont il sera question plus loin, ne conviendrait-il pas d'appliquer cette théorie à la détermination des poids atomiques ou des équivalents chimiques, en faisant concourir au calcul simultané des corrections que ces poids comportent, un grand nombre d'analyses de composés divers? Il s'opérerait probablement une compensation entre les effets des différentes causes d'erreur, lorsque le poids d'un même radical chimique serait déterminé par les analyses de plusieurs corps où ce radical se trouve engagé dans des combinaisons différentes; tandis que certaines causes d'erreurs peuvent agir constamment dans le même sens, tant qu'on ne fait que répéter l'analyse d'un même composé.

se détermine toujours, quel que soit le nombre des inconnues x, x', x'', etc, qui entrent dans la composition de chacune des fonctions δ_1, δ_2, δ_3, etc.

137. On ne doit pas perdre de vue que toutes ces règles reposent sur l'hypothèse qu'on a déjà des valeurs très-approchées des éléments qu'il s'agit de corriger. A la faveur de cette hypothèse on pourrait obtenir une très-grande probabilité P que l'erreur sur la valeur corrigée est resserrée entre des limites très-étroites; ce qui n'empêcherait pas de trouver, par des observations postérieures, que la valeur corrigée est encore très-inexacte, si la valeur (réputée très-approchée) qui a servi à calculer la correction x et la probabilité P, était au contraire entachée d'une erreur considérable. Cette circonstance s'est présentée, il n'y a pas beaucoup d'années, à propos de la détermination d'un élément important du système solaire.

D'après les mesures des élongations des satellites de Jupiter, dues à l'astronome Pound, contemporain de Newton, ce grand géomètre avait trouvé la masse de Jupiter égale à la 1067ᵉ partie de celle du soleil, ou à 0,000 937 21, la masse du soleil étant prise pour unité. Laplace, en appliquant la méthode dont on vient de rendre un compte sommaire, à un système de 126 équations de condition, calculées par M. Bouvard, pour le mouvement de Jupiter en longitude, et de 129 équations pour le mouvement de Saturne, a diminué de 0,000 002 94 la valeur précédente de la masse de Jupiter, en la fixant ainsi à 0,000 934 27. Il a trouvé ensuite la probabilité P d'un million contre un que cette valeur corrigée n'était pas en erreur d'un centième de sa valeur, en plus ou en moins, ou que la masse de

Jupiter restait comprise entre

$$0,000\ 924\ 93, \quad \text{et} \quad 0,000\ 942\ 61.$$

Mais, plus tard, on reconnut que les perturbations occasionnées par l'action de Jupiter dans les mouvements des planètes télescopiques, et dans ceux de la comète d'Encke, exigeaient qu'on attribuât à Jupiter une masse plus considérable; et enfin M. Airy, soumettant à une nouvelle discussion les observations de Pound, y constata une erreur par suite de laquelle la masse de Jupiter devait être portée à 0,000 953 57. Cette valeur, qui s'accorde avec le résultat que donne le calcul des perturbations des planètes télescopiques, est admise maintenant par les astronomes, et elle sort très-sensiblement des limites que Laplace avait assignées. Le défaut de la conclusion de Laplace peut tenir à des termes fautifs ou incomplets dans le développement des formules d'approximation qui donnent les perturbations planétaires, ou à des fautes dans le calcul des équations de condition, ou bien encore à l'erreur de l'hypothèse d'après laquelle la loi de probabilité des erreurs des observations employées serait la même pour toutes les observations, et la même pour les erreurs positives que pour les erreurs négatives. Mais ce défaut peut tenir aussi à ce qu'on a mal à propos admis *à priori* que les mesures de Pound ne comportaient que des corrections très-petites.

138. C'est ici le lieu de revenir sur la remarque déjà faite [130], qu'il serait absurde de prétendre déterminer une grandeur continue avec une précision indéfinie, en multipliant indéfiniment les observations ou les mesures. Si, par exemple, un observateur s'avisait de don-

ner la mesure d'une longueur avec vingt décimales, il
saute aux yeux que les dix dernières au moins seraient
données d'une manière tout à fait arbitraire, sans relation aucune avec la véritable expression numérique de
cette longueur ; de telle sorte que, si l'on accumulait
un grand nombre d'expressions semblables, il arriverait
de deux choses l'une : ou les chiffres décimaux, du 10e au
20e ordre, auraient été choisis irrégulièrement et fortuitement par chaque observateur, et alors la moyenne
des valeurs numériques des chiffres décimaux d'un même ordre serait la moyenne des nombres

$$0, 1, 2, 3, 4, 5, 6, 7, 8, 9,$$

c'est-à-dire $\frac{9}{2}$; ou bien, les mêmes causes agissant sur

tous les observateurs auraient fait choisir certains
chiffres de préférence à d'autres, et alors la moyenne
des valeurs numériques des chiffres décimaux d'un mê-

me ordre pourrait différer notablement de $\frac{9}{2}$, mais elle

n'en serait pas moins fortuite, en ce sens qu'elle serait
complètement indépendante de la valeur du chiffre de
même ordre, dans la véritable expression numérique
de la grandeur mesurée.

On aurait grand tort d'induire des termes de notre
exemple, que nous admettons la possibilité pratique,
avec les procédés actuels d'expérimentation, d'obtenir
exactement, jusqu'aux chiffres décimaux du 10e ordre,
l'expression numérique d'une grandeur donnée par des
mesures : nous avons entendu au contraire faire une hypothèse exagérée, pour rendre tout d'abord d'autant
plus sensible la nécessité d'admettre une limite à la précision possible, quel que soit le nombre des mesures

ou des observations particulières que l'on combine.

Chose singulière ! il n'y a de grandeurs continues susceptibles d'être déterminées empiriquement avec une approximation indéfinie, que les chances d'apparition des phénomènes résultant du concours de causes constantes et de causes fortuites, quand ces chances ne sont pas de nature à varier avec le temps. Si, par exemple, dans un climat donné, la chance moyenne d'une naissance masculine ne devait pas varier avec le temps, et avec les changements survenus dans les habitudes sociales, on concevrait que cette chance pût être déterminée avec une précision indéfinie par l'accumulation indéfinie des épreuves : car, à la rigueur, on conçoit la possibilité d'un dénombrement parfaitement exact ; tandis qu'il répugne qu'une grandeur continue puisse être déterminée avec une précision indéfinie, par l'application d'une mesure, et par le secours de nos sens et de nos instruments.

139. Il faut bien distinguer entre les erreurs de mesure, proprement dites, et l'indétermination qui affecte nécessairement la *lecture* de la mesure. Ainsi, quand on observe un angle, indépendamment des erreurs de pointé, de centrage, etc., qui peuvent faire varier la mesure d'une quantité beaucoup plus grande que celle qui correspond à la plus petite division du limbe, il y a une indétermination qui s'attache à la lecture de chaque mesure, et qui provient de ce que l'observateur néglige, ou *estime* arbitrairement les fractions plus petites que la plus petite division perceptible. Comme il s'agit ici d'un point important pour la saine interprétation de tous les résultats des sciences expérimentales, et que ce point n'a pas obtenu l'attention qu'il mérite,

on nous pardonnera d'entrer à cet égard dans quelques
détails minutieux.

Pour chaque nature de grandeur il y a, d'après le mode
de mesure et d'observation adopté, une limite au-dessous de laquelle les fractions de l'unité deviennent in-
discernables. Si nous prenons pour image de la grandeur dont il s'agit une ligne droite, dont une extrémité
est fixe et l'autre mobile, on peut toujours concevoir
cette droite divisée, à compter de l'origine fixe, en parties
égales ω, assez petites pour que l'observateur n'y puisse
discerner de subdivisions. Lors donc que le point qui
limite la droite à son extrémité variable tombera plus
près de la n^e division que de toute autre, il arrivera de
deux choses l'une : ou l'observateur prendra pour la valeur de la grandeur mesurée la quantité $n\omega$, et il négli-
gera la différence, en plus ou en moins, plus petite que
$\frac{1}{2}\omega$, ou bien il voudra estimer cette différence, mais
ses sens lui feront défaut, et l'*estime* restera purement arbitraire et fortuite, sans qu'il y ait de raison
intrinsèque pour qu'une valeur soit assignée par lui à
cette différence plutôt qu'une autre ; de sorte que la
moyenne des différences ainsi estimées, dans un grand
nombre d'essais, sera $\frac{1}{4}\omega$ pour les différences positives,
et $-\frac{1}{4}\omega$ pour les différences négatives.

Cela posé, soit OX (*fig.* 19) la droite partagée à
compter du point O en divisions égales à ω : divisions
que nous agrandissons beaucoup pour la netteté de la
figure. OA représente la vraie valeur de la grandeur a ;
les erreurs de mesure, proprement dites, peuvent s'é-

tendre de part et d'autre du point A jusqu'en *m* et *n*.
S'il n'y avait point d'indétermination dans la *lecture*, la
moyenne d'un grand nombre de mesures serait la distance du point O au centre de gravité de la barre *mn*
[67], en supposant que fx, ou la probabilité de l'erreur
de mesure désignée par x, exprime la densité de la tranche dont la distance à la tranche A est égale à x. Cette
moyenne se confondrait avec la grandeur OA, dans
l'hypothèse où la densité varierait symétriquement de
part et d'autre du point A. Voici maintenant ce que la
moyenne deviendra en raison de l'indétermination de la
lecture.

Admettons que les traits 1, 2, 3, etc., partagent en
deux également les divisions consécutives de la barre
dans l'étendue *mn* : il faudra concevoir la masse de la
tranche comprise entre les traits 1 et 2, concentrée,
non en son centre de gravité, mais au point qui partage
en deux également l'intervalle des deux traits, et qui
répond à la division *a*; il faudra de même concevoir la
masse de la tranche comprise entre les traits 2 et 3,
concentrée au point milieu qui répond à la division *b*,
et ainsi de suite. La distance de l'origine O au centre
de gravité de ce système de points matériels représentera la moyenne d'un nombre infini d'observations, et
différera en général de la distance OA, ou de la grandeur *a* qu'il s'agit de mesurer.

Ce que nous appelons la *lecture* peut être remplacé
par un autre mode d'appréciation faite au moyen des sens
de l'homme, et affectée d'une indétermination analogue. Ainsi, la finesse du sens de l'ouïe donne aux personnes qui ont l'oreille musicale le moyen d'apprécier
avec une grande approximation des rapports toniques,

et par suite de mesurer la durée des mouvements vibra-
toires qui produisent le son ; mais pourtant cette faculté
a ses limites, et l'on arrivera à des fractions de ton si
petites, que l'oreille la mieux exercée ne pourra plus les
estimer, ou ne les estimera que d'une manière tout à
fait arbitraire.

Nous avons supposé plus haut que l'évaluation arbitraire des différences moindres que $\frac{1}{2}\omega$, répétée un
grand nombre de fois par le même observateur, de-
vait donner $\pm\frac{1}{4}\omega$ pour moyenne des différences positives ou négatives. S'il en était autrement, et qu'il y eût
pour le même observateur une tendance constante à
faire des *estimes* trop fortes ou trop faibles, dans
un sens ou dans l'autre, les moyennes seraient différentes, et changeraient irrégulièrement d'un observateur à l'autre. Il faudrait alors accumuler de nombreuses séries de mesures faites par divers observateurs,
ou dans des systèmes d'expérimentation différents, pour
arriver à une moyenne fixe, qui n'en serait pas moins
sujette à différer de la vraie valeur par des quantités de
l'ordre de celles sur lesquelles porte l'indétermination
de la lecture.

En général, quelle que soit l'opération, délicate
ou grossière, compliquée ou simple, qui conduit à
la mesure d'une grandeur continue, il faut concevoir
qu'indépendamment des causes d'erreur, fortuites ou
constantes, qui tiennent aux vices de la méthode, aux
défauts de construction des instruments, à l'influence
perturbatrice des milieux ambiants, aux distractions de
l'observateur, et à un trouble momentané ou perma-

nent de ses organes, il y a une indétermination inhérente à l'acte de la lecture, ou à ce qui en tient lieu; et
que, par suite de cette indétermination, on ne peut pas
dépasser un certain degré de précision, quel que soit
le nombre des mesures particulières que l'on fait concourir à la détermination de la moyenne.

140. On peut, si l'on veut, confondre avec les erreurs
provenant de l'indétermination de la lecture, les erreurs
provenant des défauts de construction des instruments,
dans les limites où la main de l'artiste constructeur cesse
absolument d'être guidée par ses sens [43], et n'obéit
plus qu'à l'action de causes aveugles et fortuites.

Tant qu'il ne s'agit que d'observer des différences entre des grandeurs, les instruments peuvent venir au secours des sens de l'homme, de manière à leur donner une
perfection dont nous ne saurions assigner la limite. Ainsi,
des instruments d'optique, doués d'un pouvoir grossissant
de plus en plus fort, permettront de classer par ordre
de grandeur des distances ou des volumes qui se confon-
daient à l'œil nu, ou à l'œil armé d'instruments d'un
pouvoir moindre. Des balances, des thermomètres d'une
sensibilité de plus en plus exquise constateront des inégalités de poids ou de température, insaisissables avec
des appareils moins délicats. Mais s'il s'agit de mesurer
ces différences, d'assigner leurs rapports avec l'une ou
l'autre des grandeurs que l'on compare, ou avec l'unité
de grandeur, les instruments très-sensibles, excellents
comme instruments *indicateurs*, ne seront plus d'aucun
secours, à cause des erreurs d'étalonnage et de division
qu'ils comportent. Concevons en effet que nous ayons
un thermomètre propre à indiquer des variations d'un
centième de degré dans la température, mais dont les

excursions ne peuvent s'étendre, en raison de sa sensibilité même, que dans une portion très-limitée de l'échelle thermométrique, par exemple de 40 à 45° environ. Outre que les divisions de ce thermomètre comporteront des irrégularités, on ne pourra, même en les supposant parfaitement régulières, s'en prévaloir pour la mesure d'une température absolue, qu'autant qu'on aura comparé l'échelle de ce thermomètre à celle d'un thermomètre ordinaire, fixé le point de la seconde auquel correspond le zéro de la première, et le rapport des divisions de la première aux divisions de la seconde. Or, la précision de toutes ces opérations, que nous comprenons sous la dénomination d'étalonnage, est subordonnée à la précision que comportent les mesures prises avec le thermomètre ordinaire, et non au degré de sensibilité qu'on est parvenu à donner au thermomètre auxiliaire.

S'il s'agit de mesurer une grande longueur en appliquant successivement l'unité de longueur à ses diverses parties, de jauger un grand volume par une succession de jaugeages partiels, et ainsi de suite, l'erreur qui affectera inévitablement l'étalonnage de l'instrument employé comme unité de mesure, affectera de la même manière toutes les mesures partielles. La compensation ne détruira point, dans le résultat final, l'effet de ces erreurs partielles : tellement que, si l'on a à mesurer de la sorte une longueur d'un kilomètre environ, et que l'erreur du mètre employé soit d'un dixième de millimètre, il y aura, de ce chef, une erreur d'un décimètre sur la mesure de la longueur totale.

Généralement la mesure des grandeurs dont l'unité est arbitraire, ou de celles dont le *zéro* doit être fixé par une expérience préalable, comporte une précision moindre que la mesure des autres grandeurs, à cause que les erreurs dans la mesure proprement dite se compliquent avec les erreurs dans l'étalonnage de l'instrument qui sert de mesure. Par cette raison, toutes circonstances égales d'ailleurs, la mesure d'une longueur comportera moins de précision que celle d'un angle; la mesure d'une densité comportera plus de précision que celle d'une température.

141. Dans l'état actuel des sciences physiques, il n'y a presque pas de mesure dont l'erreur ne se complique des erreurs qui affectent une foule d'autres éléments : soit que l'observateur accepte les expressions numériques de ces éléments, telles que d'autres les ont données avant lui, soit qu'il les détermine lui-même pour le besoin de son expérience. On conçoit que le degré de précision du résultat final dépend en général du degré de précision de l'élément le moins précis, et que le calcul proprement dit, à quelque degré de précision qu'on le pousse, ne peut donner à l'expression numérique finale plus de précision que n'en comportent les données numériques du calcul : de sorte qu'il serait illusoire de pousser, par exemple, jusqu'à la septième décimale une division ou une extraction de racine, quand les données ne comportent d'exactitude que jusqu'à la quatrième décimale.

On reconnaîtra que le degré de précision possible est atteint, lorsque de nouvelles séries de mesures de la grandeur a, en maintenant intacts dans l'expression numérique de a, les chiffres décimaux jusqu'à celui de l'ordre n inclusivement, imprimeront aux chiffres décimaux des ordres supérieurs des variations tout à fait irrégulières : le chiffre de l'ordre $n+1$ étant, par exemple, un 6 dans la première série d'épreuves, un 2 dans la seconde, un 9 dans la troisième, et ainsi de suite; de manière que la moyenne des valeurs numériques des chiffres de cet ordre devînt sensiblement égale à $\frac{9}{2}$ par l'accumulation d'un grand nombre de séries. Alors il sera illusoire de conserver dans l'expression de a les chiffres décimaux de l'ordre $n+1$ et des ordres supérieurs. Au contraire, les chiffres de l'ordre n et des ordres inférieurs devront être réputés affranchis de toute erreur provenant de l'indétermination de la lecture ou de causes analogues : ils seront *certains*, s'il n'y a pas, dans toutes les observations, une cause constante d'erreur de la nature de celles qu'une théorie exacte rendrait impossibles, et affectant par sa grandeur les chiffres décimaux des ordres dont il s'agit.

Si le chiffre de l'ordre $n+1$ variait par de nouvelles observations, mais de manière que quelques-unes des valeurs 0, 1, 2, ... 9 se reproduisissent plus fréquemment que d'autres, où que leur moyenne parût différer sensiblement de $\frac{9}{2}$, le chiffre de l'ordre $n+1$ serait encore incertain, mais il faudrait le conserver; et l'on garderait l'espoir d'arriver à le déterminer exactement, en multipliant suffisamment les mesures.

Des progrès survenus dans les procédés de mesure et d'expérimentation reculeront les limites de la précision possible. Le chiffre de l'ordre $n+1$, qui ne pouvait pas être déterminé par les anciens procédés, pourra l'être par les procédés nouveaux; mais les valeurs assignées à ce chiffre d'une manière purement fortuite, par les anciens procédés, ne pourront utilement concourir avec celles qui auront été trouvées par les procédés nouveaux, pour en déterminer la valeur exacte.

142. Lorsque la grandeur *a* se compose de deux parties, l'une qui se compte, l'autre qui se mesure, la recherche du degré de précision ne peut porter que sur la partie qui se mesure. Ainsi, l'année tropique moyenne se compose de 365 jours solaires moyens, et d'une fraction de jour moyen : il ne peut évidemment y avoir d'incertitude sur le nombre de jours solaires qui se comptent ; et l'opération, qui consiste à évaluer une grandeur continue, celle qui ne comporte essentiellement qu'une précision limitée, est la mesure de la fraction de jour jointe au nombre entier 365.

Il est bien entendu que, si les parties qui se comptent n'étaient pas rigoureusement égales entre elles, ou réputées telles, la recherche du degré de précision porterait, comme à l'ordinaire, sur la totalité de la grandeur *a*.

143. Les chiffres que nous appelons décimaux pourraient désigner des unités entières, ou des multiples décimaux de l'unité : il suffirait pour cela d'un déplacement de la virgule, ou d'un changement dans l'unité à laquelle on compare la grandeur *a*. Si *a* est une longueur, l'unité pourra être le millimètre, ou le mètre, ou le kilomètre. Le choix ne restera pourtant pas absolument arbitraire, précisément parce qu'il serait absurde d'évaluer en millimètres une distance géodésique, qui ne peut être déterminée qu'à quelques mètres près, ou en mètres une distance astronomique sur la détermination de laquelle restera toujours une incertitude de plusieurs kilomètres. Le rayon même de l'orbe terrestre

deviendrait une unité trop petite, s'il était question
d'exprimer en nombres les distances du soleil aux étoiles
les plus proches. Dans tous les cas, la limite imposée
au degré de précision resserre entre des limites correspondantes le choix de l'unité à laquelle on doit comparer la grandeur a; et le nombre des chiffres susceptibles
d'une détermination exacte dans l'expression de a, à
partir du premier chiffre significatif sur la gauche, indique (ou, si l'on veut, mesure) le degré de précision dont
est susceptible la mesure de la grandeur a. Cet indice
de précision varie d'une époque à l'autre, et, à la même
époque, il varie d'une branche à l'autre de la philosophie
naturelle (¹). Il n'est évidemment pas le même en astronomie et en chimie, dans les recherches d'optique et
dans celles qui ont pour objet l'acoustique ou l'électri-
cité. Nous n'entendons pas pousser plus loin cette discussion délicate, et nous n'ajouterons plus que quelques exemples propres à mieux fixer l'esprit du lecteur.

144. *Premier exemple.* Si l'on ramène à la station
de Paris, d'après les règles que donne une théorie
exacte, un grand nombre d'observations du pendule
faites dans des lieux différents, et si l'on tient compte
de toutes les corrections que les observations doivent
subir, afin d'être exactement comparables, on obtient,
pour la longueur du pendule simple, battant les secon-
des à Paris, les résultats que voici :

(¹) La recherche de l'indice de précision dans les mesures est
un sujet qui a particulièrement occupé mon ami et ancien cama-
rade à l'École normale, M. Saigey, de qui je tiens ce qu'il y a de
plus essentiel dans les remarques qui précèdent, et les deux premiers exemples rapportés dans le numéro suivant.

NOMS DES OBSERVATEURS.	LONGUEURS du PENDULE.
	mm
Picard...........................	994,0
Richer et Huygens..................	994,2
Godin............................	993,93
Bouguer..........................	994,18
Mairan...........................	994,032
Whiterurst........................	993,877
Borda............................	993,896
MM. Biot et Mathieu...............	993,915
Le capitaine Kater.................	993,998
M. Bessel.........................	993,781
Moyenne...	993,981

La première mesure, donnée par Picard au XVIIe siècle, diffère à peine du résultat de la moyenne des expériences dues à des observateurs si habiles, et qui n'ont négligé, pour la détermination d'un élément de cette importance, aucun des perfectionnements dont les progrès des sciences physiques et du calcul pouvaient suggérer l'idée. Nous en conclurons qu'on ne saurait répondre des centièmes de millimètre dans la mesure du pendule simple, ni obtenir cette mesure avec plus de quatre chiffres exacts.

Deuxième exemple. Dans son mémoire sur la détermination de la densité moyenne de la terre, publié en 1798,
Cavendish rapporte les résultats de 29 expériences qui lui
ont donné pour cette densité moyenne, celle de l'eau
étant prise pour unité, les valeurs suivantes :

5,5o	5,55	5,57	5,34	5,42	5,3o
5,61	5,36	5,53	5,79	5,47	5,75
5,88	5,29	5,62	5,10	5,63	5,68
5,07	5,58	5,29	5,27	5,34	5,85
5,26	5,65	5,44	5,39	5,46	

La moyenne est 5,48 ; la somme des carrés des écarts
est 1,1967 ; le poids du résultat est 18,745 ; il y a un
contre un à parier que l'écart entre la moyenne 5,48 et
la moyenne absolue tombe entre les limites ± 0,026 ;
l'existence d'un écart sextuple [34] doit être considérée
comme extrêmement improbable.

En 1837, M. Reich a refait à Freyberg les expériences
de Cavendish, ce qui lui a donné, pour 14 groupes d'observations, les moyennes suivantes :

5 obs.	5,6o33	3 obs.	5,3856	4 obs.	5,5573
3	5,54o4	4	5,3668	6	5,1731
4	5,7026	2	5,4563	3	5,4o54
4	5,3341	6	5,46o6	4	5,4671
5	5,5o46	4	5,36o9		

et pour la moyenne générale des 57 observations, 5,44.
Ce résultat cadre bien avec celui de Cavendish; la différence est de l'ordre de celles qui s'expliquent aisément
par des anomalies fortuites; mais le troisième chiffre
au moins doit être considéré comme incertain.

En même temps, d'après les encouragements de la Société royale de Londres, M. Baily faisait des expériences
bien plus nombreuses, en variant les modes de suspension
de l'aiguille oscillante, en employant des boules de diverses
matières et de différents diamètres. Le résumé de 2004 expériences est donné par le tableau suivant, où les matières employées sont rangées suivant l'ordre des densités :

MATIÈRES des BOULES.	DIAMÈTRE EN POUCES ANGLAIS.	1er MODE DE SUSPENSION.		2e MODE DE SUSPENSION.		3e MODE DE SUSPENSION.	
		Nombre des expériences.	Moyenne.	Nombre des expériences.	Moyenne.	Nombre des expériences.	Moyenne.
Platine ...	1,5	89	5,66	«	«	86	5,56
Plomb....	2,5	148	5,60	130	5,62	57	5,58
Id	2,0	218	5,65	145	5,66	162	5,59
Laiton....	2,5	46	5,72	«	«	92	5,60
Zinc......	2,0	162	5,73	20	5,68	40	5,61
Verre	2,0	158	5,78	170	5,71	«	«
Ivoire....	2,0	99	5,82	162	5,70	20	5,79

La moyenne générale est 5,67; mais la divergence
des résultats obtenus avec des matières de densités diverses, et des modes de suspension différents, met hors

de doute l'existence de causes (constantes d'erreur, propres aux observations de M. Baily; et l'on est seulement autorisé à conclure de ce qui précède, que la valeur de la densité moyenne de la terre, telle qu'elle résulterait d'expériences en très-grand nombre, analogues à celles de Cavendish, différerait peu de 5,5; ce qui ne prouve pas encore que la vraie valeur de cette densité moyenne s'éloigne effectivement très-peu de 5,5 ; car'il se peut que le procédé ingénieux, imaginé par Cavendish, emporte avec lui une cause constante d'erreur qui affecterait toutes les expériences analogues; et l'on sait que Maskelyne, par des observations très-précises de la déviation du fil à plomb, faites en 1774, au pied du mont Shehallien, en Écosse, a trouvé 4,5 pour cette même densité moyenne.

Troisième exemple. Considérons enfin la série d'expériences, faites récemment par M. Dumas, dans la vue de déterminer, avec un nouveau degré de précision, la composition de l'eau, et de vérifier la loi théorique du docteur Prout, d'après laquelle tous les *équivalents chimiques* [136, *note*] seraient des multiples exacts de l'*équivalent chimique* de l'hydrogène. Ainsi, le poids d'hydrogène qui entre dans la composition d'un poids donné d'eau, étant représenté par 1, le poids d'oxygène uni à l'hydrogène doit être, suivant Prout, représenté par le nombre entier 8 ; ou bien, le poids d'oxygène étant représenté par 100, le poids correspondant d'hydrogène (l'équivalent chimique de l'hydrogène) sera représenté par 12,5. Or, une série de 19 expériences, faites par M. Dumas, lui a donné, toutes corrections effectuées, des nombres que nous rangerons par ordre de grandeur de la manière suivante :

S. 12,472	P. 12,508	S. 12,546
S. 12,480	S. 12,522	P. 12,547
P. 12,480	S. 12,533	S. 12,550
P. 12,489		P. 12,550
S. 12,490		S. 12.551
P. 12,490		P. 12,551
P. 12,490		P. 12,562
S. 12,491		
S. 12,496		

Les lettres S et P désignent respectivement les expériences dans lesquelles on a employé l'acide sulfuri-
que et l'acide phosphorique comme corps desséchants.

La moyenne est 12,515; la somme des carrés des
écarts est 0,0173; le poids du résultat est 102,145. Si
l'on substitue cette dernière valeur pour $\gamma\sqrt{m}$ dans l'é-
quation

$$t = l_\gamma \sqrt{m},$$

et qu'on y fasse $l=0,015$, on en tirera $t=1,532$, et la
valeur correspondante de P sera 0,969. Ainsi, en admettant qu'on puisse appliquer dans ce cas la formule
d'approximation (ce que ferait voir une discussion plus
détaillée), et en supposant que les nombres rapportés
plus haut soient affranchis de l'influence de toute
cause constante d'erreur, il y aurait plus de 32 à parier
contre 1, que l'erreur qui affecte la moyenne 12,515
tombe au-dessous de 0,015, en plus ou en moins. Réciproquement, si l'on admet, par des vues *à priori*, et

pour satisfaire à la loi de Prout, la valeur 12,500, il y
a 32 à parier contre 1, que les nombres de M. Dumas,
quelques soins que cet habile chimiste ait apportés dans
ses recherches, sont encore affectés d'une cause constante d'erreur, tendant à donner des valeurs trop fortes.

Cependant, d'après le tableau ci-dessus, 9 expériences sur 19 donnent des nombres qui tombent au-dessous de 12,500, et qui ont pour moyenne 12,486,
c'est-à-dire à très-peu près le nombre 12,480, qui résultait des anciennes expériences de Berzelius et de
Dulong, et qu'admettaient, avant les dernières expériences de M. Dumas, tous ceux qui ne partageaient pas les
idées théoriques de Prout et de l'école des chimistes
anglais. En d'autres termes, la loi de probabilité des
erreurs, telle qu'elle semblerait résulter du tableau
ci-dessus, tendrait à grouper les erreurs dans le voisinage des valeurs extrêmes, ce qui répugne à l'idée que
nous nous faisons de la loi de probabilité d'une erreur
proprement dite, de celle qui ne provient pas d'une
limite imposée par la nature des choses à la précision
possible. Nous en conclurons simplement qu'on ne peut
répondre du 4ᵉ chiffre dans l'analyse ou plutôt dans la
synthèse de l'eau, avec les procédés actuels d'expérimentation.

Les 10 expériences notées S donnent pour moyenne
12,520; la moyenne des 9 autres expériences notées
P est 12,511. D'après les formules du nᵒ 128, on serait autorisé à regarder cet écart comme purement fortuit, et comme n'accusant aucune variation dans le système des causes constantes, pour l'une et pour l'autre
série d'expériences.

CHAPITRE XII.

APPLICATION A DES QUESTIONS DE PHILOSOPHIE NATURELLE.

—

145. Pendant longtemps on n'a guère appliqué le calcul des chances qu'à des problèmes sur les jeux, problèmes purement spéculatifs ou d'un futile intérêt pratique, et à des faits de statistique sociale dont les causes se dérobent par leur complication à toute investigation mathématique, et pour lesquels nous n'avons d'autres données que celles de l'expérience. On s'est peu occupé de l'adapter à des questions de philosophie naturelle, questions pour ainsi dire de nature mixte, où l'on aurait pu espérer de confronter les données de l'observation avec des relations fournies par la théorie. S'il est une branche de la philosophie naturelle à laquelle ce genre de recherches puisse s'approprier avec chance de succès, c'est assurément l'astronomie. Cette science éminente entre toutes les autres, à cause de la simplicité et de la grandeur des phénomènes dont elle s'occupe, doit, par cela même, offrir les exemples les plus remarquables du prompt dégagement des causes régulières, à travers les anomalies du hasard; l'immensité des distances qui séparent les corps célestes et la petitesse relative de leurs dimensions, en maintenant la simplicité

de leurs mouvements et en y introduisant cette régularité géométrique que nous admirons, ont dû rendre plus indépendantes les unes des autres, plus libres de se disposer suivant les lois mathématiques des combinaisons, les causes qui ont influé sur les circonstances initiales de ces mouvements. En un mot, de même que l'astronomie observatrice est le modèle des sciences d'observation; l'astronomie théorique, le modèle des théories scientifiques; ainsi la statistique des astres (s'il est permis de recourir à cette association de mots) doit servir un jour de modèle à toutes les autres statistiques.

L'hypothèse d'un globe que l'on projette au hasard, et qui peut avoir ou ne pas avoir des irrégularités de structure, hypothèse à laquelle nous avons eu plusieurs fois recours comme à un exemple des plus simples [71 et 81], n'est au fond qu'une manière de se représenter, par une image sensible, une question qui doit se reproduire fréquemment en astronomie : celle qui consiste à savoir si une série de points disséminés sur la sphère, l'ont été sous l'influence de causes régulières ou irrégulières. Ces points peuvent avoir une existence réelle, comme lorsqu'il s'agit de la répartition des étoiles fixes des divers ordres de grandeur, des étoiles doubles, des nébuleuses, etc. Ils peuvent aussi n'avoir qu'une existence géométrique; et c'est ce qui arrive, si l'on considère les intersections de la sphère céleste avec une série de lignes droites, ou de rayons vecteurs qui partent d'un point commun, centre de la sphère; ou bien encore si l'on considère les *pôles* d'une série de plans qui passent tous par le centre de la sphère, c'est-à-dire les points où les perpendiculaires élevées du centre sur ces plans rencontrent la surface sphérique. Il est évident qu'à chaque direction d'un plan dans l'espace correspond une situation particulière du point polaire, et que, si les plans sont uniformément distribués dans toutes les directions, les points polaires devront être répartis uniformément sur la surface sphérique.

Les trois grandeurs angulaires qui entrent comme éléments dans la détermination des orbites des planètes et des comètes, d'après l'usage des astronomes, sont l'inclinaison du plan de l'orbite sur l'écliptique, la longitude du nœud ascendant et la longitude du périhélie (¹). L'inclinaison de l'orbite sur l'écliptique n'est autre chose que la distance angulaire du pôle de cette orbite au pôle de l'écliptique, et la longitude du nœud ascendant diffère précisément de 90° de la longitude du pôle d'orbite. Tant qu'on n'a point égard au *sens* du mouvement de l'astre, on peut prendre pour pôle d'orbite l'un quelconque des deux points opposés où la droite perpendiculaire au plan de l'orbite rencontre la sphère : dans le cas contraire, il faut fixer le choix entre les deux points par une convention analogue à celles dont les géomètres se servent en mécanique, et qui jettent sur l'exposition des théorèmes une grande clarté. Ainsi l'on pourra convenir de prendre le pôle au nord de l'écliptique si le mouvement de l'astre est *direct*, ou d'occident en orient, et au sud si l'astre a un mouvement *rétrograde*.

(¹) La longitude du nœud ascendant est l'angle de deux droites menées du centre du soleil, l'une à l'équinoxe du printemps, l'autre au nœud ascendant. Il faut se rappeler que les astronomes entendent par longitude du périhélie, la longitude du nœud ascendant, augmentée de la distance angulaire du périhélie au nœud, cette distance étant mesurée dans le plan de l'orbite.

146. Le système solaire, tel qu'il nous est connu, comprend onze planètes primaires, pour lesquelles voici les valeurs des trois éléments désignés plus haut :

NOMS des PLANÈTES.	INCLINAISON à L'ÉCLIPTIQUE.	LONGITUDE du NOEUD ASCENDANT.	LONGITUDE du PÉRIHÉLIE.
Mercure.....	7° 0′ 9″,1	45° 57′ 30″,9	74° 21′ 46″,9
Vénus......	3 23 28,5	74 54 12,9	128 43 53,1
La Terre....	....	....	99 30 5,0
Mars.......	1 51 6,2	48 0 3,5	332 23 56,6
Vesta.......	7 8 9,0	103 13 18,2	249 33 24,4
Junon......	13 4 9,7	171 7 40,4	53 33 46,0
Cérès.......	10 37 26,2	80 41 24,0	147 7 31,5
Pallas......	34 34 55,0	172 39 26,8	121 7 4,3
Jupiter......	1 18 51,3	98 26 18,9	11 8 34,6
Saturne.....	2 29 35,7	111 56 37,4	89 9 29,8
Uranus.....	0 46 28,4	72 59 31,3	167 31 16,1

Ces valeurs, qui changent lentement avec le temps, se rapportent au 1er janvier 1820, pour les quatre planètes télescopiques, Vesta, Junon, Cérès et Pallas, et au 1er janvier 1801 pour les sept autres planètes.

Toutes les planètes ont un mouvement direct, et, si l'on en excepte Pallas qui semble former, avec les trois autres planètes télescopiques, un groupe bien tranché, les inclinaisons de leurs orbites sur le plan de l'écliptique

sont très-petites. La théorie démontre que ces inclinaisons, en variant avec le temps par suite de l'attraction
mutuelle des planètes, resteront constamment très-petites ; mais la théorie ne fait connaître, ni pourquoi les
mouvements de toutes les planètes sont directs, ni pourquoi les inclinaisons mutuelles de leurs plans d'orbites
ont eu originairement de très-petites valeurs. Ce sont là
des faits très-remarquables de la constitution du système
solaire, et il est naturel de demander au calcul des chances
s'ils peuvent être attribués à des causes fortuites, ou à
des causes qui auraient agi avec une parfaite indépendance sur chaque planète isolée.

147. Examinons d'abord cette circonstance que les
mouvements de translation de toutes les planètes sont
directs. Si l'on appelle p la chance d'un mouvement direct, pour chaque planète, la probabilité *à posteriori*
que cette chance surpasse $\frac{1}{2}$, devient, d'après des calculs fondés sur la règle de Bayes [88 et 92],

$$\frac{2^{12} - 1}{2^{12}} = \frac{4095}{4096};$$

ou, en d'autres termes, il y a 4095 à parier contre 1
qu'une cause quelconque a rendu les mouvements directs
plus aptes à se produire que les mouvements rétrogrades.
Si l'on ne veut attribuer à la chance p que deux valeurs possibles, l'unité et $\frac{1}{2}$; c'est-à-dire si l'on n'admet
que deux hypothèses, l'une dans laquelle le mouvement
serait nécessairement direct, l'autre dans laquelle il serait indifféremment direct ou rétrograde, la probabilité
relative de la première hypothèse deviendra, toujours
d'après la règle citée,

$$\frac{2^{11}}{2^{11}+1} = \frac{2048}{2049}.$$

Mais, pour reconnaître la fragilité de la base de ces calculs, il suffit de jeter les yeux sur le tableau qui précède. Nous y verrons que, pour toutes les planètes autres que la Terre, la longitude du nœud ascendant est comprise entre 0 et 180°; en sorte que la règle de Bayes donnerait la probabilité

$$\frac{2^{11}-1}{2^{11}} = \frac{2047}{2048},$$

ou 2047 à parier contre 1 que des causes non indépendantes, d'une planète à l'autre, ont favorisé la concentration des nœuds ascendants des planètes dans la moitié de l'écliptique où les longitudes sont moindres de 180°; et cependant cette concentration est bien certainement un pur effet du hasard. Il suffira de très-petits déplacements des plans d'orbites, de l'ordre de ceux qu'amènent les perturbations planétaires, pour faire disparaître un jour cette accumulation fortuite.

Lors même que le nombre des planètes pour lesquelles cette accumulation s'observe actuellement serait beaucoup plus considérable, auquel cas la règle de Bayes conduirait à une probabilité énorme, il n'y aurait aucune conséquence valable à en tirer, ainsi que cela ressort très-clairement de la construction qui nous sert à représenter les données géométriques de la question.

Supposons en effet qu'après avoir projeté onze fois un globe au hasard, et déterminé ainsi onze points de contact du globe avec le sol, ces onze points se trouvent accumulés sur une certaine région de la sphère, de manière que leurs distances mutuelles ne soient que d'un

petit nombre de degrés : nous en conclurons avec une
très-grande probabilité que cette accumulation n'est
point fortuite, et qu'elle tient au contraire à la structure de la sphère ou au mode de projection. Mais si,
par un de ces points, on fait passer au hasard un arc
de grand cercle, et que les dix autres points se trouvent du même côté de l'arc, cette circonstance ne présentera rien de singulier, rien qui ne s'explique très-ai-
sément par le jeu des causes fortuites. Car enfin il suffit
pour cela : 1° que le point en question soit un des angles a (*fig.* 20) du polygone sphérique convexe abc...,
tracé de manière à comprendre sur son périmètre
ou dans son intérieur les onze points donnés par
les jets consécutifs ; 2° que l'arc de grand cercle mn,
mené au hasard par le point a, ne tombe pas dans l'intérieur de l'angle du polygone dont le sommet est en a.
Dans la question astronomique qui nous occupe, le
point a représente le pôle de l'écliptique ou de l'orbite
de la terre ; les points b, c, ... sont les pôles d'orbites
des autres planètes ; l'arc mn est l'arc de grand cercle
mené par le pôle a, dans un plan perpendiculaire à
l'écliptique et à la ligne des équinoxes. Il n'y a rien
d'extraordinaire à ce que la terre soit une des planètes
dont les pôles d'orbites forment les sommets du polygone sphérique convexe qui comprend les autres pôles ;
et il n'est pas plus singulier que la ligne des équinoxes
se trouve actuellement dirigée de manière à faire tomber l'arc mn en dehors de l'angle a. Lors même que le
nombre des planètes serait beaucoup plus grand, que
les pôles d'orbites et la ligne des équinoxes ne seraient
pas sujets à se déplacer avec le temps, le fait dont il
s'agit, ramené à son véritable sens par la discussion

qui précède, ne motiverait nullement l'intervention
d'une cause spéciale, et tous les calculs de probabilités,
sur lesquels on fonderait l'existence d'une telle cause,
seraient illusoires.

Au contraire, nous ne connaîtrions que cinq ou six
planètes, que le fait de l'accumulation de leurs pôles
d'orbites dans un polygone sphérique d'une très-petite
surface, ne pourrait être raisonnablement imputé au
hasard.

Sans doute, si l'on suppose que les chances des mouvements directs et rétrogrades sont égales, que les
chances d'une valeur plus grande ou plus petite que
180° pour la longitude du nœud ascendant sont pareillement égales, il y aura *à priori* la même probabilité de
ne pas tomber onze fois de suite sur un mouvement
direct, et de ne pas tomber onze fois de suite sur une
longitude plus petite que 180°; mais il ne suit pas de
là que ces deux événements, étant donnés, conduisent
à une même probabilité *à posteriori* de l'inégalité des
chances entre les deux événements simples, opposés l'un
à l'autre. Du moins cette probabilité *à posteriori* n'aurait qu'une valeur subjective, pour celui qui serait forcé
de placer les deux événements sur la même ligne, à
cause de l'ignorance complète où il serait des autres caractères qui les distinguent. Une telle probabilité ne peut
conduire à aucune conséquence valable objectivement.

148. La somme des inclinaisons des orbites planétaires sur l'écliptique, ou la somme des distances du
pôle de l'écliptique aux pôles des autres orbites, est
égale, d'après le tableau du n° 146, à 82° 14′ 19″, 1.
Si toutes les valeurs des distances polaires, comprises
entre 0 et 180°, étaient également probables, la proba-.

bilité que cette somme resterait au-dessous de 90° aurait
pour valeur [69, *note*] la fraction excessivement petite

$$\frac{1}{1.2.3.4.5.6.7.8.9.10.2^{10}} = \frac{1}{3\ 715\ 891\ 200}.$$

Mais, dans l'hypothèse où des causes purement fortuites
détermineraient les directions des plans d'orbites, la
probabilité de la valeur de chaque distance polaire croîtrait proportionnellement au sinus de cette valeur; les
valeurs voisines de 0 ou de 180° seraient beaucoup
moins probables que les valeurs voisines de 90°; de
sorte que la probabilité d'une somme moindre que 90°,
ou d'une moyenne plus petite que 9°, se trouverait considérablement plus petite que la fraction précédente. La
détermination exacte de cette probabilité exigerait un
calcul laborieux et inutile. Le calcul fait dans l'hypothèse inexacte et bien moins favorable de l'égale probabilité de toutes les valeurs, suffit pour montrer que
l'accumulation des pôles d'orbites autour du pôle de
l'écliptique ne saurait être regardée comme fortuite.

Au lieu de rapporter au plan de l'écliptique les plans
d'orbites des autres planètes, il est naturel de rapporter
le plan de l'écliptique, comme celui des autres orbites
planétaires, au plan de l'équateur solaire : et alors, si
l'on considère que les mouvements de rotation du soleil
et des planètes, les mouvements de translation et de rotation des satellites, sont tous directs, et s'accomplissent
pour la plupart dans des plans peu inclinés à l'équateur
solaire, on ne doutera pas que le système planétaire n'ait
subi l'influence d'une cause initiale qui tendait à rapprocher les plans d'orbites du plan de l'équateur solaire,
et à imprimer à tous ces corps des mouvements de translation et de rotation, dirigés dans le même sens que

la rotation de la grande masse dominatrice du système.

149. Il est naturel de rechercher si la même cause, ou une cause analogue, a agi sur les comètes, ou si au contraire ces astres qui diffèrent des planètes à tant d'é-gards, dont les volumes sont énormes et les masses inap-préciables, qui se meuvent dans des hyperboles ou dans des ellipses excessivement excentriques, dont les uns sont animés d'un mouvement direct et les autres d'un mouvement rétrograde, ont d'ailleurs leurs plans d'or-bites indifféremment dirigés vers toutes les régions de l'espace. Or, si l'on calcule les moyennes des inclinaisons des orbites cométaires sur l'écliptique, on trouve pour cette moyenne une valeur d'environ 50°, supérieure par conséquent au demi-angle droit; et de là, par une mé-prise bien singulière, Laplace a conclu que *les comètes, loin de participer à la tendance des corps du système planétaire, pour se mouvoir dans des plans peu incli-nés à l'écliptique, paraissent avoir une tendance con-traire* ([1]). Pour se convaincre, par une voie tout empi-rique, du vice de cette conclusion, il suffit de calculer

---

([1]) *Théorie analytique des probabilités*, p. 259 de la troisième édition. Il n'y a que le respect de M. Poisson pour la mémoire de Laplace qui ait pu l'empêcher de reconnaître l'erreur palpable dans laquelle ce grand géomètre était tombé. Il ne s'agit pas, comme M. Poisson paraît le supposer (*Recherches sur la probabilité des jugements*, p. 305), de savoir si toutes les inclinaisons à l'écliptique sont également probables, mais bien, comme l'indi-quent les paroles mêmes de Laplace, de savoir si les plans d'or-bites sont indifféremment dirigés vers toutes les régions de l'espace, ou s'ils sont affectés au contraire d'une tendance à se rapprocher du plan de l'écliptique.

les inclinaisons des orbites des comètes sur un ou deux plans perpendiculaires à l'écliptique : comme on trouve alors que les moyennes surpassent 60°, il devient sensible que les plans d'orbites n'ont pas des relations uniformes avec toutes les régions de l'espace, et qu'ils paraissent au contraire affectés d'une tendance marquée à se rapprocher du plan de l'écliptique. La chose est d'ailleurs rendue évidente théoriquement par la considération des pôles d'orbites : si les plans d'orbites étaient indifféremment dirigés vers toutes les régions de l'espace, les pôles seraient uniformément distribués sur toutes les régions de la sphère céleste; et alors la moyenne des distances de ces pôles au pôle de l'écliptique, ou la moyenne des inclinaisons des plans correspondants sur l'écliptique, convergerait [71] vers 57° 17′ 45″, 6, c'est-à-dire vers une valeur notablement supérieure à 50°.

150. Pour faire ressortir les lois auxquelles la distribution des orbites cométaires dans l'espace peut être assujettie, et pour appliquer le calcul des chances aux particularités que cette distribution présente, le système de coordonnées dont les astronomes font usage [145], serait peu convenable. D'une part, nous avons remarqué [71], que la moyenne d'une série de longitudes converge moins rapidement vers un terme fixe, est moins promptement affranchie des anomalies du hasard, que la moyenne de la série de latitudes ou de distances polaires correspondantes. D'autre part, nous savons que le meilleur moyen de mettre en évidence les lois par lesquelles des combinaisons sont régies, consiste à combiner des éléments symétriques; et l'emploi d'un système de longitudes et de latitudes, ou de longitudes et de distances polaires, ne satisfait pas à cette condition

de symétrie. En conséquence nous avons employé ([1])
les distances des pôles d'orbites à trois points symétriquement placés sur la sphère céleste héliocentrique,
savoir : le pôle boréal de l'écliptique, l'équinoxe du printemps ou le premier point d'*Aries*, et le solstice d'été
ou le premier point du *Cancer*. Ces distances, que nous
désignerons respectivement par les lettres θ, θ', θ'', mesurent les angles qu'une droite perpendiculaire au plan
de l'orbite forme avec trois droites rectangulaires, menées du centre de la sphère aux trois points fixes indiqués,
et elles mesurent en outre les inclinaisons du plan de
l'orbite, tant sur l'écliptique que sur deux autres plans
perpendiculaires entre eux, et perpendiculaires tous
deux à l'écliptique. Tant qu'on n'a pas égard au sens
du mouvement de la comète, on peut prendre pour pôle
d'orbite l'un quelconque des deux points où la droite
perpendiculaire au plan de l'orbite rencontre la sphère,
et compter les angles θ, θ', θ'' de o à 90°, sans leur attribuer de signes. Dans le cas contraire[145], le pôle sera
censé appartenir à l'hémisphère boréal ou à l'hémisphère
austral, selon que la comète aura un mouvement direct ou rétrograde; nous continuerons de compter les
angles θ, θ', θ'' de o à 90°, mais en les distinguant par
leurs signes : de manière à regarder comme positifs les
angles que les droites, menées du centre de la sphère aux
pôles d'orbites, font avec les rayons vecteurs du pôle boréal de l'écliptique et des premiers points d'*Aries* et du
Cancer, et comme négatifs les angles que ces droites

([1]) Voyez l'*Addition* à notre traduction du *Traité d'Astronomie*
de sir John Herschel, traduction dont la première édition a paru
en 1834.

font avec les prolongements des mêmes rayons vecteurs vers les régions opposées de la sphère céleste.

Enfin, nous appellerons t, t', t'', les angles qui sont, pour les périhélies, les analogues des angles θ, θ', θ'' pour les pôles d'orbites, et nous leur appliquerons le même système de notation (¹).

Nous avons pris pour base de nos calculs le catalogue de comètes d'Olbers, publié en 1823 dans les *Astronomische Abhandlungen* de M. Schumacher, et suivi d'un supplément qui s'étend jusqu'à 1825 ; nous l'avons complété au moyen du catalogue de M. Santini (²), qui va jusqu'au n° 137, en y ajoutant deux comètes observées en 1830 et 1832, ce qui ferait en tout 139 orbites. Mais, d'autre part, nous avons cru devoir écarter, comme étant par trop incertaines, les observations chinoises, arabes ou européennes, antérieures au XVIᵉ siècle : ce qui réduit à 125 le nombre des orbites dont nous tenons compte. Les seules comètes dont le retour périodique est constaté, ont été conservées sur le catalogue à la date de leur première apparition observée, et avec les éléments que le calcul des observations sous cette date leur attribue, savoir: celle de Halley en 1607,

---

(¹) Appelons λ la longitude du nœud ascendant, l la longitude du périhélie, dans le sens indiqué [145, *note*], ω la projection sur l'écliptique de l'angle $l - \lambda$; de sorte que $\lambda + \omega$ soit l'angle de deux cercles de longitude, menés, l'un par le périhélie de la comète, l'autre par l'équinoxe du printemps : on aura

$$\cos \theta' = \sin \theta \sin \lambda, \qquad \cos \theta'' = -\sin \theta \cos \lambda,$$
$$\tang \omega = \cos \theta \tang (l - \lambda), \qquad \cos t = \sin \theta \sin (l - \lambda),$$
$$\cos t' = \sin t \cos (\lambda + \omega), \qquad \cos t'' = \sin t \sin (\lambda + \omega).$$

(²) *Elementi di Astronomia*, t. I, p. 296. Padoue, 1830.

celle d'Encke en 1786, et celle de Biela en 1772. Cette manière d'employer les éléments des comètes périodiques nous a semblé la plus exempte d'arbitraire.

151. Concevons qu'au moyen du catalogue dont il vient d'être parlé, on ait calculé pour chaque comète les angles que nous avons désignés par θ, θ', θ''; t, t', t''; qu'on les range en tableau dans l'ordre chronologique des apparitions, et qu'on prenne les moyennes, d'abord pour les 10 premières orbites, puis pour les 20 premières, et ainsi de suite, de dizaine en dizaine, jusqu'à ce qu'on ait complété le nombre de 125 auquel nous nous arrêtons, le tout abstraction faite des signes qui affectent en particulier chaque valeur angulaire, on obtiendra le tableau qui suit :

ORBITES.	θ	θ'	θ''	t	t'	t''
10	49° 06'	70° 17'	53° 29'	64° 06'	50° 44'	57° 12'
20	49 41	60 45	63 13	58 17	57 05	56 18
30	48 23	61 34	63 47	59 17	61 39	51 45
40	48 27	63 13	61 39	61 03	60 17	51 08
50	48 34	63 34	61 00	60 38	60 56	50 33
60	46 32	65 20	61 30	60 30	60 05	51 39
70	48 09	63 22	61 34	60 14	61 37	50 42
80	48 00	63 47	61 25	60 26	60 39	51 30
90	48 18	63 13	61 24	60 13	59 38	52 36
100	48 36	62 30	61 38	60 38	60 28	51 18
110	49 08	61 19	62 35	60 53	60 29	51 04
120	49 48	60 55	62 14	60 39	60 45	51 04
125	49 44	61 14	61 53	60 55	60 24	51 08

A l'inspection de ce tableau on est d'abord frappé du peu d'étendue des limites entre lesquelles oscillent les moyennes consécutives, à partir des moyennes pour les 30 premières orbites : de sorte qu'au commencement du xviiiᵉ siècle, et lorsqu'il n'y avait encore que 30 comètes dont les éléments fussent connus avec quelque exactitude, ces 30 comètes eussent donné sensiblement les mêmes valeurs qui se sont soutenues jusqu'à l'époque actuelle. Il est impossible, d'après ce tableau, de méconnaître l'existence de causes constantes, réelles ou optiques, tenant aux conditions du phénomène ou à celles de l'observation, qui ont maintenu les moyennes de θ au-dessous des moyennes de θ' et de θ'', et celles de t'' au-dessous des moyennes de t et de t'. La fixité des moyennes est surtout remarquable pour ces deux angles t et t'.

Si aucune cause constante ne s'opposait à l'uniforme distribution des plans d'orbites et des grands axes, la moyenne absolue devant être $57° 17' 44''$, 8, et le module devenant $2,9518$ quand on prend le quart de la circonférence pour unité [71], on aurait *à priori*,

pour les angles

$$\theta, \qquad \theta', \qquad \theta'', \qquad t, \qquad t', \qquad t'';$$

les probabilités

$$0,99991, \quad 0,938, \quad 0,982, \quad 0,939, \quad 0,892, \quad 0,9986,$$

que les moyennes conclues de 125 épreuves ne s'écarteraient pas fortuitement de la moyenne absolue, en plus ou en moins, autant que s'en écartent, dans un sens ou dans l'autre, les moyennes finales inscrites dans la dernière ligne du tableau ci-dessus. En conséquence, et sauf toujours les explications qui ont été données dans le cours de cet ouvrage sur la nature des probabilités *à posteriori*, nous porterons, d'après la valeur moyenne de l'angle θ, à 9999 contre 1 la probabilité que, jusqu'à ce jour, des causes constantes, d'une observation à l'autre, ont tendu à rapprocher du plan de l'écliptique les plans des orbites cométaires observées; et de même, d'après la valeur moyenne de l'angle t'', nous porterons à 715 contre 1 la probabilité que des causes constantes ont tendu à rapprocher les grands axes de la ligne solsticiale.

152. A présent il faut remarquer que les lois de probabilité des angles θ, θ', etc., ne sauraient être indépendantes les unes des autres. Car, d'une part, la somme des valeurs numériques des angles θ, θ', θ'' est assujettie à rester comprise entre les limites 180° et 164° 13' (ou trois fois l'angle dont la tangente $= \sqrt{2}$), et il en est de même pour la somme des angles t, t', t''; d'autre part, le système des angles θ, θ', θ'' réagit sur celui des angles t, t', t'', et réciproquement. Désignons en effet, pour abréger, par Θ le point de la sphère céleste qui correspond au système des angles θ, et par T celui qui correspond au système des angles t. Lorsque le point Θ est donné, le point T est assujetti à se trouver sur le grand cercle de la sphère dont Θ est le pôle; et de même, lorsque le point T est donné, le plan de l'orbite ne peut que tourner autour du diamètre mené par le point T, d'où il suit que le point Θ doit pareillement se trouver sur le grand cercle de la sphère qui a le point T pour pôle. En réfléchissant à la nature de cette dépendance mutuelle, on est amené à penser que le moyen le plus convenable de la mettre en évidence, consiste à décomposer la série des valeurs pour chaque angle en deux séries partielles, formées respectivement des valeurs su-

périeures et inférieures à 60°. Ces deux séries partielles
devraient comprendre chacune le même nombre d'angles dans l'hypothèse de l'uniforme distribution. Or,
nous trouvons au contraire, par suite de cette décomposition, des résultats qui peuvent s'exprimer au moyen
de la notation suivante :

$$\theta.48\!:\!77, \quad \theta'.65\!:\!60, \quad \theta''.69\!:\!56,$$
$$t.77\!:\!48, \quad t'.66\!:\!59, \quad t''.44\!:\!81.$$

Cette notation, qui nous sera commode à cause de
sa brièveté, signifie que dans la série des angles θ il y en
a 48 au-dessus et 77 au-dessous de 60°; que l'inverse a
lieu dans la série des angles t; et ainsi de suite pour
chacun des autres angles.

Maintenant, nous voyons clairement *à posteriori* l'influence que le mode de répartition des valeurs de θ
exerce sur celui des valeurs de t, et nous retrouvons
une dépendance analogue en comparant θ' à t', θ'' à t''.
Le rapprochement des nombres est moins frappant dans
le dernier cas, à cause d'une circonstance particulière
que nous découvrirons bientôt.

153. Après avoir constaté l'existence de causes constantes qui influent sur la série des orbites cométaires,
telle qu'elle se développe dans l'ordre chronologique des
observations, on doit désirer d'aller plus loin, en re-
cherchant par certaines décompositions de la série quelle
peut être la nature des causes influentes, et si leur influence est la même selon les diverses régions angulaires
et les divers sens de mouvement.

Dans cette vue, nous pouvons décomposer d'abord
la série en deux autres : l'une formée de toutes les comètes dont le passage au périhélie a été observé dans le
semestre d'hiver, ou du 22 septembre au 22 mars ;

l'autre formée des comètes dont le passage a eu lieu
dans le *semestre d'été*, ou du 22 mars au 22 septembre.
Cette première coupe, uniquement relative à la situation
des observateurs, doit être regardée comme faite au
hasard, et par conséquent comme sans influence sur les
lois de probabilité des éléments, à moins que ces lois
ne soient subordonnées elles-mêmes à des causes purement optiques.

154. Sur les 125 comètes de notre liste, 71 appartiennent à la série d'hiver, 54 à la série d'été. Cette
inégalité pouvait être prévue : car, ainsi que le fait remarquer M. Arago, durant les mois d'été, « la longue
« durée du jour proprement dit et de la lumière crépus-
« culaire, ne peuvent manquer de nous dérober la vue
« d'un certain nombre de ces astres (¹). » Si l'existence
de cette cause n'était pas manifeste *à priori*, et qu'on
en voulût déduire la probabilité du rapport 71 : 54,
les formules ordinaires donneraient 0,924, nombre de
l'ordre de ceux auxquels on n'est pas dans l'usage d'attribuer, en philosophie naturelle, une valeur détermi-
nante.

Mais cette probabilité sera beaucoup renforcée [116],
si l'on suit le rapport entre les nombres des deux séries,
de dix en dix orbites, selon l'ordre chronologique des
apparitions, et à partir des quarante premières, ainsi
que l'indique le tableau ci-après :

(¹) *Annuaire* de 1832, deuxième édition, p. 357. Lambert avait
fait antérieurement la même remarque : *Lettres cosmologiques*,
p. 209 de la traduction française publiée à Amsterdam en 1801,
et annotée par M. d'Utenhoven.

SÉRIES			SÉRIES		
TOTALE.	D'HIVER.	D'ÉTÉ.	TOTALE.	D'HIVER.	D'ÉTÉ.
40	24	16	90	54	36
50	30	20	100	59	41
60	36	24	110	63	47
70	43	27	120	69	51
80	49	31	125	71	54

155. En ayant égard aux signes des angles [150], pour voir s'ils sont répartis de la même manière dans les deux semestres, on construit la table ci-dessous :

		θ	θ'	θ''	t	t'	t''
SEMESTRE D'HIVER	Valeurs positives.	34	41	30	34	36	49
(71 orbites).	Valeurs négatives.	37	30	41	37	35	22
SEMESTRE D'ÉTÉ	Valeurs positives.	31	28	30	33	18	19
(54 orbites).	Valeurs négatives.	23	26	24	21	36	35

Le résultat le plus apparent est que le nombre des valeurs positives de t'' l'emporte sur celui des valeurs négatives dans la série d'hiver, et que l'inverse a lieu dans le semestre d'été. C'est d'ailleurs un phénomène dont la cause optique ne saurait être équivoque. En effet, dans le semestre d'hiver, le rayon vecteur mené du soleil à la terre fait un angle aigu avec la ligne menée aussi du soleil au premier point du *Cancer*, et cet angle devient obtus dans le semestre d'été. Or, si l'on conçoit qu'on ait mené par le centre du soleil un plan perpendiculaire à l'écliptique et à la ligne solsticiale, il est clair que l'observateur placé sur la terre aura plus de chances d'apercevoir les comètes périhélies qui se trouvent situées avec la terre du même côté de ce plan, que celles qui se trouvent de l'autre côté du plan, dans l'hémisphère opposé de la sphère céleste héliocentrique.

156. Après ces remarques préalables, si nous construisons, pour chacune des séries semestrielles, les tableaux analogues à celui du n° 151, relatif à la série générale, nous obtiendrons les résultats suivants :

SÉRIE D'HIVER. Nombre d'orbites.	θ	θ'	θ''	t	t'	t''
10	39° 50'	63° 16'	71° 48'	58° 26'	57° 12'	56° 00'
20	45 04	60 52	68 03	59 41	62 51	49 55
30	43 02	64 55	65 39	61 58	59 43	58 28
40	43 21	64 52	64 48	59 20	60 28	52 27
50	43 25	64 34	65 21	61 58	59 54	50 19
60	44 52	63 34	64 47	60 42	60 43	50 35
71	46 21	61 48	65 08	60 43	60 44	50 45
SÉRIE D'ÉTÉ. Nombre d'orbites.						
10	51 50	64 19	57 05	65 01	51 31	55 25
20	56 51	61 35	54 03	58 38	62 47	50 51
30	55 12	61 53	56 10	58 48	61 10	53 06
40	54 33	60 50	56 49	59 26	60 10	53 32
50	55 20	59 37	57 38	61 03	59 55	51 50
54	54 10	60 30	57 36	61 11	59 57	51 35

On pourrait faire les mêmes remarques qu'au n° 151, à l'égard du peu d'étendue des oscillations des moyennes et de la rapidité de la convergence.

Les angles θ et θ'' sont visiblement les seuls pour lesquels on puisse induire, des moyennes finales de ce tableau, une inégalité de chances dans les deux semestres. D'après les formules en usage, dont nous avons expliqué le sens, la probabilité de cette inégalité est 0,927 pour l'angle θ; et 0,946 pour l'angle θ''.

Une réflexion toute simple suggère l'idée de la cause optique qui doit modifier dans les deux séries les moyennes des angles θ. En effet, l'influence de la lumière solaire, qui dérobe à l'observateur européen plus de comètes en été qu'en hiver, cette influence émane du plan même de l'écliptique. Elle doit, par conséquent, affecter principalement les comètes qui s'écartent le moins de l'écliptique, ou qui se meuvent dans des orbites peu inclinées à ce plan. Le moyen naturel de contrôler cette induction consiste à comparer les nombres d'orbites dans les deux séries, entre certaines limites d'inclinaison. D'ailleurs, les conséquences importantes qui peuvent se rattacher à ce résultat, nous engagent à le mettre hors de doute, en poursuivant la comparaison de dix en dix orbites, à partir des 30 premières, sur toute l'étendue de la série, comme l'indique le tableau suivant. Le premier rapport 9 : 5 indique que, sur les valeurs de l'angle θ, comprises entre 0° et 40°, 9 appartiennent à la série d'hiver, 5 à la série d'été; et la même notation s'applique à tous les autres cas.

NOMBRE D'ORBITES.	0° — 40°	40° — 60°	60° — 90°	TOTAL.
30	9: 5	1: 1	7: 7	17:13
40	12: 6	3: 2	9: 8	24:16
50	15: 6	4: 3	11:11	30:20
60	17: 9	7: 3	12:12	36:24
70	19: 9	10: 3	14:15	43:27
80	23: 9	11: 5	15:17	49:31
90	23:10	14: 8	17:18	54:36
100	26:11	15: 9	18:21	59:41
110	27:13	15:11	21:23	63:47
120	29:14	17:13	23:24	69:51
125	29:15	18:15	24:24	71:54

Ce tableau montre évidemment que la différence d'action de la cause optique qui nous occupe, en hiver et en été, porte à peu près exclusivement sur les comètes dont les orbites ont une inclinaison de 0 à 40° sur l'écliptique, et ne se fait plus sentir sur les inclinaisons plus grandes que 60°. Il en faut conclure que, sans l'influence de la lumière solaire qui agit encore dans le même sens, quoique avec moins d'intensité, en hiver qu'en été, l'accumulation des orbites cométaires dans les régions zodiacales, serait beaucoup plus sensible à l'observation. A la vérité, il paraît impossible d'assigner les moyennes d'inclinaison qu'on obtiendrait par la soustraction complète de cette influence optique; on ne peut même affirmer qu'une autre cause optique ne produise l'accumulation dans les régions zodiacales; mais au moins l'opinion que cette accumulation est réelle, et due à une

cause cosmologique, a acquis une bien plus grande
vraisemblance.

157. Puisque l'influence optique, qui se manifeste
principalement par son inégalité d'action dans les deux
semestres, modifie la répartition des angles θ, sans qu'elle
paraisse agir sensiblement sur les angles t, elle doit
troubler les relations qui s'établiraient naturellement
entre les deux lois de répartition, et ces relations seront
données d'une manière plus exacte par la série d'hiver
que par celle d'été, ou que par la série générale. En
effet, si l'on continue d'employer les notations du n° 152,
on trouve pour la série d'hiver ce résultat remarquable :

$$\theta.24:47, \quad \theta'.36:35, \quad \theta''.46:25,$$
$$t.46:25, \quad t'.36:35, \quad t''.27:44;$$

que l'on peut ramener à cette forme éminemment symétrique :

$$\theta.m:n, \quad \theta'.p:p, \quad \theta''.n:m, \atop t.n:m, \quad t'.p:p, \quad t''.m:n, \right\} \qquad (a)$$

en posant, pour simplifier, $\frac{1}{2}(m+n) = p$.

Mais la surprise que peut causer l'extrême simplicité
de cette loi statistique, déduite d'un si petit nombre
d'éléments, sera accrue si l'on décompose la série d'hiver en deux autres, selon que les angles θ sont positifs
ou négatifs ; qu'on fasse autant de sections semblables
qu'il y a d'éléments angulaires ; et qu'enfin on fasse une
dernière section selon que les distances périhélies sont
plus petites ou plus grandes que les trois quarts du demi-grand axe de l'orbe terrestre. On obtiendra ainsi
les résultats qui suivent :

+θ	11:23	18:16	23:11	— θ	13:24	18:19	23:14
34 orb.	23:11	19:15	14:20	37 orb.	23:14	17:20	13:24
+θ'	11:30	21:20	28:13	— θ'	23:17	15:15	18:12
41 orb.	27:14	21:20	15:26	30 orb.	19:11	15:15	12:18
+θ''	8:22	17:13	20:10	— θ''	16:25	19:22	26:15
30 orb.	20:10	14:16	11:19	41 orb.	26:15	22:19	16:25
+t	14:20	15:19	18:16	— t	10:27	21:16	28: 9
34 orb.	19:15	18:16	15:19	37 orb.	27:10	18:19	12:25
+t'	12:24	19:17	21:15	— t'	12:23	17:18	25:10
36 orb.	22:14	19:17	13:23	35 orb.	24:11	17:18	14:21
+t''	12:37	29:20	33:16	— t''	12:10	7:15	13: 9
49 orb.	35:14	23:26	19:30	22 orb.	11:11	13: 9	8:14
(1)	14:22	17:19	21:15	(2)	10:25	19:16	25:10
36 orb.	20:16	20:16	16:20	35 orb.	26: 9	16:19	11:24

Tous ces résultats s'accordent si bien avec la formule (a), les écarts sont si légers, malgré le petit nombre des orbites employées, et la variété des combinaisons auxquelles donnent lieu *sept* coupes différentes de la même série, qu'il est bien difficile d'attribuer cette coïncidence au hasard.

158. La position particulière de l'observateur européen conduit encore à rechercher les différences que peuvent offrir deux séries formées, l'une des comètes à périhélie boréal (+t), l'autre des comètes à périhélie austral (—t). En effet, l'élévation que conserve le pôle boréal de l'écliptique sur nos horizons d'Europe ne peut

---

(1) Distances périhélies plus petites que 0,75, le demi-grand axe de l'orbe terrestre étant 1.

(2) Distances périhélies plus grandes que 0,75.

manquer de nous dérober un certain nombre de comètes qui, dans le voisinage de leurs périhélies, ne sortent pas des régions les plus australes de la sphère héliocentrique. Ces considérations s'accordent parfaitement avec l'expérience, ainsi que nous pourrions le faire voir en rapportant ici un tableau de la classification des angles t dans les deux séries, analogue à celui du n° 156. Pour abréger, nous nous bornerons à en produire le résultat final, en remarquant que le nombre situé à gauche du signe (:) se rapporte à la série des comètes à périhélie boréal, et le nombre situé sur la droite à la série des comètes à périhélie austral.

$0° - 40°$	$40° - 60°$	$60° - 90°$	TOTAL.
21:6	10:11	37:40	68:57

On voit clairement que les comètes pour lesquelles l'angle t est négatif et plus petit que $40°$, ou, en d'autres termes, dont le périhélie a une latitude héliocentrique australe, plus grande que $50°$, ne peuvent être aperçues de l'observateur européen que dans des circonstances très-rares. Il ne s'en est présenté qu'une parmi les 60 comètes (la plupart peu ou point visibles à l'œil nu) observées depuis 1780.

Cette circonstance ne saurait manquer d'influer sur les inclinaisons à l'écliptique, par la relation qui subsiste entre les angles θ et t. Si nous comparons les moyennes des éléments pour les comètes à périhélie boréal et pour celles à périhélie austral, tant dans la série totale que dans chacune des séries d'hiver et d'été, nous obtenons les résultats consignés dans le tableau qui suit :

	θ	θ'	θ''	t	t'	t''
SÉRIE TOTALE :						
Périhélie boréal.....	53°34'	59°55'	59°14'	57°29'	63°15'	52°16'
Périhélie austral.....	45 09	62 49	65 04	65 02	57 00	49 48
SÉRIE D'HIVER :						
Périhélie boréal.....	51 08	60 01	61 22	54 49	63 12	54 15
Périhélie austral.....	41 57	63 27	68 37	66 07	58 29	47 47
SÉRIE D'ÉTÉ :						
Périhélie boréal.....	56 01	59 42	57 06	60 09	63 18	50 27
Périhélie austral.....	51 01	61 41	58 29	62 58	54 15	53 31

Les différences ont lieu dans le même sens pour chacune des séries semestrielles, excepté en ce qui concerne
l'angle *t* dont les écarts peuvent être très-vraisemblablement attribués à des causes anomales.

159. Ainsi, des deux influences optiques qui tiennent
évidemment à la situation locale de l'observateur européen, l'une agit dans un sens, l'autre en sens contraire ;
et le résultat apparent de cette discussion, c'est que
celle même qui tend à diminuer la moyenne des inclinaisons, ne suffit pas pour rendre raison, quant à
présent, de la différence qu'on observe entre cette
moyenne et la moyenne absolue dans l'hypothèse de
l'uniforme distribution. Mais la question principale
reste entière, et l'on est toujours fondé à demander
si des causes purement optiques, tenant à la position
de l'orbite de la terre dans les espaces célestes, n'occasionnent pas la différence observée. La chose ne

semblait pas probable à Lambert ([1]) ; mais il ne donne aucune raison à l'appui de son opinion, qui serait singulièrement corroborée par la remarque du n° 156. D'un côté, il paraît difficile de tenir un compte exact, *à priori*, des chances de visibilité ; de l'autre, il faut reconnaître que le nombre des observations (suffisant pour constater les lois apparentes de répartition dans la série générale) ne suffit plus pour donner une solution définitive de cet intéressant problème.

160. On a remarqué depuis longtemps que le nombre des comètes directes $(+\theta)$ et celui des comètes rétro-grades $(-\theta)$ étaient sensiblement égaux, à quelque époque que l'on terminât la série. Sur 125 comètes, nous en comptons 65 directes et 60 rétrogrades. Il y a donc lieu de croire que les chances de visibilité ne sont pas moindres pour les comètes directes que pour les comètes rétrogrades. D'un autre côté, nous trouvons 69 comètes dont le sens de mouvement rend positif l'angle θ' [150], et 56 pour lesquelles ce même angle est négatif. On est autorisé, en conséquence, à supposer que les chances de visibilité sont plus grandes pour les comètes de la série $+(\theta')$ que pour celles de la série $(-\theta')$, ou au moins égales. Or, admettons que l'infériorité de la moyenne des inclinaisons provienne de ce qu'un certain nombre de comètes, parmi celles dont les orbites sont le plus inclinées à l'écliptique, échappent aux conditions de visibilité ; on devrait s'attendre à ce que la moyenne de θ ne fût pas moindre pour les comètes directes que pour les comètes rétrogrades, et à ce qu'elle fût plus grande pour la série $(+\theta')$ que pour la série

---

([1]) *Lettres cosmologiques*, p. 228 de l'édition citée.

(—θ′). Mais c'est précisément le contraire que l'on observe : les moyennes de θ pour les séries (+θ) et (+θ′) sont notablement inférieures à celles qui se réfèrent aux séries (—θ), (—θ′), et les écarts sont assez grands, assez soutenus pour rendre probables des inégalités entre les lois de répartition, suivant que l'on considère l'une de ces séries partielles ou la série de signe contraire, ainsi qu'on peut en juger d'après le tableau qui suit :

NOMBRES D'ORBITES.	SÉRIE (+ θ).	SÉRIE (— θ).	NOMBRES D'ORBITES.	SÉRIE (+ θ′).	SÉRIE (— θ′).
3o	45° 57′	53° 12′	3o	43° 04′	53° 41′
4o	44 46	51 3o	4o	43 59	52 34
5o	45 55	52 15	5o	44 53	55 01
6o	46 43	53 o3	56	» »	54 33
65	46 41	» »	6o	45 45	» »
			69	46 45	» »

Supposons ce résultat mis un jour hors de doute : et la conséquence naturelle qui s'en déduira, c'est que l'inégalité des répartitions, d'une série à l'autre, ne provient pas d'une influence optique; c'est par conséquent que des causes réelles ou cosmologiques modifient la loi de répartition selon le sens du mouvement, et définitivement que la loi de répartition dans la série générale subit l'influence de causes réelles, auxquelles il faut attribuer notamment l'accumulation des orbites dans les régions zodiacales.

161. Si l'on décompose la série générale en deux au-

tres, l'une formée des comètes dont la distance périhélie
est moindre que 0,75 (le demi-grand axe de l'orbe terrestre étant pris pour unité), l'autre formée des comètes dont la distance périhélie est plus grande, les deux
séries partielles comprendront des nombres de comètes
à peu près égaux, savoir 65 et 60. Mais, afin de se convaincre que ce résultat n'est que provisoire, il suffit de
remarquer que, pour les 60 premières apparitions qui
s'arrêtent à l'année 1772, le rapport est celui de 40 : 20,
tandis que, pour les 65 apparitions subséquentes, il devient 25 : 40. Évidemment, une étude plus soigneuse
du ciel, et l'emploi d'instruments plus puissants, ont
fait découvrir, à partir de cette époque, un bien plus
grand nombre de comètes, parmi celles qui échappaient
auparavant aux conditions de visibilité, à cause de la
grandeur de leurs distances périhélies. Si l'on prend les
moyennes pour les deux séries partielles ainsi formées,
on obtiendra les résultats que voici :

	θ	θ'	θ''	t	t'	t''
1re SÉRIE......	50° 06'	62° 40'	59° 36'	58° 26'	59° 50'	53° 03'
2e SÉRIE.......	49 20	59 42	64 22	63 37	61 01	49 05

Et il en faudra conclure, au moins provisoirement,
que les lois de répartition ne paraissent pas être sensiblement modifiées selon les distances périhélies : contrairement à l'opinion que Lambert avait émise.

162. Nous nous sommes beaucoup étendu sur le problème de la distribution des orbites cométaires, parce
qu'il nous a semblé offrir un type remarquable d'analyse

et de discussion en fait de statistique, et parce qu'il montre bien (contrairement à un préjugé accrédité) qu'il n'est pas toujours nécessaire, dans ces sortes de discussions, de disposer d'un très-grand nombre d'observations : la grandeur des nombres n'étant réellement exigée, pour la fixité des moyennes, que quand les liens de solidarité entre les observations individuelles changent irrégulièrement d'une époque à l'autre et d'un lieu à l'autre. Nous n'ajouterons plus que quelques mots sur les applications du calcul des chances aux phénomènes que produisent les divers agents physiques à la surface de notre globe, et dans les fluides qui le recouvrent.

Prenons pour exemple les variations de pression atmosphérique accusées par le baromètre. Une foule de causes accidentelles, irrégulières, font varier sans cesse, dans nos climats surtout, les hauteurs de la colonne barométrique : de sorte que, si l'on se contentait d'observer ces hauteurs à certaines heures du jour, pendant un petit nombre de semaines ou même de mois, on pourrait n'arriver qu'à des résultats discordants, et qui ne feraient point ressortir les lois des variations *diurnes* du baromètre, ou l'influence petite, mais constante, de l'heure du jour sur la hauteur barométrique.

Si au contraire on a embrassé un grand nombre d'observations, et qu'on prenne les moyennes des hauteurs observées à deux heures différentes du jour, par exemple à 9 heures du matin et à 3 heures du soir, le choix des jours où l'on a observé le soir étant d'ailleurs fortuit et indépendant du choix des jours où l'on a observé le matin, la différence de ces moyennes accusera l'existence de causes constantes, en vertu desquelles la pression atmosphérique dépend de l'heure du jour; les anomalies dues à l'intervention de causes plus énergiques, mais irrégulières ou indépendantes de l'heure, auront disparu. D'après l'étendue de la différence, et le nombre des valeurs qui ont concouru à former chaque moyenne, le calcul indiquera avec quelle probabilité l'on peut conclure, de la différence observée, à l'existence de causes constantes auxquelles la différence serait due.

Mais, en procédant de la sorte, on se trouverait souvent dans la nécessité d'employer un très-grand nombre d'observations avant d'arriver à des moyennes sensiblement fixes, ou dont on pût conclure avec une sécurité suffisante, au moyen des formules de la théorie des chances, l'existence des causes constantes que l'on cherche. Supposons donc qu'au lieu de noter les valeurs absolues de la hauteur barométrique à 9 heures du matin et à 3 heures du soir, dans deux systèmes d'observations indépendantes, on note pour chaque jour l'excès de la hauteur à 9 heures du matin sur la hauteur à 3 heures du soir, sauf à donner des signes contraires aux différences, selon le sens dans lequel on les observe : comme la hauteur barométrique à trois heures du soir, n'est pas en général indépendante de la hauteur à 9 heures du matin ; comme l'action des causes anomales qui ont élevé ou déprimé le matin la colonne barométrique n'est pas communément éteinte à 3 heures, il devient évident que la différence des deux hauteurs consécutives sera soustraite en grande partie à l'influence des causes qui affectent irrégulièrement chaque hauteur absolue ; que par conséquent la moyenne des différences entre les hauteurs consécutives accusera plus promptement et plus sûrement les lois de la variation diurne, ou l'influence de l'heure sur la hauteur barométrique.

C'est effectivement par des procédés semblables qu'on a constaté les lois des variations diurnes de la pression de l'atmosphère, qu'on a reconnu les inégalités de ces variations aux diverses époques de l'année, et dans des climats différents. On opérerait de la même manière, s'il était question des variations diurnes de la déclinaison magnétique, ou de tout autre phénomène analogue.

Le même principe que nous avons appliqué à des observations consécutives dans le même lieu, s'appliquerait à des observations simultanées faites dans des lieux différents, mais assez rapprochés pour pouvoir subir l'influence des mêmes causes perturbatrices. Qu'il s'agisse, par exemple, de constater les inégalités thermométriques de deux lieux voisins, on y arrivera avec plus de promptitude et de sûreté, en prenant les moyennes des différences des températures observées simultanément dans l'un et dans l'autre lieu, qu'en cherchant à déterminer, par des observations indépendantes, les moyennes de leurs températures.

163. La théorie des marées, si importante en soi, et à cause de ses liaisons avec les grands phénomènes astronomiques, offre encore une belle application du problème qui consiste à isoler les effets dus à des causes régulières, de ceux qui proviennent de forces perturbatrices. Si l'on fait dans un port une suite d'observations sur les hauteurs des marées, on obtiendra d'abord, pour l'ordinaire, des résultats fort irréguliers et discordants, à cause de l'action des vents, des tempêtes, des courants, et d'une foule de circonstances accidentelles qui troublent l'action régulière par laquelle la lune et le soleil tendent à élever et à déprimer périodiquement les eaux de l'Océan. Mais, si l'on prend l'excès de hau-

teur de la pleine mer sur la basse mer dont elle est
précédée ou suivie, à l'effet de comparer les valeurs
moyennes de ces excès aux syzygies et aux quadratures,
puis aux syzygies et aux quadratures voisines des équinoxes, par opposition aux syzygies et aux quadratures
voisines des solstices; si l'on compare enfin des séries
d'observations faites quand le soleil ou la lune étaient
dans le voisinage de l'apogée, à d'autres séries construites
pour les distances périgées, on met en évidence l'influence propre de chaque astre attirant, selon sa distance
à la terre et son éloignement du plan de l'équateur. On
obtient, comme Laplace l'a montré, des résultats assez
précis pour qu'on puisse en conclure une valeur de la
masse de la lune, qui s'accorde avec celle que donnent
d'autres phénomènes purement astronomiques.

On a aussi cherché si les observations barométriques
accuseraient l'existence de mouvements périodiques dans
l'atmosphère, causés, comme les marées, par la force
attractive de la lune. Laplace a comparé à cet effet les
variations diurnes barométriques observées à Paris pour
les jours de syzygie, aux variations diurnes pour les
jours de quadrature. Le calcul appliqué à une série de
298 syzygies et d'autant de quadratures lui a donné,
pour la mesure de l'étendue du *flux lunaire atmosphérique*, une hauteur de mercure égale à $0^{mm},0176$ [1] :
quantité trop faible pour qu'on puisse en conclure avec
sûreté que la force attractive de la lune exerce sur la
pression de l'atmosphère, au moins dans nos climats,
une influence appréciable. Mais, d'un autre côté,

---

[1] *Additions à la Connaissance des temps*, pour l'année 1830.

M. Flaugergues, par une longue suite d'observations faites à Viviers, toutes à l'heure de midi, a trouvé des variations dont l'étendue est de 1^{mm},48, lesquelles paraissent liées très-régulièrement aux phases de la lune, et par suite (à cause de l'heure choisie pour les observations) aux distances de la lune au méridien, ainsi que l'indique ce tableau (¹) :

PHASES DE LA LUNE.	NOMBRE des observat.	HAUTEUR barométrique.
Conjonction ou nouvelle lune..................	247	$755,48^{mm}$
Premier octant........................	248	755,44
Première quadrature......................	247	755,40
Jour précédant celui du 2ᵉ octant.	248	755,01
Second octant...........................	247	754,79
Jour suivant celui du 2ᵉ octant.............	247	754,85
Opposition ou pleine lune..................	246	755,30
Troisième octant........................	246	755,69
Jour précédant celui de la 2ᵉ quadrature......	246	756,19
Seconde quadrature.......................	246	756,23
Jour suivant celui de la 2ᵉ quadrature........	247	755,87
Quatrième octant........................	247	755,50

Par l'interpolation on trouve qu'à Viviers la hauteur barométrique atteint son *minimum* (754^{mm},78) $9^h.18^m$ avant le passage de la lune au méridien, et son *maximum* (756^{mm},26) $6^h.12^m$ après le passage de cet astre.

_____

(¹) *Bibliothèque universelle*, décembre 1827, p. 264, et avril 1829, p. 265.

CHAPITRE XIII.

APPLICATION A DES QUESTIONS CONCERNANT LES ÉLÉMENTS DE LA POPULATION ET LA DURÉE DE LA VIE.

164. L'analyse des travaux des statisticiens sur les éléments de la population et sur la mortalité de l'espèce humaine, serait à elle seule l'objet d'un ouvrage étendu : le plan de notre livre, où il s'agit surtout de poser des principes, ne nous permet pas d'entrer dans ces détails; nous nous bornerons à indiquer sommairement quelques résultats, parce que l'intérêt qui s'attache à ces questions a été l'une des causes principales des progrès de la théorie ([1]).

Des naissances des deux sexes.

165. Dans l'ignorance où nous sommes des conditions physiologiques qui déterminent la procréation

---

([1]) Consultez notamment le livre de M. Quetelet, intitulé *Sur l'homme et le développement de ses facultés,* ou *Essai de physique sociale,* Paris, 1835, 2 vol. in-8°; et l'ouvrage publié récemment par M. Christophe Bernoulli, professeur à Bâle, sous le titre de *Handbuch der Populationistik,* Ulm, 1840-41.

d'un sexe ou d'un autre, un des problèmes les plus curieux de la zoologie consisterait à assigner par l'observation, pour chaque espèce animale, la chance d'une
naissance masculine, et celle d'une naissance féminine.
Il est *à priori* infiniment peu probable que ces chances
soient rigoureusement égales; car la rigueur mathématique ne se trouve jamais dans les produits complexes
des forces naturelles; et, d'un autre côté, l'admirable
harmonie qui règne dans les œuvres de la nature, nous
donne tout lieu de croire qu'on trouverait des rapports
entre les mœurs de chaque espèce, le rôle qui lui est
départi, et les valeurs assignées par l'observation aux
chances de procréation des deux sexes. Ce sujet de recherches, sur lequel on n'a encore que des essais très-
imparfaits, semble n'offrir que peu de difficultés pour
les espèces domestiques; il faudrait y renoncer pour les
autres espèces, s'il était absolument nécessaire d'opérer
sur de très-grands nombres; mais des nombres même
médiocres, feraient vraisemblablement ressortir des résultats intéressants et suffisamment probables, vu la
moindre complication des causes qui régissent dans ce
cas le phénomène fortuit dont il s'agit d'assigner la chance.

Dès le commencement du XVIII siècle, lorsqu'on a
commencé à compulser, dans un but de curiosité scientifique, les registres publics destinés à constater l'état
civil des personnes, on a fait la remarque que le nombre des naissances masculines l'emporte sur celui des
naissances féminines. Il n'y a pas aujourd'hui de fait
mieux constaté par l'ensemble des documents statistiques.

Avec les relevés officiels du mouvement de la population en France, publiés dans l'*Annuaire* du bureau
des longitudes, on construit le tableau suivant :

ANNÉES.	NOMBRES DES NAISSANCES		RAPPORT du nombre DES NAISSANCES masculines à celui des naissances féminines.
	MASCULINES.	FÉMININES.	
1817	488 457	455 668	1,0720
1818	471 188	442 667	1,0644
1819	509 311	478 607	1,0642
1820	494 378	464 555	1,0642
1821	497 621	465 737	1,0685
1822	501 094	471 702	1,0623
1823	496 517	467 504	1,0621
1824	507 770	476 382	1,0659
1825	503 532	470 454	1,0703
1826	511 898	481 293	1,0614
1827	505 307	474 889	1,0641
1828	501 669	474 878	1,0564
1829	496 163	468 364	1,0578
1830	496 986	470 838	1,0555
1831	509 029	477 680	1,0656
1832	483 518	454 668	1,0634
1833	500 600	469 383	1,0665
1834	508 718	477 772	1,0648
1835	512 368	481 465	1,0642
1836	504 438	475 382	1,0611
1837	485 347	458 002	1,0603
1838	494 863	466 613	1,0605
1839	492 665	465 075	1,0593
1840	489 374	462 944	1,0571
Sommes et rapport moyen.	11 962 811	11 252 522	1,0631

La valeur moyenne 1,0631 résulte de plus de 23 millions de naissances : elle diffère d'à peu près 0,009 de la valeur *maximum*, correspondant à 1817, et de 0,0075 de la valeur *minimum*, correspondant à 1830.

Afin d'établir que ce rapport subit, par le laps du temps, des variations sensibles et progressives, M. Charles Dupin en a calculé les valeurs par périodes quinquennales, de 1801 à 1840 inclusivement, pour la France et pour l'Angleterre, et il a formé le tableau suivant ([1]) :

PÉRIODES QUINQUENNALES.	VALEURS DU RAPPORT du nombre DES NAISSANCES MASCULINES au nombre DES NAISSANCES FÉMININES.	
	Pour la France.	Pour l'Angleterre et le pays de Galles.
1801 à 1805	1,0675	1,0430
1806 à 1810	1,0628	1,0400
1811 à 1815	1,0683	1,0447
1816 à 1820	1,0659	1,0483
1821 à 1825	1,0652	1,0462
1826 à 1830	1,0595	1,0392
1831 à 1835	1,0654	......
1836 à 1840	1,0596	......
Moyennes............	1,0642	1,0442

([1]) *Comptes-rendus* des séances de l'Académie des sciences, 1842, p. 1028.

Mais ce tableau même fait ressortir d'assez notables
anomalies, pour que le fait d'une diminution progressive ne puisse pas être considéré comme suffisamment
constaté.

166. Dans la vue de rechercher si le climat influe
sur le rapport dont il est question, les rédacteurs de
l'*Annuaire* ont considéré séparément deux groupes de
départements, huit au nord et quinze au midi, ce
qui a donné :

	NOMBRE DES NAISSANCES, de 1817 à 1839 inclusivement.		RAPPORTS.
	MASCULINES.	FÉMININES.	
Groupe du nord....	1 613 202	1 516 817	1,0635
Groupe du midi.....	1 596 424	1 503 457	1,0618

Ce résultat porte à conclure que les chances des naissances masculines et féminines sont sensiblement sous-
traites dans leurs variations aux influences des latitudes.
La même conséquence ressort, au moins provisoirement,
de la discussion de documents statistiques fournis pour
les principaux États de l'Europe, comme l'indique le
tableau qui suit :

FRANCE (1817-40)...................	1,0631
BELGIQUE (1815-39), suivant M. Ch. Dupin..	1,0654
HOLLANDE...........................	1,059
HANOVRE............................	1,063
SAXE..............................	1,061
PRUSSE (1817-28)...................	1,0617...1,0594 (suiv. M. Bickes).
HESSE..............................	1,057
AUTRICHE...........................	1,061
BOHÉME............................	1,054
MECKLENBOURG.......................	1,071
WURTEMBERG.........................	1,052 ...1,057 (suiv. M. Bickes).
GRANDE-BRETAGNE....................	1,0453
ANGLETERRE (1801-30)...............	1,0442
SUÈDE.............................	1,0462
RUSSIE (1826-30)...................	1,089
LOMBARDIE..........................	1,076
ROYAUME DE NAPLES..................	1,0618...1,057 (suiv. M. Bickes).
PORTUGAL...........................	1,0617

Des observations faites en Égypte et au cap de Bonne-
Espérance semblent au contraire accuser une variation
sensible, amenée directement ou indirectement par l'influence du climat ; et l'on ne peut guère douter en effet,
d'après ce qui va suivre, que le climat n'influe sur les
chances des naissances des deux sexes, dès que son influence est assez grande pour modifier profondément les
mœurs et les habitudes. Il est de même probable, *à priori*,
que, pour des races aussi tranchées que la race blanche et la race noire, ces chances doivent subir des va-

riations appréciables, indépendamment de toute influence morale ou climatérique.

Au lieu de grouper des départements en n'ayant égard qu'aux latitudes, comme l'avaient fait les auteurs de l'*Annuaire*, M. Ch. Dupin a eu l'idée heureuse de former deux groupes, l'un des 24 départements maritimes, l'autre des 62 ([1]) départements de *l'intérieur* ; et en suivant toujours la distinction des périodes quinquennales, il a construit le tableau que voici :

PÉRIODES quinquennales.	VALEURS DU RAPPORT DU NOMBRE DES NAISSANCES MASCULINES au nombre DES NAISSANCES FÉMININES.		
	Pour la France entière.	Pour les départements maritimes.	Pour les départements de l'intérieur.
1801 à 1805	1,0675	1,0620	1,0703
1806 à 1810	1,0630	1,0513	1,0689
1811 à 1815	1,0683	1,0605	1,0729
1816 à 1820	1,0659	1,0636	1,0670
1821 à 1825	1,0652	1,0558	1,0700
1826 à 1830	1,0595	1,0559	1,0614
1831 à 1835	1,0654	1,0551	1,0707
1836 à 1840	1,0596	1,0550	1,0619
Moyennes pour les 40 années.	1,0642	1,0574	1,0677

([1]) Les *Comptes-rendus* portent 52, sans doute par une erreur de chiffre.

Malgré quelques objections faites à ces résultats par
M. Demonferrand ([1]), ils nous semblent, vu leur accord,
mériter d'être pris en grande considération.

167. L'influence des mœurs et des habitudes sociales
sur les chances des naissances des deux sexes est mise
hors de doute, lorsque l'on distingue, d'une part les
naissances légitimes des naissances illégitimes, d'autre
part les naissances dans les campagnes des naissances
dans les villes. De 1817 à 1839, le nombre des naissances illégitimes, pour toute la France, a été de
814 524 garçons et 781 238 filles, ce qui donne
1,0426 pour le rapport des naissances masculines aux
naissances féminines dans cette catégorie. Un résultat
semblable ressort de la discussion des documents statistiques pour les principaux États de l'Europe.

Le séjour des villes, et surtout celui des grandes villes,
exerce une influence non moins incontestable. Le rapport 1,0654 trouvé pour la Belgique [166], s'élève à
1,0670 lorsqu'on ne considère que la population des
campagnes, et descend à 1,0607 pour la population
urbaine. A Paris, de 1817 à 1840 inclusivement, le
nombre des naissances masculines a été de 340 817 et
celui des naissances féminines de 329 142, ce qui donne
1,0355 pour le rapport moyen du nombre des naissances masculines à celui des naissances féminines. Ce
rapport varie, d'une année à l'autre, comme l'indique
le tableau ci-après:

([1]) *Comptes-rendus*, 1842, p. 1104.

ANNÉES.	NOMBRES DES NAISSANCES		RAPPORT du nombre DES NAISSANCES masculines à celui des naissances féminines.
	MASCULINES.	FÉMININES.	
1817	12 119	11 640	1,0411
1818	11 752	11 315	1,0386
1819	12 412	11 940	1,0395
1820	12 653	12 205	1,0367
1821	12 860	12 296	1,0459
1822	13 562	13 318	1,0182
1823	13 752	13 318*	1.0326
1824	14 647	14 165	1,0340
1825	14 989	14 264	1,0508
1826	15 187	14 783	1,0273
1827	15 074	14 732	1,0232
1828	15 117	14 484	1,0437
1829	14 760	13 961	1,0572
1830	14 488	14 099	1,0276
1831	15 116	14 414	1,0487
1832	13 494	12 789	1,0551
1833	13 927	13 533	1,0291
1834	14 886	14 218	1,0470
1835	15 003	14 317	1,0479
1836	14 645	14 297	1,0243
1837	14 651	14 541	1,0076
1838	14 992	14 751	1,0163
1839	15 462	14 918	1,0365
1840	15 369	14 844	1,0354
Sommes et rapport moyen.	340 817	329 142	1,0355

* La reproduction de ce chiffre 13 318, dans deux années consécutives, semblerait devoir être attribuée très-vraisemblablement à une erreur de copie, si les doubles tableaux de répartition des naissances, par mois et par arrondissement, inscrits dans les *Recherches statistiques sur la ville de Paris*, ne cadraient pas avec le chiffre en question.

Les naissances illégitimes sont proportionnellement en beaucoup plus grand nombre à Paris que dans la France entière ; mais ce n'est point là l'unique cause de la différence entre la moyenne pour Paris et la moyenne pour le royaume. Le nombre des enfants illégitimes nés à Paris, dans l'espace de temps que nous considérons, a été de 117 605 garçons et 114 031 filles, ce qui donne 1,0319, pour le rapport du nombre des naissances masculines à celui des naissances féminines. Ce rapport devient 1,0377, quand on ne considère que les enfants légitimes. Par conséquent, les causes qui diminuent à Paris la prépondérance des naissances masculines, agissent à la fois sur les naissances légitimes et sur les naissances hors mariage, et même elles agissent d'une manière plus marquée sur les naissances légitimes. Des résultats analogues ont été observés dans les principales villes de l'Europe.

Enfin, s'il en faut croire quelques observateurs, toutes les causes qui tendent à énerver les forces physiques, tendent à diminuer la prépondérance des naissances masculines.

Au contraire, suivant MM. Sadler et Hofacker, la cause de la prépondérance des naissances masculines résiderait uniquement dans la supériorité habituelle de l'âge du père sur l'âge de la mère. La chance pour chaque sexe ne dépendrait pas de l'âge absolu du père ou de la mère, mais seulement de la différence des âges. Malheureusement les nombres sur lesquels s'appuient ces deux statisticiens sont insuffisants pour décider une question de cette importance.

168. On a dû naturellement se demander si la préférence des parents pour les garçons n'est pas la cause

ou l'une des causes de la prépondérance des naissances masculines. « La suite de cette préférence, dit M. Prévost de Genève, n'est-elle pas de prévenir, après les naissances masculines, l'augmentation de la famille?.... Des parents ont un fils : si diverses causes font obstacle à l'accroissement de leur famille, ils seront moins inquiets peut-être de cette privation, lorsque leur premier vœu sera accompli, qu'ils ne l'auraient été s'ils n'avaient point eu d'enfants mâles (¹). » Bien avant la reproduction de cet argument par M. Prévost, Laplace l'avait déjà réfuté ; et en effet, l'argument est le même que celui d'un joueur qui prétendrait changer les chances du jeu, et le résultat moyen d'un grand nombre d'épreuves, en adoptant le système de se retirer du jeu après le gain d'une ou de plusieurs parties [62]. Mais la question peut être envisagée sous un autre point de vue qui n'a pas été remarqué, et qui mettrait sur la voie de l'explication d'une des causes de la supériorité des naissances masculines.

Supposons que les parents soient portés à regarder l'établissement d'une fille comme une charge plus lourde que l'établissement d'un garçon : il y aura des familles dont la multiplication s'arrêtera après la naissance d'une ou de plusieurs filles, tandis qu'elle ne s'arrêterait pas après la naissance d'un même nombre de garçons. Or, il est probable que les chances de conception masculine varient d'un couple à l'autre, et qu'elles sont plus grandes pour le couple qui a déjà procréé un ou plusieurs garçons, que pour celui qui a procréé un même nombre de filles. Les mariages auraient donc plus de chances

---

(¹) *Bibliothèque universelle*, octobre 1829, p. 140.

d'un prolongement de fécondité, précisément quand les premiers-nés sont des garçons, et quand la supériorité de chance des naissances masculines augmente.

On arriverait à la même conséquence en partant d'une considération toute différente. Il est aujourd'hui bien reconnu que la mortalité des enfants en bas âge est sensiblement plus grande pour le sexe masculin que pour l'autre sexe. On peut encore moins douter que la disparition des enfants en bas âge n'équivale à la suppression d'un des obstacles qui limitent le nombre des naissances. La fécondité des mariages serait donc moyennement plus grande dans la catégorie des mariages qui ont donné d'abord des garçons, c'est-à-dire, dans une catégorie pour laquelle la chance moyenne de procréation d'un garçon atteint une plus grande valeur.

Si ce double aperçu était fondé, les causes qui rendent l'établissement des garçons plus difficile ou leur éducation plus dispendieuse, celles qui diminuent la mortalité des enfants en bas âge, tendraient à diminuer la supériorité des naissances masculines sur les naissances féminines; de manière néanmoins, selon toute apparence, à ce que la supériorité se maintînt en vertu de causes purement physiologiques, inhérentes à la constitution de l'espèce. Avant tout, il faudrait déterminer séparément la chance du sexe pour les enfants premiers-nés, et voir si elle diffère sensiblement de la moyenne générale. Plusieurs statisticiens ont en effet cru reconnaître que la supériorité des naissances masculines est sensiblement moindre chez les enfants premiers-nés; mais ce résultat a été contesté, et nous le regardons comme un de ceux qu'il serait le plus intéressant de mettre hors de doute.

169. On s'est livré aussi à des conjectures sur les causes du décroissement de la chance des naissances masculines, dans la catégorie des naissances illégitimes. Et d'abord, si cette chance décroît effectivement dans la catégorie des premiers-nés, par les causes que nous avons indiquées, elle doit par cela même décroître, dans le passage de la catégorie des enfants légitimes à celle des enfants illégitimes, où figure assurément un nombre de premiers-nés, proportionnellement beaucoup plus grand. Si la supériorité de l'âge du père sur l'âge de la mère, si la sévérité des mœurs et la rudesse des travaux (tant qu'elle ne fait qu'entretenir et développer la vigueur du corps), sont des causes de la prépondérance des naissances masculines, elles doivent évidemment tendre à rendre cette prépondérance plus sensible dans la catégorie des naissances légitimes. Ajoutons que la mortalité des nouveau-nés, et la proportion des mort-nés étant notablement plus grande pour le sexe masculin que pour le sexe féminin, il est certain que le rapport du nombre des conceptions masculines au nombre des conceptions féminines surpasse très-sensiblement le rapport du nombre des naissances masculines au nombre des naissances féminines. Or, si, dans le cours de la vie utérine, l'enfant du sexe masculin a moins de viabilité, ou moins de chances de résistance aux causes de destruction; et si d'autre part (comme on n'en peut malheureusement douter), de plus nombreuses causes de destruction menacent le fruit d'une conception illégitime, le concours de ces deux circonstances doit tendre à diminuer la proportion des naissances masculines dans la catégorie des naissances illégitimes.

Il se peut aussi, comme on l'a soupçonné, que de

fausses déclarations ou énonciations masquent, dans
les relevés des registres de l'état civil, la véritable proportion des sexes, pour les enfants nés hors mariage. Il
n'est pas invraisemblable que, parmi les enfants aban-
donnés, inscrits comme illégitimes quoique nés dans le
mariage, les garçons figurent dans une proportion
moindre que celle des naissances masculines aux naissances féminines. Il est plus difficile d'admettre, comme
quelques-uns l'ont proposé, que, dans un pays où les
registres de l'état civil sont bien tenus, on parvienne à
déguiser l'illégitimité de la naissance d'un nombre notable d'enfants naturels, et de préférence l'illégitimité
de la naissance des garçons.

170. Le rapport moyen du nombre des naissances
masculines au nombre des naissances féminines ayant été
trouvé [165] pour la France entière, et pour la période
de 1817 à 1840 inclusivement, égal à 1,0631, on en
conclut pour la valeur moyenne de la probabilité d'une
naissance masculine 0,515 29. Le *poids* de ce résultat
[107] est exprimé par le nombre

$$\frac{23\,215\,333^{\frac{3}{4}}}{\sqrt{2.11\,962\,811.11\,252\,522}} = 6817.$$

Si les causes dont l'influence s'étend solidairement sur
la généralité des naissances, ou sur des groupes de naissances, n'étaient pas sujettes à des variations irrégulières
ou progressives, de manière qu'on n'eût à compenser,
par la grandeur des nombres, que l'influence des causes
qui varient irrégulièrement d'une naissance à l'autre, il
y aurait 45 000 à parier contre 1 que l'erreur, en plus
ou en moins, dont le nombre 0,515 29 est affecté en
vertu des anomalies fortuites, tombe au-dessous de la

fraction 0,000 44; pourvu, bien entendu, qu'on admette l'exactitude des documents employés.

Quand on retranche la dernière année de la période, le nombre des naissances masculines est 11 473 437, et celui des naissances féminines 10 789 578; la valeur du rapport s'élève à 1,0636 : la valeur correspondante pour la probabilité d'une naissance masculine est 0,515 41, et le poids du résultat a pour valeur le nombre 6 676. Pour l'année 1840 en particulier, la valeur du rapport du nombre des naissances masculines au nombre total des naissances est 0,513 88. Faisons dans les formules du n° 108

$$m = 22\,263\,015,\ n = 11\,473\,437,\ m' = 952\,318,\ n' = 489\,374,$$
$$\delta = 0,515\,41 - 0,513\,88 = 0,001\,53:$$

nous aurons P $= 0,1834$, $\Pi = 0,5917$, pour la probabilité que l'écart n'est pas imputable aux anomalies du hasard. Cette probabilité est, comme on le voit, très-faible et sans signification possible, quoique l'année 1840 soit, après 1830 et 1828, celle des années de la période où le rapport a atteint sa plus petite valeur.

Le nombre total des naissances, dans les vingt-trois années écoulées de 1817 à 1839 inclusivement, ayant été, pour la France entière, de 22 263 015, le nombre moyen des naissances annuelles, dans cet intervalle, est 967 957, et la 86° partie de ce nombre, que nous considérerons comme la valeur moyenne du nombre des naissances annuelles, dans un département de population moyenne, est 11 255. Faisons, dans la formule (l) du n° 33, $m = 11\,255$, $p = 0,515\,41$, $l = 0,015\,41$, d'où $t = 2,313$: la valeur correspondante P $= 0,998\,93$ mesurera sensiblement la probabilité que le rapport du

nombre annuel des naissances masculines, au nombre
annuel des naissances des deux sexes, pour un département de population moyenne, tombe entre les limites
0,515 41 $\pm$ 0,015 41, ou 0,5 et 0,530 82. La moitié
de 1 — P, ou 0,000 53, mesurera sensiblement la probabilité que le rapport en question tombe au-dessous
de 0,5, ou que le nombre des naissances féminines surpasse fortuitement celui des naissances masculines. Ce
cas singulier ne devrait donc guère se produire qu'une
fois sur 2 000, tandis que, si l'on s'en rapporte aux tableaux annuels du mouvement de la population, dressés
dans les préfectures, il s'est produit 37 fois en 23 ans,
sur un nombre d'épreuves égal au produit de 86 par 23,
ou à 1978; d'où il faudrait conclure (indépendamment de la remarque déjà faite au n° 166) que la chance
moyenne des naissances masculines est sujette à éprouver
de fort notables variations, d'un département à l'autre
et d'une année à l'autre. Mais plusieurs des feuilles qui
présentent cette anomalie sont au nombre de celles qui
ont paru à M. Demonferrand suspectes sous d'autres rapports. Lorsqu'on sera plus rassuré sur leur exactitude, il
deviendra intéressant de suivre la marche des écarts pour
chaque département, et de voir s'ils accusent des perturbations dans les causes qui régissent solidairement la généralité des naissances, ou s'ils peuvent être attribués sans
invraisemblance à des causes dont les variations seraient
fortuites et indépendantes d'une naissance à l'autre.

Des lois de la mortalité et de la population.

171. Si l'on pouvait soustraire un être animé à toutes les causes accidentelles de destruction, soit qu'elles

occasionnent une mort soudaine et violente, soit qu'elles déterminent des maladies dont la mort est la suite au bout d'un temps plus ou moins long, on observerait la durée *naturelle* de sa vie, c'est-à-dire celle qui est déterminée par les conditions intrinsèques de son organisation. Cette durée varierait sans doute d'un individu à un autre de la même espèce; mais il suffirait d'un nombre assez borné d'observations pour obtenir une moyenne sensiblement fixe, et qui serait comme la mesure de la longévité de l'espèce. On peut approcher plus ou moins des conditions que nous venons de définir, et résoudre ainsi approximativement un des problèmes les plus intéressants de la zoologie, celui qui consiste à comparer les diverses espèces animales sous le rapport de la longévité, et à trouver, s'il se peut, la loi suivant laquelle la longévité dépend des variétés d'organisation, du jeu des fonctions et de l'action des milieux. A cet égard on ne possède encore que des ébauches.

En réalité il n'y a que peu ou point d'individus qui meurent de cette mort naturelle, amenée par l'impuissance de vivre : tous sont incessamment exposés à des causes de destruction contre lesquelles ils luttent avec plus ou moins de succès, selon leurs forces. Telle variation atmosphérique qui serait sans influence sur un jeune homme ou qui ne lui occasionnerait qu'une indisposition passagère, causera la mort d'un vieillard. La vie n'est en ce sens, comme l'a dit Bichat, qu'une résistance à la mort. Ainsi, même en ne faisant aucune distinction entre les causes de mort, on trouvera dans les variations de la mortalité suivant l'âge, le sexe et les autres conditions, une indication précieuse des variations de la vitalité. Bien entendu que la mortalité peut décroître,

soit parce que l'action des causes destructives diminue
d'intensité, soit parce qu'il y a accroissement dans la
résistance des forces vitales. Bien entendu aussi qu'un
surcroît d'énergie dans les forces vitales peut, à certaines époques de la vie, multiplier les dangers, et contribuer indirectement à l'accroissement de la mortalité.

Lorsqu'il s'agit en particulier de l'espèce humaine,
la connaissance des chances de mortalité est non-seulement d'une haute importance pour le médecin, pour
l'administrateur, pour l'économiste; mais elle a encore,
pour chacun de nous, un intérêt des plus vifs. Elle peut
nous prémunir, dans la conduite habituelle de la vie,
contre l'exagération des craintes et des espérances; elle
peut faciliter notre soumission aux lois sévères de la
nature.

172. Dès le milieu du XVIIe siècle, le célèbre Jean de
Wit, homme d'État et géomètre, s'occupait de la recherche des probabilités de la vie humaine, pour le calcul des rentes viagères; et il était naturel que la priorité
dans ces questions appartînt à la nation qui devançait
toutes les autres pour les institutions de banque et de
crédit. Un autre géomètre hollandais, initié comme Jean
de Wit au maniement des affaires, Hudde avait écrit
aussi sur le même sujet, au rapport de Leibnitz; mais
la première table de mortalité, calculée par l'astronome
Halley, d'après les registres de la ville de Breslau en
Silésie, a paru dans les *Transactions philosophiques* de
1693. Ce sujet n'a pas cessé d'attirer de préférence l'attention des statisticiens, et aujourd'hui le nombre des
tables publiées est considérable; mais, telles sont les difficultés de leur construction, que toutes les tables offrent
des divergences très-grandes, et qu'il s'écoulera sans doute

bien du temps avant qu'on n'arrive à des résultats pleinement satisfaisants.

Si l'on prenait au hasard un grand nombre d'enfants nouveau-nés, 10 000 par exemple, et qu'on les suivît jusqu'à l'instant de la mort, on pourrait inscrire, à côté de chaque âge, le nombre des survivants de cet âge, et l'on aurait ainsi une table de mortalité, d'où il serait facile de tirer une table des probabilités de la durée de la vie humaine. Cette table serait entachée des erreurs fortuites qui affectent toute table de probabilité déduite d'un nombre borné d'observations, même quand les conditions du hasard sont invariables pendant toute la durée des épreuves ; mais de plus elle serait affectée des variations brusques et irrégulières survenues dans les causes de mortalité pendant que l'épreuve a duré. Ainsi, l'invasion d'une épidémie dans la vingtième année de l'épreuve introduirait une perturbation dans la table pour l'âge de 19 à 20 ans. Si de plus, dans le laps de temps exigé pour la confection de la table, les causes de mortalité avaient éprouvé des variations lentes et progressives, tous les nombres de la table s'en trouveraient affectés ; et la portion de la table qui embrasse les âges avancés ne correspondrait plus à la portion qui embrasse les années de l'enfance et de la jeunesse.

Les corporations ou associations qui réunissent un grand nombre d'hommes dans un intérêt commun, peuvent tenir des registres particuliers d'après lesquels on construirait des tables de mortalité pour les membres du corps ou de l'association. Ces tables seraient affectées des causes de perturbation que l'on vient de signaler : de plus, leur point de départ serait ordinairement incertain, à cause que l'on n'entre pas au même âge dans le corps ou dans l'association ; elles n'apprendraient rien sur la loi de la mortalité dans les premières années de la vie ; et enfin elles ne pourraient pas s'appliquer à d'autres classes d'hommes que celles pour lesquelles on les aurait construites.

173. A la loi de la mortalité se rattache évidemment la loi de la population d'un pays, c'est-à-dire la loi d'après laquelle la population totale se distribue selon les âges. La population d'un pays est arrivée *à un chiffre stationnaire*, lorsque le nombre annuel des naissances est égal moyennement au nombre annuel des décès, et lorsqu'il n'y a pas de *mouvement extérieur*, ou lorsque les émigrations et les immigrations se compensent; mais cette double condition ne suffit pas pour que la loi de la population soit arrivée *à l'état stationnaire*. On peut supposer, par exemple, que le nombre des naissances décroisse, et qu'en même temps l'énergie des causes de mortalité s'affaiblisse, de manière à réduire d'autant le nombre des décès : alors la durée moyenne de la vie se prolongera, quoique le chiffre de la population soit resté le même. Il n'y aurait de variation, ni dans le chiffre des naissances, ni dans celui des décès, que la loi de la population pourrait varier encore : la mortalité se déplaçant en quelque sorte, ou n'affectant plus de la même manière les divers âges de la vie.

Si la loi de la population d'un pays peut être réputée stationnaire, et si les émigrations se compensent, pour chaque âge, avec les immigrations, un dénombrement qui fera connaître cette loi, fera connaître en même temps, et avec la même précision, la loi de la mortalité. Si, par exemple, le nombre des naissances annuelles étant 10 000, on trouve au 1er janvier 1841, 6 000 personnes de l'âge de 20 à 21 ans, c'est qu'il reste 6 000 personnes des 10 000 qui sont nées dans le cours de l'année 1820; et à cause de l'état stationnaire de la population, il restera au 1ᵉʳ janvier 1862, 6 000 personnes des 10 000 qui doivent naître en 1841. Supposons que le même dénombrement donne 5 900 personnes de l'âge de 21 à 22 ans : on en conclura que, sur 10 000 personnes, il y en a 100 qui meurent dans leur 22ᵉ année, et que sur 6 000 personnes ayant atteint 21 ans, il y en a 100 qui meurent avant d'atteindre 22 ans. Le rapport $\frac{100}{6\,000}$ est ce qu'on nomme le *danger annuel*, ou la probabilité, pour les individus qui ont atteint un âge déterminé, de mourir dans l'année qui doit suivre. La variation de ce rapport peut être regardée comme l'indice de la variation dans l'action des causes de mortalité, aux divers âges de la vie.

Ce qui précède suffit pour faire comprendre la construction des tables de mortalité au moyen d'un dénombrement par âges, et dans l'hypothèse d'une loi de population stationnaire. On doit remarquer que, pour le temps de la première enfance, où la mortalité varie très-rapidement, il convient de calculer ces tables par mois et non par années.

174. Concevons la table disposée de manière à donner le nombre des survivants à un âge donné. Supposons qu'on trouve que sur 10 000 enfants censés nés en même temps, 6 000 atteignent 21 ans, et 3 000 atteignent 65 ans. On en conclura que 34 ans est la valeur médiane du temps qui reste à vivre aux personnes âgées de 21 ans. C'est ce que les auteurs sont dans l'usage d'appeler la *vie probable* [68]. D'ordinaire on inscrit dans les

tables de mortalité, à côté de chaque âge, la vie probable correspondante. La vie probable, à l'instant de la naissance, ou la durée médiane de la vie, est l'âge où le nombre des personnes nées en même temps se trouve réduit à moitié.

Si l'on suivait un à un les 10 000 enfants nés dans la même année, la somme de leurs âges aux époques de leurs décès respectifs, divisée par 10 000, serait la durée moyenne de la vie, ou la *vie moyenne* [67]. Pareillement, si l'on suivait une à une les 6 000 personnes qui survivent à 21 ans, la somme des temps écoulés pour chacune d'elles depuis l'achèvement de la 21e année jusqu'au décès, divisée par 6 000, serait la vie ou plutôt la *survie moyenne*. Or, les tables de mortalité font connaître, 1° le nombre des enfants qui meurent avant d'avoir achevé leur 1re année, 2° le nombre des enfants qui meurent dans leur 2e année, et ainsi de suite. Si l'on suppose que tous les décès survenus dans le cours d'une année aient lieu à la même époque, par exemple au milieu de l'année, et si l'on calcule la moyenne en conséquence, on aura une valeur approchée de la vie moyenne. Cette valeur serait plus approchée si la table donnait les décès par mois; et en tout cas l'on peut faire en sorte que l'erreur soit négligeable, eu égard à celles qu'entraîne l'imperfection des données.

Dans l'hypothèse d'une loi de population stationnaire, la vie moyenne proprement dite, comptée du moment de la naissance, et en prenant l'année pour unité de temps, est égale au quotient du nombre qui exprime la population totale, par le nombre des naissances annuelles. Supposons, comme plus haut, 10 000 naissances annuelles et 100 personnes sur 10 000 qui meurent dans leur 22e année. Supposons en outre (pour la facilité des explications) que toutes les naissances et tous les décès aient lieu à un même jour de l'année. Dans la population totale au 1ᵉʳ janvier 1841, la catégorie des personnes qui doivent mourir à 22 ans se compose, 1° de 100 personnes nées en 1840 et qui doivent mourir en 1862, 2° de 100 personnes nées en 1839 et qui doivent mourir en 1861,... et enfin de 100 personnes nées en 1819 et qui doivent mourir en 1841. Le nombre total des personnes comprises dans cette catégorie est donc égal au produit de 100 par 22 ou de 22 par 100; et conséquemment on retrouvera la population totale en faisant la somme des produits de chaque âge par le nombre des enfants nés dans l'année et destinés à mourir à cet âge. Mais cette somme de produits, divisée par le nombre des naissances annuelles, est précisément la vie moyenne, comptée à partir de la naissance : donc, réciproquement, la vie moyenne est exprimée par le rapport de la population totale au nombre des naissances annuelles ([1]).

([1]) Désignons par $fx\,dx$ la probabilité, pour une personne de l'âge x, de mourir dans l'intervalle de temps dx; par Fx la probabilité, pour le nouveau-né, d'atteindre à l'âge x : on aura

$$d.Fx = -Fx.fxdx, \quad \text{d'où} \quad Fx = e^{-\int_0^x fxdx},$$

la fonction Fx devant se réduire à l'unité pour $x = 0$. Si l'on a

$$fx = f_1x + f_2x + \text{etc.},$$

de manière que f_1x, f_2x, etc., correspondent à des causes de mortalité qui agissent indépendamment les unes des autres, et qui ont chacune leur loi propre, il viendra

$$Fx = F_1x.F_2x\ldots:$$

F_1x désignant ce que deviendrait la fonction Fx, dans le cas où

175. Les difficultés pratiques d'un dénombrement général et surtout d'un dénombrement par âges sont très-

------

la cause de mortalité à laquelle correspond la fonction $f_i x$ agirait seule. Donc, si cette cause vient à être supprimée, et si l'on
désigne par (Fx) le nouvel état de la fonction Fx, on aura

$$(Fx) = \frac{Fx}{F_i x}.$$

La probabilité, pour le nouveau-né, de mourir à l'âge x, étant
égale à $-d.Fx$, il vient pour la durée moyenne de la vie, à partir de la naissance,

$$M = -\int_0^\infty x d.Fx = \int_0^\infty Fx\, dx,$$

ainsi qu'on le trouve en intégrant par parties, et en remarquant
que le produit xFx doit être considéré comme nul aux deux limites de l'intégrale. Pareillement, la durée moyenne de la vie,
à partir de l'âge x, a pour valeur

$$\frac{1}{Fx}\int_x^\infty Fx\, dx.$$

La durée médiane de la vie, à partir de la naissance, est la
racine ξ qui convient à l'équation $F\xi = \frac{1}{2}$; et la durée médiane
de la vie, à partir de l'âge x, est la racine ξ de l'équation

$$F(x + \xi) = \frac{1}{2}Fx.$$

Quand on suppose la loi de la population stationnaire, et
qu'on fait abstraction du mouvement extérieur, la loi de la population est encore exprimée par la fonction Fx; c'est-à-dire
que

$$\frac{Fx\, dx}{\int_0^\infty Fx\, dx}$$

est la probabilité de tomber au hasard sur une personne de
l'âge x; et que le nombre des habitants dont l'âge tombe entre

grandes. Les mouvements intérieurs et extérieurs de la population, les intérêts municipaux et privés s'opposent

---

x et x' est proportionnel à l'intégrale

$$\int_x^{x'} Fxdx:$$

ce nombre devenant

$$N\int_x^{x'} Fxdx,$$

si l'on prend l'année pour unité de temps, et si l'on désigne par N le nombre des naissances annuelles. En conséquence, l'expression de la population totale est

$$P = N\int_0^\infty Fxdx;$$

et le quotient de la population totale par le nombre des naissances annuelles reproduit, dans cette hypothèse, la valeur de la vie moyenne.

L'âge moyen des habitants est donné par la formule

$$\frac{\int_0^\infty xFxdx}{\int_0^\infty Fxdx},$$

et la valeur médiane de l'âge est la racine ξ de l'équation

$$\int_0^\xi Fxdx = \frac{1}{2}\int_0^\infty Fxdx.$$

D_0, D_1, D_2, etc., désignant les nombres des décès annuels, pour les individus dont l'âge, au moment du décès, tombe au-dessous d'un an, entre un an et deux ans, entre deux ans et trois ans, etc., on a

$$D_0 = N\left(1 - \int_0^1 Fxdx\right),$$
$$D_1 = N\left(\int_0^1 Fxdx - \int_1^2 Fxdx\right),$$
$$D_2 = N\left(\int_1^2 Fxdx - \int_2^3 Fxdx\right), \text{ etc.,}$$

et pour le nombre total des décès annuels,

à ce que les résultats de cette opération administrative comportent une grande précision quant au chiffre total,

$$D = D_0 + D_1 + D_2 + \text{etc.} = N,$$

conformément à l'hypothèse d'une population stationnaire.

On peut considérer à part la population masculine et la population féminine, et l'on aurait encore, toujours dans l'hypothèse d'une loi de population stationnaire,

$$M' = \int_0^\infty F' x\, dx, \quad M'' = \int_0^\infty F'' x\, dx, \quad P' = N'M', \quad P'' = N''M'' :$$

les lettres affectées d'un et de deux accents désignant respectivement, pour les populations masculine et féminine, les analogues des quantités désignées par les mêmes lettres, non accentuées, pour la population totale.

N' surpasse N''; mais, d'un autre côté, M'' paraît surpasser M'. Si l'on adoptait les nombres de M. Demonferrand, calculés, il est vrai, pour une population non stationnaire, on aurait

$$M' = 38^{\text{ans}} 4^{\text{mois}}, \quad M'' = 40^{\text{ans}} 10^{\text{mois}}, \quad \frac{M''}{M'} = 1{,}0652.$$

Suivant Rickman, on aurait en Angleterre

$$M' = 32^{\text{ans}}, \quad M'' = 34^{\text{ans}}, \quad \frac{M''}{M'} = 1{,}0625.$$

Ces valeurs du rapport $\frac{M''}{M'}$ se rapprochent assez des valeurs très-probables du rapport $\frac{N'}{N''}$, pour qu'on ait quelque lieu de croire que le rapport $\frac{P'}{P''}$ différerait peu de l'unité dans le cas d'une loi de population stationnaire, ou, en tout cas, en différerait moins que n'en diffère le rapport $\frac{N'}{N''}$: comme si la supériorité des naissances masculines avait pour cause finale une compensation approchée de l'abréviation de la vie moyenne, ou de la supériorité des chances de mortalité, pour les individus du sexe masculin. Bien entendu qu'il serait déraisonnable d'admettre une

et l'exactitude dans la répartition suivant les âges doit être réputée impossible. Cependant la répétition fréquente de cette opération qui se fait en France tous les cinq ans, le perfectionnement des rouages administratifs, les moyens de contrôle fournis par les relevés des actes de l'état civil et par les tableaux du recrutement militaire, donnent lieu d'espérer que les résultats du recensement quinquennal serviront un jour de bases solides aux investigations statistiques.

---

compensation rigoureuse, et de supposer que les fonctions $F'x$, $F''x$ s'ajustent de manière que les intégrales M', M'' soient précisément en raison inverse des nombres N', N'', déterminés par un système de causes efficientes, très-distinct de celui qui influe sur les intégrales M', M''. Quelle que soit l'idée qu'on se forme de la finalité des œuvres de la nature, il est certain qu'elle ne procède pas avec cette exactitude mathématique.

Tout récemment, M. Pouillet a proposé, pour le cas d'une population qui a subi l'influence de causes perturbatrices, et qui se rapproche graduellement de l'état stationnaire, une loi exprimée par la proportion

$$\frac{D'}{P'} : \frac{D''}{P''} :: N' : N'';$$

ce qui donnerait $P' = P''$ à la limite, quand D' et D'' deviennent respectivement égaux à N', N''. Les objections qu'on a faites à cette loi prouvent très-bien qu'elle ne comporte pas une rigueur mathématique, et il n'était pas nécessaire de pousser pour cela les calculs jusqu'à la 6ᵉ décimale, puisque le rapport-limite $P' = P''$ ne peut lui-même passer, bien évidemment, que pour une approximation, même après la compensation de toutes les anomalies fortuites. Néanmoins la relation indiquée par M. Pouillet, et donnée comme le résultat d'une compensation approchée, n'en serait pas moins remarquable, précisément en ce qu'elle dénoterait une tendance des causes naturelles à maintenir à peu près l'égalité des nombres P', P'' au sein d'une population stationnaire.

Au lieu d'opérer un dénombrement par âges, si l'on fait le dépouillement annuel des actes de décès, qui doivent, aux termes de la loi française, mentionner l'âge du décédé, on trouvera immédiatement le nombre des décédés de chaque âge; et en comparant ces nombres à celui des naissances annuelles, on construira (toujours dans l'hypothèse d'une loi de population stationnaire) la table de mortalité, laquelle pourra servir à son tour à construire la table de la population, telle que le recensement par âges la donnerait. Cette méthode, bien plus facilement praticable que la précédente, est en effet celle qu'on a suivie dès l'origine. Les inexactitudes qui l'affectent tiennent aux inexactitudes des registres mêmes, surtout en ce qui concerne les indications d'âge, et aux chances d'erreur dans le travail du dépouillement.

176. Si l'on fait abstraction, pour un moment, de ces sources pratiques d'erreur, la détermination de la loi de mortalité et de tous les éléments qui s'y rattachent, restera encore affectée, 1° des anomalies proprement fortuites, résultant de ce que le nombre des épreuves du même hasard est limité, et dont on peut atténuer indéfiniment l'influence en opérant sur des nombres de plus en plus grands; 2° des anomalies qui tiennent à des changements brusques dans les conditions du hasard ou dans les causes de mortalité. Si, par exemple, une épidémie a fait de grands ravages en 1832, le dénombrement de 1842 en offrira des traces dans toutes les classes de la population au-dessus de 10 ans. Elles comprendront moins d'individus qu'elles ne devraient en comprendre, par comparaison avec les classes d'âge inférieur. Le dénombrement accusera une mortalité trop forte dans le passage des âges inférieurs aux âges supérieurs; et au

contraire le relevé des actes de décès en 1842 accusera une mortalité trop faible dans les classes supérieures qui comprennent moins d'individus, et par conséquent offrent moins de décès qu'elles ne devraient régulièrement en comprendre et en offrir. Cette remarque s'applique *à fortiori* aux vides laissés dans la population virile par de longues guerres, telles que celles qui ont bouleversé l'Europe pendant vingt-quatre ans, à la suite de la révolution française.

177. Lorsque les émigrations et les immigrations, sans se compenser pour chaque âge, suivent une loi sensiblement constante, la loi de la population est encore stationnaire; mais, pour déduire dans ce cas la loi de la mortalité, soit d'un dénombrement par âges, soit du dépouillement des registres de décès, il faudrait connaître les lois auxquelles sont assujetties les émigrations et immigrations. Par exemple, la population des grandes villes se recrute d'hommes de toute profession qui viennent y chercher du travail ou des jouissances, et beaucoup d'enfants en bas âge en sortent pour aller mourir au loin, chez des nourrices. Par ces diverses causes, le relevé des actes de décès d'une grande ville, comparé au chiffre des naissances annuelles, ne peut donner une juste idée des chances de mortalité, qu'autant que l'on tient compte du mouvement extérieur. Réciproquement, la loi du mouvement extérieur, supposée constante, sera donnée par la comparaison du relevé des actes de décès avec un dénombrement par âges (1).

---

(1) Voyez à ce sujet le mémoire de Fourier, intitulé *Notions générales sur la population*, et placé en tête du premier volume des *Recherches statistiques sur la ville de Paris*, 1821.

178. Enfin tous les pays soumis à l'influence de notre civilisation européenne sont encore loin de cet état stationnaire auquel nous supposons ramenées la loi de la population et celle de la mortalité. D'une part, la loi de la mortalité, en subissant l'influence de causes modificatrices, progressives et séculaires, fait varier indirectement la loi de la population; d'autre part, les conditions du développement de la population sont directement modifiées (par exemple à la suite de défrichements ou de l'introduction de nouvelles cultures), indépendamment de la variation des causes de mortalité.

Dans tous les États de l'Europe, à l'époque actuelle, la population est croissante, quoique la rapidité de son accroissement soit très-inégale d'un pays à l'autre. Il faut absolument tenir compte par le calcul de cet accroissement séculaire, si l'on veut construire une table de mortalité avec les relevés des décès annuels. Le calcul de correction serait très-simple, si l'accroissement de population ne résultait que de l'accroissement du nombre des naissances, sans que les chances de mortalité aux différents âges fussent modifiées; mais c'est ce qu'on ne peut admettre, en sorte que pour faire la correction rigoureusement, il faudrait déjà connaître précisément la loi que l'on cherche. Cependant on peut faire cette correction par tâtonnements, avec une précision suffisante, eu égard à l'incertitude qui règne sur les autres données du calcul.

179. En raison de toutes les causes d'erreur et d'incertitude dont nous avons signalé les principales, on observe, comme nous l'avons dit, de très-grandes divergences dans les tables de mortalité calculées jusqu'ici. On a coutume de les distribuer en deux catégories : les

tables à mortalité lente et les tables à mortalité rapide.
Les compagnies dont les spéculations embrassent les
payements des rentes viagères ou les assurances sur la
vie, choisissent pour bases de leurs calculs, selon que
leur intérêt s'y trouve, tantôt les tables à mortalité lente,
tantôt celles à mortalité rapide. En France, on a employé longtemps et l'on emploie encore comme type de
mortalité lente la table de Deparcieux, calculée vers 1746,
sur les listes mortuaires des tontines de 1689 et 1696,
comprenant environ 9 000 décès. Au contraire, la table publiée en 1806 par Duvillard, et (d'après son dire) calculée
sur une liste d'environ 100 000 décès, antérieurs à la révolution, donne certainement, dans l'état actuel des choses,
une mortalité beaucoup trop rapide. La comparaison que
M. Bienaymé a faite, en 1835, des tableaux de recrutement avec les relevés officiels du mouvement de la population, a mis ceci hors de doute. Les calculs de M. Quetelet pour la Belgique conduisent aussi à une loi de mortalité sensiblement plus lente que celle de Duvillard; et
enfin M. Demonferrand, en opérant le dépouillement
complet des relevés officiels, a trouvé, pour la France
entière, une mortalité beaucoup plus lente encore (¹),
mais très-inégale d'un département à l'autre. Voici un
tableau sommaire où les nombres de Duvillard sont mis
en regard de ceux de M. Demonferrand, de manière à
donner une idée de la divergence des tables, et des limites entre lesquelles elle est comprise :

(¹) L'extrait du travail de M. Demonferrand a paru dans le
26ᵉ cahier du *Journal de l'École polytechnique*, p. 249 et suiv.

ANNÉES D'AGE.	SURVIE MOYENNE, suivant			DANGER ANNUEL, suivant		
	DUVILLARD.	M. DEMONFERRAND.		DUVILLARD.	M. DEMONFERRAND.	
		Hommes.	Femmes.		Hommes.	Femmes.
	Ans. Mois.	Ans. Mois.	Ans. Mois.			
0	28 8	38 4	40 10	0,2325	. . . .	. . . .
1	36 4	45 2	46 8	0,1246	0,0639	0,0620
2	40 5	47 3	49 0	0,0702	0,0377	0,0368
3	42 5	47 10	49 6	0,0415	0,0254	0,0252
4	43 4	48 1	49 9	0,0259	0,0189	0,0187
5	43 5	48 4	49 9	0,0174	0,0152	0,0151
10	40 10	47 0	47 5	0,0077	0,0065	0,0064
15	37 5	43 7	43 8	0,0095	0,0057	0,0066
20	34 3	40 0	40 1	0,0117	0,0090	0,0079
25	31 4	37 3	36 10	0,0138	0,0111	0,0091
30	28 6	34 0	33 5	0,0155	0,0084	0,0096
35	25 9	30 6	30 0	0,0171	0,0088	0,0106
40	22 11	27 0	26 7	0,0189	0,0096	0,0117
45	20 0	23 5	23 2	0,0216	0,0126	0,0134
50	17 3	19 11	19 7	0,0259	0,0154	0,0157
55	14 6	16 6	16 3	0,0327	0,0209	0,0224
60	11 11	13 3	13 2	0,0430	0,0301	0,0315
65	9 8	10 7	10 6	0,0589	0,0456	0,0481
70	7 7	8 1	8 1	0,0815	0,0658	0,0690
75	5 10	6 2	6 2	0,1157	0,1120	0,1134
80	4 7	4 9	4 9	0,1677	0,1420	0,1480
85	4 2	3 10	3 9	0,2239	0,2060	0,2120
90	3 10	3 2	3 2	0,1923	0,2350	0,2410
95	2 11	2 2	2 2	0,2542	0,3300	0,3500
100	2 1	1 4	1 4	0,3492	0,5500	0,5200
105	1 5	0 6	0 7	0,4967	0,9000	0,8500

180. Les écarts des tables portent principalement sur la mortalité dans la première enfance. A cette époque de la vie, la mortalité est si rapide que, suivant M. Quetelet, le nombre des enfants est réduit d'un dixième à la fin du premier mois qui suit la naissance, et d'un quart à la fin de la première année. Il meurt dans le premier mois quatre fois autant d'enfants que dans le second mois, et presque autant que dans les deux années qui suivent la première, quoique la mortalité soit encore très-forte alors. Le *maximum* de la survie moyenne a lieu vers l'âge de 5 ou 6 ans, et le *minimum* du danger annuel vers l'âge de 12 à 14 ans, immédiatement avant la puberté. Après 50 ans, les discordances des différentes tables deviennent beaucoup moins sensibles; et l'on peut regarder la loi de la mortalité comme assez bien connue pour la période de la vie qui s'étend depuis cet âge jusqu'aux âges très-avancés, où l'incertitude des tables redevient très-grande, eu égard au petit nombre des cas de longévité anomale.

181. La loi de mortalité n'est point la même pour les deux sexes. Même avant la naissance, comme nous l'avons déjà remarqué [168 et 169], les chances de mort atteignent de préférence les enfants du sexe masculin, ainsi que cela est mis hors de doute par les relevés des actes de décès des enfants mort-nés, qui donnent environ 13 ou 14 garçons pour 10 filles. D'après les recherches de M. Quetelet, la mortalité des garçons continue à l'emporter très-sensiblement sur celle des filles pendant les dix mois qui suivent la naissance, quoique celle des garçons aille toujours en se ralentissant relativement. Vers deux ans, la mortalité des deux sexes devient à peu près la même. La mortalité des femmes surpasse celle des hommes vers

l'âge de la puberté. De 20 à 25 ans, époque des passions les plus vives, la mortalité des hommes redevient prédominante; puis celle des femmes l'emporte de nouveau jusqu'à 5o ans, ou pendant tout le temps que dure leur fécondité. La statistique ne confirme point le préjugé vulgaire sur l'existence d'un *maximum* de mortalité chez les femmes, vers l'époque critique où cette fécondité cesse. Le danger annuel va en croissant avec l'âge, pour les femmes, depuis l'âge de puberté jusqu'à la mort, tandis que, pour les hommes, il passe par un *maximum* vers 24 ans et par un *minimum* vers 3o ans. Ces résultats, pour lesquels les calculs de M. Demonferrand s'accordent avec ceux de M. Quetelet, sont au nombre des plus intéressants que la statistique ait pu recueillir. Il importera de les vérifier soigneusement à l'époque où l'on ne pourra plus craindre que la loi de la population soit encore altérée par les vides que la guerre a laissés dans les générations viriles.

A partir de 5o ans, le danger annuel serait sensiblement le même pour les deux sexes, suivant M. Quetelet; il continuerait d'être un peu plus grand pour les femmes (contrairement encore à un préjugé vulgaire), d'après les tables de M. Demonferrand.

La mortalité est plus grande dans les villes que dans les campagnes. Elle varie considérablement selon les influences locales et climatériques, selon les mœurs et les professions; mais nous nous écarterions de notre plan, si nous entrions à ce sujet dans de plus grands détails.

CHAPITRE XIV.

DES ASSURANCES.

—

182. Le contrat d'*assurance*, à peine connu des jurisconsultes anciens, tend à devenir, par suite du progrès des institutions commerciales et de l'esprit d'association, un des actes les plus ordinaires de la vie : la théorie des assurances, envisagée dans sa généralité, se rattache trop étroitement à la doctrine mathématique des chances et du hasard, pour que nous n'y consacrions pas un chapitre particulier.

Supposons, afin de traiter d'abord le cas le plus simple, qu'un grand nombre de particuliers assurent chacun une chose A, susceptible de périr par cas fortuit. Soient a la valeur vénale de la chose assurée, abstraction faite de toute chance de perte ; p la chance de perte dans un temps donné, dans un an par exemple, ou ce qu'on peut appeler, pour abréger, le *risque annuel* ; m le nombre des propriétaires qui s'assurent : on a la probabilité P que la valeur totale et annuelle des sinistres, ou la somme annuelle des indemnités payables par la caisse d'assurance, tombera entre les limites

$$mpa \pm ta \sqrt{2mp(1-p)},$$

les nombres P et t ayant entre eux la liaison indiquée au n° 33.

Si l'assurance est *à prime fixe*, et que ϖ désigne le taux de la prime, en sorte que ϖa soit la somme annuelle payée par l'assuré, ϖ devra évidemment surpasser p, non-seulement à cause des frais de gestion et de l'intérêt des capitaux de roulement et de réserve, mais encore afin de procurer à l'assureur les bénéfices auxquels son industrie lui donne droit. Le *boni* annuel de la caisse d'assurance, ou la somme sur laquelle doivent se prendre, tant les frais de gestion et l'intérêt des capitaux que les bénéfices de l'assureur, devra, avec la probabilité P, osciller entre les limites

$$ma(\varpi - p) - ta\sqrt{2mp(1-p)},$$

et

$$ma(\varpi - p) + ta\sqrt{2mp(1-p)}.$$

En général, quand il s'agit d'assurances *sur les choses*, le risque p est une fraction fort petite ([1]). Soit,

---

([1]) M. Lacroix parle d'un mémoire manuscrit où le risque d'incendie, pour les maisons couvertes en ardoises et bâties en pierres, était évalué à $\dfrac{1}{20\,000}$ (*Traité élémentaire du calcul des probabilités*, p. 241 de la 3e éd.). D'après une note qu'on a bien voulu me communiquer, il a été payé à une agence d'assurances mutuelles contre l'incendie, pour la cotisation annuelle d'une maison sise à Paris, estimée 300 000 francs,

En 1836	44f.	95c.
1837	36	70
1838	34	65
1839	37	15
1840	34	»
1841	35	55
1842	29	90
Moyenne	36	12

par exemple, $p = 0,001$, $\varpi = 0,0015$, $m = 10\,000$:
on aura la probabilité $0,571$ que le nombre des *sinistres*
ne surpassera pas 12 et ne tombera pas au-dessous de 8,
ce qui fait tomber le boni entre les limites $3a$ et $7a$, ou
$(5 \pm 2)a$; et il devra arriver assez fréquemment (environ
48 fois sur 1 000) que la caisse d'assurance supporte un
déficit. Il faudrait porter ϖ à $0,002$, ou au double de
la valeur de p, pour rendre le cas d'un déficit extrêmement peu probable ([1]).

---

ou environ 12e par 1 000 francs, ce qui cadre assez bien avec le
nombre rapporté par M. Lacroix.

Comme cas extrême, on peut citer le risque de perte des
vaisseaux baleiniers, que les compagnies anglaises évaluent,
dit-on, à $\dfrac{1}{100}$.

([1]) Quand le produit mp est un nombre aussi peu considérable,
il faut absolument tenir compte du second terme de la formule
(P), donnée dans la *note* sur le n° 33, ou même, pour plus d'exactitude, il faut recourir à cette autre formule d'approximation

$$P = e^{-pm}\left(1 + \frac{pm}{1} + \frac{p^2 m^2}{1.2} + \ldots + \frac{p^n m^n}{1.2.3\ldots n}\right), \quad (p)$$

qui a été donnée par M. Poisson (*Recherches sur la probabilité des
jugements*, p. 206), et dans laquelle P exprime la probabilité
qu'il n'y aura pas plus de n sinistres pour m assurances.

Afin qu'on puisse mieux juger du degré d'approximation de
cette dernière formule, nous comparerons les nombres qu'elle
donne pour $p = 0,01$, $m = 200$, avec ceux que M. Lacroix a pris
la peine de calculer par les formules rigoureuses (p. 244 de l'ouvrage cité dans la note précédente), et nous formerons ainsi le
tableau suivant, dans lequel n désigne le nombre des sinistres,
(p) la probabilité de n sinistres, P la somme des nombres inscrits dans la colonne (p), ou la probabilité qu'il n'arrivera pas
plus de n sinistres :

Quand on prend $m = 100\,000$, la valeur de ϖ restant égale à $0,0015$, ou continuant de surpasser d'un demi pour mille le risque assuré, on a la probabilité $\frac{1}{2}$ que le boni tombera entre les limites

$$(50 \pm 6,742)a,$$

VALEURS de n.	VALEURS DE (p)		VALEURS DE P	
	exactes.	approchées.	exactes.	approchées.
0	0,133 980	0,135 335	0,133 980	0,135 335
1	0,270 667	0,270 670	0,404 647	0,406 005
2	0,272 034	0,270 670	0,676 681	0,676 675
3	0,181 355	0,180 447	0,858 036	0,857 122
4	0,090 220	0,090 223	0,948 256	0,947 345
5	0,035 723	0,036 089	0,983 979	0,983 434
6	0,011 727	0,012 029	0,995 706	0,995 463
7	0,003 283	0,003 437	0,998 989	0,998 900
8	0,000 800	0,000 859	0,999 789	0,999 759
9	0,000 172	0,000 191	0,999 961	0,999 950
10	0,000 033	0,000 038	0,999 994	0,999 988
11	0,000 005	0,000 007	0,999 999	0,999 995

Les différences sont de l'ordre de celles qu'il est très-permis de négliger; et l'on sera, à plus forte raison, autorisé à se servir de la formule (p) pour de plus grandes valeurs de m, ou pour de plus petites valeurs de p, comme celles qui se présentent ordinairement. Afin d'éviter une trop grande complication, nous continuerons de supposer dans le texte qu'on peut faire usage de la formule (P) du n° 33, réduite à son premier terme.

et l'on est autorisé à regarder le cas d'un déficit presque comme physiquement impossible. En admettant que l'assureur, pour obtenir cet accroissement d'affaires, ou pour tenir tête à la concurrence, eût abaissé le taux de la prime à un et quart par mille, non-seulement ses bénéfices moyens seraient quintuplés, mais en outre il devrait se regarder comme suffisamment garanti contre la survenance d'un déficit.

183. Il semble au premier coup d'œil que, si le particulier, ou la compagnie qui assure, continue ses opérations pendant une longue suite d'années, avec des capitaux suffisants, la perte d'une année peut se compenser avec les bénéfices des années antérieures ou postérieures : de sorte qu'en embrassant, par exemple, une série de dix années, l'assureur aurait la même sécurité, et pourrait autant abaisser le taux de la prime que s'il n'opérait qu'en une seule année, sur un nombre décuple d'assurances. Mais on tomberait ainsi dans une erreur grave, que M. Bienaymé a justement relevée ([1]). Ceci tient aux effets de l'intérêt composé. Supposons que la compagnie liquide ses affaires au bout de dix ans : si les pertes extraordinaires ont porté sur la première année, l'intérêt composé des capitaux dont elle a dû faire l'avance grève considérablement sa caisse ; et si au contraire cette première année a été extraordinairement favorable, l'intérêt composé des bénéfices réalisés dès la première année, accroît considérablement le bénéfice définitif des actionnaires. En conséquence, plusieurs compagnies faisant le même nombre d'affaires, dans le même laps de temps, et courant les mêmes chances,

([1]) **Extrait du journal** *l'Institut*, numéro du 20 juin 1839.

pourront, les unes, réaliser de grands bénéfices, les autres supporter de grandes pertes, ou même absorber leurs capitaux de réserve, et se trouver contraintes de liquider avant le temps fixé, si le nombre annuel des affaires n'est pas suffisant pour resserrer convenablement les oscillations du hasard. Leur entreprise sera au fond une spéculation aléatoire. Les compagnies placées dans de telles circonstances ne peuvent se prémunir contre les chances de ruine que par l'exagération de la prime. Lors même qu'elles disposeraient de capitaux suffisants pour les garantir d'une liquidation forcée, le prolongement indéfini de la durée de leurs opérations ne resserrerait pas indéfiniment pour elles les limites de la perte et du gain fortuits moyens : l'action de l'intérêt composé tendant à amplifier les écarts à peu près en raison inverse de l'atténuation produite par l'accumulation des affaires avec le laps du temps.

184. On a voulu expliquer par la distinction de l'*espérance mathématique* et de l'*espérance morale* [52] l'avantage que le contrat d'assurance procure à l'assuré, tout en devenant pour l'assureur une source de bénéfices (¹). Mais, à notre avis, ces explications, malgré le nom des auteurs qui les ont proposées, sont vagues et arbitraires, et il n'y a nul motif réel d'y recourir. La sécurité que le contrat d'assurance donne à l'assuré, est un bien sans doute, mais un bien moral, inappréciable, qui ne peut figurer sur le bilan du particulier assuré, qui n'accroît directement ni sa richesse propre,

---

(¹) Voyez notamment un mémoire de Fourier, inséré par extrait dans les *Annales de chimie et de physique* pour 1819, t. X, p. 177.

ni la richesse sociale, considérée comme la somme des richesses que possèdent séparément tous les membres de la société. L'effet de l'institution des assurances n'en est pas moins, en général, de procurer par voie indirecte un accroissement appréciable dans les fortunes particulières et dans la richesse sociale. Ainsi, un immeuble susceptible de périr par cas fortuit, aura dans le commerce une valeur moindre que l'immeuble productif du même revenu, et dont l'exploitation est d'ailleurs soumise aux mêmes conditions, mais qui ne court pas la même chance de perte. Si p désigne la chance de perte dans l'année, a la valeur du second immeuble, r le rapport du revenu au capital, pour cet immeuble, la dépréciation du premier immeuble sera en général beaucoup plus grande que $\frac{pa}{r}$. Tel ou tel acheteur serait sans doute disposé, selon son humeur et ses convenances, à faire peser sur l'immeuble une dépréciation plus ou moins forte : mais il en sera de ces estimations individuelles comme de toutes celles qui ont lieu dans les marchés isolés, et que le cours du commerce ramène ou tend à ramener à un taux normal et moyen. L'expérience, c'est-à-dire ici la cote des cours, peut seule faire connaître l'étendue de la dépréciation de l'immeuble due à la chance de perte. C'est une fonction des éléments p et a, du genre de celles que nous avons nommées ailleurs *fonctions empiriques*, dont la détermination, impossible pratiquement dans l'état actuel des choses, à cause des variations rapides et progressives du système des valeurs, exigerait des observations nombreuses et un système économique sensiblement stationnaire. Seulement, comme nous venons de le dire, il est permis d'affirmer que cette dépréciation surpasse notablement $\frac{pa}{r}$.

En effet, l'on a vu que, plus le nombre des assurés augmente, plus l'assureur peut abaisser le taux de la prime et est amené à l'abaisser par la concurrence, de manière que la somme annuelle demandée à l'assuré surpasse de moins en moins pa, ou corresponde à une dépréciation en capital de moins en moins supérieure à $\frac{pa}{r}$. Inversement, plus le nombre des assurés décroît, plus l'assureur doit élever le taux de la prime, afin d'obtenir une garantie suffisante contre les chances de perte, et plus l'incertitude de la spéculation réduit la concurrence qui l'obligeait à se contenter d'une prime moins forte. Plus, par conséquent, la dépréciation de l'immeuble surpasse $\frac{pa}{r}$. Dans le cas fictif d'un seul assuré, le taux de la prime et la dépréciation correspondante atteindraient leur *maximum*, sans quoi il faudrait admettre (ce qui répugne) que le taux de la prime, après avoir été en croissant par suite du décroissement du nombre des assurés, redevient décroissant pour un nombre d'assurés plus petit encore. Mais, quand l'acheteur d'un immeuble grevé de chances de sinistre, se trouve dans l'impossibilité de s'assurer, il y a forcément en lui confusion des qualités d'assureur et d'assuré : il est dans la position d'un assureur qui n'aurait qu'un assuré, et pour qui le taux de la prime atteindrait son *maximum*. La dépréciation qu'il fait subir à l'immeuble, et dont l'intérêt représente cette prime fictive, doit donc surpasser celle qui se calculerait en raison de la prime d'assurance, dans les cas d'assurance les plus défavorables ([1]).

Ceci ne veut pas dire, bien entendu, que tout acquéreur de l'immeuble grevé de la chance de sinistre, lui fera précisément subir cette dépréciation, ni même qu'on ne trouvera pas des acquéreurs disposés à acheter, absolument comme si la chance de sinistre n'existait pas. Il s'agit ici, non des causes accidentelles qui déterminent les conditions de tel ou tel marché, mais des lois économiques qui règlent les résultats généraux et moyens, compensation faite des écarts fortuits.

Du moment qu'il existe des entreprises offrant toute garantie, et qui, moyennant une prime annuelle ϖ, peu différente de p, assurent l'immeuble grevé de risques, il n'y a plus de raison pour que la dépréciation surpasse $\dfrac{\varpi a}{r}$, ou le capital dont l'intérêt, calculé sur le taux des placements immobiliers de cette nature, suffirait au payement annuel de la prime. La fortune du propriétaire

---

[1] On serait peut-être tenté d'objecter que l'administration d'une loterie en monopole parvient bien à placer ses billets à un prix qui surpasse la valeur de l'espérance mathématique [55]; mais l'objection n'aurait pas de bases solides. Les loteries s'adressent à une catégorie tout exceptionnelle d'hommes que l'ignorance ou la passion égarent, pour qui le jeu est devenu un besoin factice, et qui sont bien obligés de s'adresser, pour le satisfaire, à l'administration investie du monopole des chances. Au contraire, en général, l'enchérisseur d'un immeuble mis en vente n'éprouve nullement le besoin de jouer. Loin de rechercher la chance inhérente à son marché, il la subit contre son gré. S'il avait, par hasard, la passion du jeu, il spéculerait plutôt sur des chances qui lui présenteraient, avec de petites probabilités de gain, l'appât de gros bénéfices.

de l'immeuble grevé, et par suite la richesse sociale, considérée comme la somme des richesses particulières, se trouve accrue en capital de toute la différence entre $\dfrac{\varpi a}{r}$ et la dépréciation que subissait l'immeuble lorsque le propriétaire n'avait aucun moyen de s'affranchir du risque. Cet accroissement de richesse sociale, que des perfectionnements ultérieurs rendront sans doute plus sensible à tous les yeux, est le résultat, non du contrat d'assurance, mais de l'institution de l'assurance : car il importe peu, pour fixer la valeur de l'immeuble dans le commerce, que l'immeuble soit actuellement assuré ; il suffit qu'il puisse l'être au gré du propriétaire ; et c'est un des points par où notre théorie se distingue essentiellement de celles qui reposent sur une prétendue mesure de l'espérance morale.

Outre cet effet, dû à l'institution de l'assurance, il y en a un autre résultant du fait même du contrat, et tendant à prévenir le déchet du capital social. Lorsqu'une maison assurée vient à périr par l'incendie, le capital du propriétaire se trouve détruit, et s'il rebâtit la maison incendiée, ce n'est point sur ses économies qu'il prend les fonds nécessaires ; il y consacre des capitaux distraits d'un autre emploi productif. Au contraire, si la maison est assurée, le capital est rendu au propriétaire ; et ce capital, fourni par les primes des coassurés, est un prélèvement fait sur les revenus de la masse, une épargne qui, à la rigueur, aurait pu se faire, mais qui, dans le cours ordinaire des choses, ne se serait pas faite sans le contrat d'assurance.

185. Nous avons expliqué comment l'institution de l'assurance tend à accroître la valeur vénale des fonds

grevés de risques, et par suite la richesse sociale. Du reste, l'assurance, par elle-même, ne crée pas matériellement des valeurs et ne s'oppose pas à la destruction matérielle des valeurs produites. On pourrait même craindre qu'en amenant un relâchement de surveillance, elle n'occasionnât des destructions plus fréquentes. Mais il ne faut pas confondre l'accroissement de richesse dû à une hausse des valeurs, avec l'accroissement résultant d'un surcroît de production matérielle. La somme des richesses ou des valeurs susceptibles d'entrer dans le commerce peut changer considérablement d'une époque à l'autre et d'un pays à l'autre, sans qu'il y ait des variations du même ordre, ou lors même qu'il y aurait des variations en sens contraire dans la production matérielle. Il appartient à la science connue sous le nom d'économie politique, de développer les conséquences de cette distinction fondamentale (1).

Quand le contrat d'assurance porte sur les risques de la fabrication et du commerce, il devient ou peut devenir la cause d'un accroissement de production et de consommation matérielle, en même temps que d'un accroissement de richesse ou de valeur, par l'encouragement qu'il donne à l'activité industrielle et commerciale [54]. Il est clair que le spéculateur prudent renoncera, à cause de la gravité des risques, à telle entreprise susceptible de lui procurer de grands bénéfices, d'alimenter d'autres industries, d'augmenter le bien-être des consommateurs, et de tourner au profit du corps social tout entier; tandis qu'il n'hésitera pas à la former s'il peut,

(1) Voyez notamment nos *Recherches sur les principes mathématiques de la Théorie des Richesses*, chap. I et XII.

moyennant une prime, acheter la garantie du risque.

186. A côté de l'institution des *assurances à primes* vient se placer, en pratique comme en théorie, l'institution des *assurances mutuelles*. Si les m individus qui possèdent chacun la chose A [182] s'associent pour supporter en commun les pertes que quelques-uns d'entre eux éprouveront fortuitement, dans le cours de l'année, il y aura (m désignant toujours un grand nombre) la probabilité P que la part contributive de chacun d'eux tombera entre les limites

$$ pa \pm ta \sqrt{\frac{2p(1-p)}{m}} : $$

en outre de quoi chaque associé devra supporter sa part dans les frais de l'association. A mesure que le nombre des associés augmente, les variations fortuites de la part contributive tombent entre des limites plus rapprochées, et elle tend à se convertir en prime fixe.

D'un autre côté, à mesure que le nombre des associés augmente, il devient plus difficile à chaque intéressé d'exercer sur les agents de l'association une surveillance efficace. En général on peut dire que, pour de très-grandes valeurs de m, et lorsque la concurrence resserre dans de justes limites les bénéfices de l'assureur, le grand principe économique de la division de la responsabilité et du travail tend à faire préférer le système des assurances à primes fixes au système des assurances mutuelles.

Au contraire, lorsque le nombre des assurés est trop petit pour que la concurrence limite convenablement les bénéfices de l'assureur, ou lorsque, en présence même de la concurrence, des opérations trop restreintes l'obligent d'exagérer ses bénéfices moyens s'il veut se prémunir suffisamment contre les chances de ruine [183], le système de l'assurance mutuelle mérite la préférence.

187. Dans les cas ordinaires d'assurance, il s'en faut bien que le problème soit aussi simple que nous l'avons supposé d'abord pour la commodité de l'exposition des principes généraux. Communément l'assurance porte sur des propriétés de valeurs inégales et qui ne courent pas les mêmes chances de perte. Il arrive fréquemment aussi que la propriété assurée peut, selon la gravité du sinistre, périr en totalité ou seulement en partie. Enfin il n'y a pas toujours, à beaucoup près, indépendance complète entre les causes de sinistre, pour chaque propriété assurée. Par exemple, le même incendie peut détruire à la fois un grand nombre de maisons assurées contre ce sinistre par la même compagnie.

Pour tenir compte de l'inégalité des risques, d'une propriété à l'autre, les compagnies sont dans l'usage de ranger les propriétés assurées en différentes classes, le taux de la prime changeant brusquement d'une classe à l'autre. On sent bien qu'il est impossible d'observer la loi de continuité dans l'évaluation des risques, et les erreurs inhérentes à l'hypothèse d'une discontinuité fictive se confondent avec beaucoup d'autres dont on ne saurait débarrasser le calcul.

Soit donc m_i le nombre des propriétés assurées dont la valeur est a_i, et pour lesquelles le risque annuel est p_i : on aura la probabilité P que la somme totale des indemnités payées annuellement par la caisse d'assurance tombera entre les limites

$$m_1 p_1 a_1 + m_2 p_2 a_2 + \text{etc.} \pm t \sqrt{2 \left[m_1 p_1 (1 - p_1) a_1^2 + m_2 p_2 (1 - p_2) a_2^2 + \text{etc.} \right]}.$$

L'amplitude des oscillations fortuites est plus grande que si toutes les valeurs assurées étaient égales, leur somme restant la même, et que si toutes couraient un même risque égal à la moyenne des risques de chaque valeur assurée. En d'autres termes, l'amplitude des oscillations fortuites est accrue par suite de l'inégale distribution, tant de la valeur totale assurée, que de ce qu'on pourrait appeler le fonds commun des risques [82].

188. Si l'assurance est mutuelle, et que la part contributive de chaque associé dans la perte totale soit proportionnelle aux nombres a et p, c'est-à-dire à la valeur qu'il assure et à l'étendue du risque, l'associé de la classe (i) a la probabilité P que sa contribution annuelle tombera entre les limites

$$p_i a_i \pm \frac{t \cdot p_i a_i \sqrt{2[m_1 p_1(1-p_1)a_1^2 + m_2 p_2(1-p_2)a_2^2 + \text{etc.}]}}{m_1 p_1 a_1 + m_2 p_2 a_2 + \text{etc.}}.$$

Sa contribution moyenne restera toujours égale à $p_i a_i$, quels que soient le nombre des autres associés, les risques qu'ils courent et les valeurs qu'ils assurent; mais les variations fortuites de sa part contributive pourront aller en augmentant, quoique le nombre des associés augmente, si les nouveaux associés engagent le fonds commun pour des valeurs ou pour des risques trop considérables par rapport aux valeurs déjà protégées et aux risques déjà garantis par l'assurance; et, sous ce point de vue, quand on suit la règle commune qui vient d'être indiquée, l'accession des nouveaux associés pourrait être plus nuisible qu'avantageuse aux anciens.

Supposons, afin de fixer les idées, qu'il y ait déjà 2 000 associés, engagés chacun pour une valeur a_1, et que 1 000 personnes demandent à se joindre à eux en s'engageant chacune pour une valeur a_2; et admettons d'ailleurs, pour plus de simplicité, que les risques soient les mêmes : il y aura avantage pour les premiers associés à accepter la proposition des seconds, si a_2 est moindre que $4a_1$; mais, dans le cas contraire, l'accession des nouveaux associés irait, pour les premiers, contre le but de l'assurance, en ce qu'elle tendrait à accroître les irrégularités annuelles et fortuites de leur part contributive.

Je dois aux communications amicales de M. Bienaymé une solution ingénieuse de cette difficulté. La perte annuelle μ supposée par l'association se compose d'une perte moyenne

$$M = m_1 p_1 a_1 + m_2 p_2 a_2 + \text{etc.},$$

et d'un écart fortuit $\mu - M$, compris (avec la probabilité P) entre les limites

$$\pm t\sqrt{2[m_1 p_1(1-p_1)a_1^2 + m_2 p_2(1-p_2)a_2^2 + \text{etc.}]}.$$

Si maintenant on cherche la probabilité que, la perte totale étant μ, la part, dans cette perte, provenant des associés de la classe (i), aura pour valeur μ_i; et, si l'on multiplie chaque valeur de μ_i par la probabilité correspondante pour en prendre ensuite la moyenne, cette moyenne sera

$$m_i p_i a_i + \frac{\mu - (m_1 p_1 a_1 + m_2 p_2 a_2 + \text{etc.})}{m_1 p_1(1-p_1)a_1^2 + m_2 p_2(1-p_2)a_2^2 + \text{etc.}} \cdot m_i p_i(1-p_i)a_i^2$$

$$= M \cdot \frac{m_i p_i a_i}{m_1 p_1 a_1 + m_2 p_2 a_2 + \text{etc.}} + (\mu - M) \cdot \frac{m_i p_i(1-p_i)a_i^2}{m_1 p_1(1-p_1)a_1^2 + m_2 p_2(1-p_2)a_2^2 + \text{etc.}}.$$

Donc, l'équité exige que la part contributive de la classe (i) dans la perte moyenne M soit proportionnelle au facteur

$$\frac{m_i p_i a_i}{m_1 p_1 a_1 + m_2 p_2 a_2 + \text{etc.}},$$

et se réduise en conséquence à $m_i\, p_i\, a_i$; tandis que sa part contributive dans l'écart fortuit μ — M sera calculée proportionnellement à un autre facteur

$$\frac{m_i p_i (1 - p_i) a_i^2}{m_1 p_1 (1 - p_1) a_1^2 + m_2 p_2 (1 - p_2) a_2^2 + \text{etc.}}.$$

En observant cette règle, deux ou plusieurs classes d'assurés auront toujours avantage à se réunir, en ce sens que la réunion ou l'accession des nouveaux assurés tendront toujours à restreindre, pour chaque associé, l'amplitude des variations fortuites de la part contributive. Supposons, pour simplifier, qu'il n'y ait que deux classes d'assurés, désignées par les indices (1) et (2) : l'amplitude des variations fortuites, pour la classe (1), était, avant la réunion, proportionnelle à

$$\sqrt{2 m_1 p_1 (1 - p_1) a_1^2} \ ;$$

après la réunion, l'amplitude des variations de l'écart total (t et P restant les mêmes) est proportionnelle à

$$\sqrt{2 [m_1 p_1 (1 - p_1) a_1^2 + m_2 p_2 (1 - p_2) a_2^2]},$$

et la part afférente à la classe (1), dans l'écart total, est, d'après la règle de M. Bienaymé, proportionnelle à

$$\frac{m_1 p_1 (1 - p_1) a_1^2}{m_1 p_1 (1 - p_1) a_1^2 + m_2 p_2 (1 - p_2) a_2^2}.$$

Or, on a nécessairement

$$\sqrt{2 m_1 p_1 (1-p_1) a_1^2} > \frac{m_1 p_1 (1-p_1) a_1^2 . \sqrt{2 [m_1 p_1 (1-p_1) a_1^2 + m_2 p_2 (1-p_2) a_2^2]}}{m_1 p_1 (1-p_1) a_1^2 + m_2 p_2 (1-p_2) a_2^2},$$

puisque cette inégalité se réduit, après la suppression des facteurs communs, à

$$1 > \sqrt{\frac{m_1 p_1 (1-p_1) a_1^2}{m_1 p_1 (1-p_1) a_1^2 + m_2 p_2 (1-p_2) a_2^2}}.$$

La règle de M. Bienaymé, quoique fort simple, est du genre de celles que la pratique seule n'aurait point suggérées, et rien n'indique qu'elle ait été connue de ceux qui ont traité jusqu'ici de la matière des assurances. Elle devrait faire la base du contrat d'assurance mutuelle, et figurer comme condition fondamentale de la réunion de plusieurs compagnies d'assurances, de plusieurs caisses de retraites ou de secours. On ne voit pas qu'elle puisse être précisément applicable au contrat d'assurance à prime fixe. Seulement l'assureur à prime fixe, pour se prémunir mieux contre les chances de perte, pourrait composer le taux de la prime, d'une part proportionnelle à pa, et d'une part proportionnelle au facteur $p(1-p)a^2$: de sorte que $\left(p \text{ étant toujours beau-}\right.$ coup plus petit que $\left.\frac{1}{2}\right)$ la somme payée par l'assuré croîtrait plus que proportionnellement au risque et à la valeur assurée ; mais l'exagération habituelle de la prime exigée par les compagnies fait qu'elles trouvent plutôt avantage à accorder une remise sur les valeurs élevées, afin d'accroître le chiffre de leurs affaires.

189. Pour montrer sur l'exemple le plus simple de quelle manière on pourrait tenir compte par le calcul de l'inégale gravité des sinistres, supposons que toutes les propriétés assurées soient d'égale valeur, et courent les mêmes risques. Soient p la probabilité de la destruction totale de la chose, ou la probabilité, pour l'assureur, d'une perte égale à la valeur a de la chose assurée, p' la probabilité d'une perte a', moindre que a, et ainsi de suite ; enfin, désignons toujours par m le nombre des propriétés assurées. On aura la probabilité P que

la somme des indemnités payées par la caisse d'assurances tombera entre les limites

$$m(pa + p'a' + p''a'' + \text{etc.})$$
$$\pm t\sqrt{2m[pp'(a-a')^2 + pp''(a-a'')^2 + \ldots + p'p''(a'-a'')^2 + \text{etc.}]}.$$

En réalité, l'échelle des risques varie d'une propriété à l'autre. Toutes circonstances égales d'ailleurs, une grande propriété doit avoir plus de chances qu'une petite d'échapper à une destruction totale. Si l'assurance est mutuelle, la part contributive de chaque associé dans la perte moyenne doit être proportionnelle à la valeur que prend, pour la propriété assurée, la fonction $pa + p'a' +$ etc. On calculerait sa part contributive dans l'écart par une règle analogue à celle qui a été donnée plus haut.

190. En matière d'assurances, toutes les probabilités de risques, qui entrent comme éléments dans les formules précédentes, ne sont nullement assignables *à priori*; mais on conçoit la possibilité de les déterminer par l'expérience, avec d'autant plus d'exactitude qu'on aura recueilli un plus grand nombre de faits, et qu'on les aura mieux classés. Les registres des compagnies d'assurances fourniraient à cet égard des documents précieux. Mais il y a une circonstance qui affecte les formules d'erreur, et dont on ne voit pas qu'il soit possible de tenir compte théoriquement : c'est le défaut d'une indépendance absolue entre les chances de sinistres pour les diverses propriétés assurées. Un incendie qui détruira une ville tout entière dérangera toute l'économie des calculs basés sur la loi mathématique des compensations, dans une série d'événements fortuits et indépendants ; et tant que la chance de pareils accidents ne pourra pas

être raisonnablement négligée, le sort d'une compagnie
d'assurances à primes fixes ressemblera plus ou moins
au sort d'un joueur. Ce que nous disons au sujet des
sinistres causés par l'incendie, s'applique à plus forte
raison aux sinistres qui frappent les récoltes, et qui peuvent atteindre à la fois toute l'étendue d'un vaste ter-
ritoire. A moins que la compagnie qui garantit de telles
chances ne multiplie considérablement ses affaires, sur
une étendue territoriale beaucoup plus grande que celle
où peut régner la solidarité des sinistres, et avec des
capitaux suffisants pour subvenir aux charges des années désastreuses, elle ne peut offrir aux assurés une
garantie complète, ni se prémunir elle-même suffisamment contre les chances de ruine. En tout cas elle doit
être portée à exagérer beaucoup ses primes; et c'est dans
de pareilles circonstances que le système des assurances
mutuelles paraît avec tous ses avantages. Car les avantages du contrat de société, dont l'assurance mutuelle
n'est qu'une espèce, tiennent à l'essence même de la nature humaine, et subsistent quel que soit le nombre,
grand ou petit, des individus associés, quelle que soit
la gravité des chances en vue desquelles ils s'associent,
soit qu'il y ait solidarité ou indépendance entre les causes malfaisantes contre lesquelles ils réunissent leurs
efforts et leurs ressources.

191. Le contrat d'assurance est susceptible de prendre
des formes très-variées. La maison de banque qui en-
dosse des effets de commerce pour leur donner crédit
par sa signature, assure le payement des effets à l'é-
chéance. Une fraction de l'intérêt ordinaire des capitaux peut être considérée comme une prime d'assurance
contre les chances d'insolvabilité du débiteur; et c'est

sur ce principe que se sont fondés les économistes qui ont désapprouvé les lois limitatives du taux de l'intérêt. Dans le prêt *à la grosse aventure*, le bénéfice probable du prêteur doit équivaloir au moins à la prime d'assurance de la somme aventurée, plus à l'intérêt que rapporterait le même capital s'il n'était pas aventuré, ou s'il ne courait que les risques ordinaires du commerce.

Au moyen d'une retenue annuelle sur les appointements d'un employé, une caisse de retraites lui assure une pension viagère, s'il atteint un âge déterminé, ou un nombre déterminé d'années de service. Moyennant une cotisation annuelle, ou mensuelle, ou hebdomadaire, une caisse de secours assure une subvention à un ouvrier en cas de maladie, un soulagement à sa veuve ou à ses enfants en cas de mort, et ainsi de suite. Un grand nombre d'établissements créés dans un intérêt public ou privé, reposent sur une application aux probabilités de la vie humaine des principes généraux de la matière des assurances; nous nous bornerons à indiquer les opérations principales des établissements de cette nature.

1° Constitution de rente viagère, sur une ou plusieurs têtes, réversible en totalité ou en partie, moyennant un capital payé au moment de la constitution de rente;

2° Assurance de pension viagère ou de retraite, après un âge ou un temps déterminé, moyennant une retenue annuelle, ou une annuité payée jusqu'à l'époque où la pension doit commencer;

3° Assurance de pension viagère à la veuve en cas de prédécès du mari, après un temps déterminé ou indéterminé, moyennant le versement d'un capital, ou le payement d'une annuité pendant la vie du mari;

4° Assurance d'un capital à la veuve ou aux enfants, au moment du décès du mari ou du père, moyennant une annuité payée par celui-ci pendant sa vie, ou moyennant un capital une fois payé;

5° Les tontines où plusieurs individus mettent en commun des fonds dont les intérêts sont partagés entre les survivants: le capital même devant appartenir au dernier survivant, ou être partagé, d'après des règles diverses, entre un certain nombre de survivants [53].

Pour la solution de tous les problèmes qui se rattachent aux opérations que l'on vient d'énumérer, ou à des opérations analogues, il faut tenir compte, non-seulement des chances de mortalité, mais encore des diverses valeurs que prend la même somme, payable à des époques différentes, en vertu de l'intérêt composé. Si donc l'on désigne par A la somme actuellement payée pour prix de la constitution d'une rente viagère a, par r le taux de l'intérêt de l'argent, par p_1, p_2, p_3, etc., les probabilités que le rentier vivra dans un an, dans deux ans, dans trois ans, etc., on aura la relation

$$A = a \left[\frac{p_1}{1+r} + \frac{p_2}{(1+r)^2} + \frac{p_3}{(1+r)^3} + \text{etc.} \right]. \quad (a)$$

Dans cette formule, nous négligeons, pour plus de simplicité, de tenir compte du *prorata* d'arrérages qui pourra être dû par le constituant, au moment du décès du rentier. Il est bien entendu que la compagnie qui spécule sur les constitutions de rente, doit exiger le versement d'un capital plus fort que le capital A déterminé par la formule précédente. Il est entendu aussi que les probabilités p_1, p_2, etc., doivent être calculées, non d'après les tables de mortalité moyenne, mais d'après celles qui représentent la loi de mortalité pour la catégorie des rentiers. Afin d'être mieux prémunies contre les chances de perte, les compagnies feront usage, pour calculer A, d'une de ces tables à mortalité lente [179], que l'on doit considérer comme fournissant des limites des nombres véritables.

Supposons au contraire qu'il s'agisse de déterminer l'annuité viagère b qu'une compagnie doit exiger, pour payer, à la mort du débiteur de l'annuité, le capital A à ses héritiers. On résoudra ce problème très-simplement, si l'on imagine, comme le fait Laplace, que le débiteur de l'annuité prête à la compagnie le capital A, remboursable à son décès, et au lieu d'en verser actuellement la valeur en espèces, constitue à la compagnie, sur sa propre tête, une rente viagère a qui surpasse l'annuité b des intérêts du capital A, puisque ces intérêts doivent venir en compensation d'une partie de la rente viagère dont la valeur équivaut au capital A. On aura donc

$$b = a - rA;$$

et la quantité a sera toujours déterminée en fonction de A par la formule (a); mais, pour le calcul numérique de cette formule, la compagnie déterminera les valeurs de p_1, p_2, etc., d'après des tables à mortalité rapide.

On trouvera dans les ouvrages spéciaux plus de détails sur un sujet qu'il suffit d'indiquer ici très-sommairement.

CHAPITRE XV.

THÉORIE DE LA PROBABILITÉ DES JUGEMENTS. — APPLICATIONS A LA STATISTIQUE JUDICIAIRE EN MATIÈRE CIVILE.

192. Il est manifeste que les conditions de majorité, de pluralité, imposées aux décisions d'un corps judiciaire ou d'une assemblée délibérante, doivent avoir des relations avec la théorie mathématique des chances. Un accusé qui ne connaît pas ses juges, qui ignore leurs dispositions favorables ou défavorables, qui n'est instruit, ni du système de procédure suivi dans l'instruction et dans les débats, ni de la manière dont les juges communiquent entre eux et recueillent leurs votes, ne regardera pas comme indifférent d'être jugé par un tribunal de trois juges qui condamne à la pluralité de deux voix, ou par un tribunal de six juges qui ne peut condamner qu'à la pluralité de quatre voix. Il y a donc, dans le seul énoncé du nombre des votants et du chiffre de pluralité, des conditions arithmétiques, indépendantes des qualités et des dispositions personnelles des juges : conditions qui, par l'influence constante qu'elles exercent sur une série nombreuse de décisions, doivent prévaloir à la longue sur les circonstances variables de la composition du tribunal dans chaque affaire particu-

lière. Il y a par conséquent une question purement arithmétique au fond de toute loi régulatrice des votes d'un
tribunal : cette question est essentiellement du ressort de
la théorie des chances; mais aussi le calcul doit nécessairement emprunter certaines données à l'observation,
c'est-à-dire, à la statistique judiciaire qui résume et coordonne des faits assez nombreux pour que les anomalies
du hasard soient sans influence sensible sur les résultats
moyens.

Un grand pays tel que la France, régi par une législation rigoureusement uniforme, et par une administration centralisée, se trouve placé dans les circonstances les plus favorables pour la formation de la
statistique judiciaire. C'est aussi en France que l'administration de la justice a pris, à partir de 1825, l'ini-
tiative de la publication des *Comptes généraux*, où l'on
puisera un jour une foule de documents précieux pour
le perfectionnement de la législation et l'étude de la société, sous les rapports moraux et civils.

193. Quoiqu'on ait toujours eu en vue, en traitant de
la probabilité des jugements, d'appliquer cette théorie
aux jugements des tribunaux civils et criminels, il n'est
pas hors de propos de prendre d'abord le mot de *jugement* avec toute la latitude d'acception qu'il conserve,
tant dans la langue commune que dans la langue philosophique, et d'étudier d'une manière tout à fait générale les conséquences qui résultent de l'association de
l'idée de chance à l'idée de jugement. Cette étude
intéressante en soi nous préparera à mieux comprendre
la théorie spéciale des jugements des tribunaux.

Pour fixer les idées par un exemple, supposons qu'un
observateur qui habite la campagne, un homme dont

l'attention s'est toujours portée sur l'état du ciel, soit dans l'habitude de pronostiquer, à chaque coucher du soleil, le temps qu'il fera le jour suivant. Si l'on tenait registre de ses pronostics ou de ses jugements, et que, sur un grand nombre m de ces jugements, il y en eût n que l'événement a vérifiés, la fraction $\dfrac{n}{m} = \nu$ exprimerait la probabilité que l'événement vérifiera un autre jugement ou pronostic du même observateur. En d'autres termes, s'il n'a ni gagné ni perdu en perspicacité, on trouverait, en continuant à tenir registre de ses pronostics, que le nombre n_1 des pronostics vérifiés par l'événement est au nombre total m_1 des pronostics, sensiblement dans le rapport de n à m, pourvu que les nombres m_1, n_1 fussent suffisamment grands.

Concevons maintenant que deux observateurs A et B fassent chacun de leur côté la même observation, et que ν' soit pour l'observateur B l'analogue du nombre ν pour l'observateur A. Si les causes qui influent sur la vérité ou l'erreur du jugement de A étaient complétement indépendantes de celles qui influent sur la vérité ou l'erreur du jugement de B; si, par exemple, ces causes résidaient dans les dispositions physiques et morales des deux observateurs, dans l'état de santé dont ils jouissent, dans le degré d'attention qu'ils apportent, etc., on aurait évidemment :

1° Pour la probabilité que les deux observateurs seront d'accord dans le jugement qu'ils émettront, soit qu'ils devinent juste, soit qu'ils se trompent tous deux,

$$p = \nu\nu' + (1 - \nu)(1 - \nu') = 1 - (\nu + \nu') + 2\nu\nu'; \quad (1)$$

2° Pour la probabilité de deux jugements contradictoires,

$$q = \wp(\mathbf{1} - \wp') + \wp'(\mathbf{1} - \wp) = \wp + \wp' - 2\wp\wp' = \mathbf{1} - p;$$

3° Pour la probabilité que le pronostic au sujet duquel les deux observateurs sont d'accord, se vérifiera,

$$V = \frac{\wp\wp'}{\wp\wp' + (\mathbf{1} - \wp)(\mathbf{1} - \wp')};$$

4° Pour la probabilité que le pronostic de A se vérifiera, quand le jugement de B est contraire,

$$V' = \frac{\wp(\mathbf{1} - \wp')}{\wp(\mathbf{1} - \wp') + \wp'(\mathbf{1} - \wp)}.$$

Ces expressions doivent être entendues dans un sens objectif et absolu : elles signifient que, si l'on tenait effectivement registre des pronostics des deux observateurs, pour les comparer avec l'événement, sur un grand nombre N d'observations simultanées, on en trouverait sensiblement

$$p\mathrm{N} = [\wp\wp' + (\mathbf{1} - \wp)(\mathbf{1} - \wp')]\mathrm{N},$$

pour lesquelles les deux observateurs sont tombés d'accord ; dans ce nombre,

$$\frac{\wp\wp'}{\wp\wp' + (\mathbf{1} - \wp)(\mathbf{1} - \wp')} . \mathrm{N}$$

qui ont été confirmées par l'événement, et ainsi de suite ; les $\wp$, $\wp'$ ayant été déterminés par une série d'observations précédentes, ainsi qu'on l'a expliqué ci-dessus.

194. Dans l'exemple que nous imaginons, la vérité ou l'erreur du jugement de chaque observateur peuvent être soumises à un *criterium* infaillible; et ce *criterium*, c'est l'observation même de l'événement. Mais, dans une foule d'autres cas, un semblable *criterium* n'existe pas, et même il répugne à la nature des choses qu'il en existe un. Par

exemple, quand un médecin prescrit un traitement à son malade, on ne saurait tirer de l'événement un *criterium* infaillible de la vérité ou de l'erreur du jugement du médecin; car il peut se faire que le malade succombe, quoique le traitement prescrit soit réellement le meilleur, et au contraire qu'il guérisse malgré les vices du traitement. A supposer donc que deux médecins soient appelés en consultation ensemble ou séparément, pour une nombreuse série de cas pathologiques, il n'y aura aucun moyen de déterminer directement les nombres ν, ν', exprimant, pour chacun des deux médecins, la probabilité d'un pronostic ou jugement vrai; mais le registre des consultations fera connaître combien de fois les deux médecins ont été d'accord, et combien de fois ils ont émis des opinions contraires. On aura donc, si la série des cas est suffisamment grande, une valeur sensiblement exacte du nombre p qui entre dans l'équation (1), et par suite on aura une équation de condition entre les valeurs numériques de ν et de ν', valeurs numériques qu'il est impossible d'assigner par des observations directes.

On ne doit pas perdre de vue que l'existence de cette équation de condition repose sur l'hypothèse que les causes anomales qui prédisposent à la vérité ou à l'erreur le jugement de A, sont indépendantes de celles qui prédisposent à la vérité ou à l'erreur le jugement de B. Nous nous bornons d'abord à étudier les conséquences de cette hypothèse, tacitement admise par tous ceux qui ont traité avant nous de la probabilité des jugements.

195. Revenons à notre premier exemple, pris dans les pronostics météorologiques, et supposons qu'on tienne registre d'une série de pronostics faits par trois observateurs A, B, C. Conservons aux lettres ν, ν' leur

signification, et appelons v'' l'analogue de v, pour l'observateur C. Il pourra arriver que les trois observateurs soient d'accord, que A soit d'un avis contraire à B et à C, que B soit d'un avis contraire à A et à C, ou bien enfin que C soit opposé à A et à B. En appelant p, a, b, c, les probabilités de ces quatre combinaisons, on aura

$$
\left.
\begin{aligned}
p &= 1 - (v + v' + v'') + vv' + vv'' + v'v'', \\
a &= v\,(1 - v' - v'') + v'v'', \\
b &= v'\,(1 - v - v'') + v\,v'', \\
c &= v''(1 - v - v'\,) + v\,v'.
\end{aligned}
\right\} \qquad (2)
$$

Si donc l'on déterminait par l'observation directe, au moyen d'une nombreuse série d'épreuves, les nombres v, v', v'', p, a, b, c, les valeurs de ces nombres devraient vérifier sensiblement les équations (2); et si l'écart était trop grand pour pouvoir être imputé aux anomalies du hasard, ce serait une preuve que l'hypothèse admise, sur l'indépendance des causes d'erreur pour chaque observateur A, B, C, n'est pas conforme à la réalité.

Au contraire, dans le cas où il n'y a pas de *criterium* propre à déterminer directement les nombres v, v', v'', on peut déterminer ces nombres indirectement au moyen des valeurs de p, a, b, c données par l'observation, et de trois quelconques des équations (2), la quatrième rentrant nécessairement dans les trois autres, en vertu de l'équation de condition

$$
p + a + b + c = 1.
$$

A cause de la symétrie, il convient de choisir les trois dernières; et si nous posons

$$\nu = \frac{1}{2} + z, \quad \nu' = \frac{1}{2} + z', \quad \nu'' = \frac{1}{2} + z'',$$

$$a - \frac{1}{4} = \alpha, \quad b - \frac{1}{4} = \beta, \quad c - \frac{1}{4} = \gamma,$$

ces équations deviendront

$$\left. \begin{aligned} \alpha &= z'z'' - zz' - zz'', \\ \beta &= zz'' - zz' - z'z'', \\ \gamma &= zz' - zz'' - z'z'', \end{aligned} \right\} \quad \text{d'où} \quad \left\{ \begin{aligned} z'z'' &= -\frac{\beta + \gamma}{2}, \\ zz'' &= -\frac{\alpha + \gamma}{2}, \\ zz' &= -\frac{\alpha + \beta}{2}; \end{aligned} \right\} \quad (3)$$

et par suite

$$\nu = \frac{1}{2} \pm \sqrt{\frac{\left(a+b-\frac{1}{2}\right)\left(a+c-\frac{1}{2}\right)}{1-2(b+c)}},$$

$$\nu' = \frac{1}{2} \pm \sqrt{\frac{\left(a+b-\frac{1}{2}\right)\left(b+c-\frac{1}{2}\right)}{1-2(a+c)}},$$

$$\nu'' = \frac{1}{2} \pm \sqrt{\frac{\left(a+c-\frac{1}{2}\right)\left(b+c-\frac{1}{2}\right)}{1-2(a+b)}}.$$

Pour que les valeurs de ν, ν', ν'' soit réelles, il faut que les trois quantités

$$a+b-\frac{1}{2}, \quad a+c-\frac{1}{2}, \quad b+c-\frac{1}{2}, \qquad (m)$$

soient toutes trois négatives, ou que deux soient positives et la troisième négative. En outre, pour que les valeurs de ν, ν', ν'' restent renfermées entre zéro et l'unité, il faut, comme on le démontre aisément, que les trois quantités (m) soient chacune numériquement inférieure à $\frac{1}{2}$. Or, pour que cette dernière condition se trouve satisfaite, il faut et il suffit que l'on ait

$$a+b<\mathrm{i}, \quad a+c<\mathrm{i}, \quad b+c<\mathrm{i}.$$

Si ces diverses conditions ne sont pas satisfaites par les valeurs de a, b, c, telles que l'observation les donne, ce sera une preuve que l'hypothèse admise sur l'indépendance des causes d'erreur doit être rejetée.

Les valeurs de v, v', v'' sont doubles, en raison de l'ambiguïté du signe radical ; mais, à cause des équations (3), il n'est pas permis de combiner indifféremment ces valeurs. En effet, par suite de la remarque faite précédemment sur les signes des quantités (m), il faut que les trois produits

$$zz', \quad zz'', \quad z'z'', \qquad (n)$$

soient positifs, ou que deux soient négatifs et le troisième positif. Supposons-les tous trois positifs : il en résultera que les quantités z, z', z'' doivent être prises à la fois toutes trois positives, ou toutes trois négatives ; et si l'on faisait une autre hypothèse sur les signes des quantités (m) ou (n), on trouverait qu'à chacune d'elles ne correspondent que deux hypothèses sur les signes des quantités z, z', z'', ou deux systèmes de valeurs pour les inconnues v, v', v''.

196. Cette analyse s'applique naturellement aux jugements des tribunaux composés de trois juges, comme le sont en France la plupart des tribunaux de première instance. Si le greffier était autorisé à tenir note des votes de chaque juge, le relevé de ces notes donnerait, après l'expédition d'un très-grand nombre d'affaires, les valeurs des nombres a, b, c. On pourrait donc en déduire, par les formules précédentes, les valeurs de v, v', v'', qu'il serait impossible de déterminer directement, at-

tendu que la vérité ou la bonté du jugement d'un tribunal ne peuvent être contrôlées que par un autre tribunal, sujet lui-même à l'erreur, de quelques lumières que l'on suppose ses membres pourvus.

Le calcul donnerait, il est vrai, deux systèmes de valeurs pour les nombres ν, ν', ν'' : mais, dans la plupart des cas, l'un des deux systèmes serait, *à priori*, inadmissible, ce qui lèverait toute ambiguïté. Par exemple, il arriverait que les valeurs de ν, ν', ν'' seraient dans le premier système toutes plus grandes, et dans le second système toutes plus petites que $\frac{1}{2}$. Or, il répugne d'admettre que, dans un tribunal de trois juges, chaque juge rencontre l'erreur plus souvent que la vérité. Ce serait prendre au sérieux la plaisanterie de ce juge de Rabelais qui remettait aux dés la décision des procès. Le premier système serait donc seul admissible; et le calcul donnerait ainsi, par voie indirecte, les valeurs de ν, ν', ν'', d'une manière aussi sûre que pourrait les donner l'observation directe, si l'on était en possession d'un *criterium* infaillible pour les jugements de cette nature.

Il faut bien remarquer que toutes ces conséquences reposent sur une hypothèse dont nous aurons à discuter plus loin la légitimité : sur celle de l'indépendance des causes qui prédisposent à l'erreur chaque juge individuellement; de sorte que les cas où l'un des juges se trompe se combinent indifféremment avec ceux où l'autre juge rencontre la vérité ou l'erreur. Mais d'abord le calcul des valeurs de a, b, c donnerait souvent la preuve directe que cette hypothèse est inadmissible, en assignant à ν, ν', ν'' des valeurs imaginaires, ou négatives, ou plus grandes que l'unité; et, dans le cas contraire, les valeurs assignées à v, v', v'' seraient au moins (comme on l'expliquera plus loin) des limites au-dessous desquelles devraient tomber les véritables valeurs des fractions que ces lettres représentent.

Si l'on pouvait considérer *à priori* les trois fractions v, v', v'' comme égales entre elles, ou la chance d'erreur comme la même pour chaque juge, on ferait, dans la première équation (2), $v = v' = v''$, et l'on en tirerait

$$v = \frac{1}{2} + \frac{1}{2} \sqrt{\frac{4p-1}{3}}, \qquad (4)$$

en rejetant la valeur de v qui tombe au-dessous de $\frac{1}{2}$.

Dans cette hypothèse, il suffirait donc, comme l'a remarqué Laplace, de connaître le rapport p, du nombre des jugements rendus à l'unanimité au nombre total des jugements. Ce rapport, dont la détermination n'offrirait ni difficulté, ni inconvénient dans la pratique, devrait surpasser $\frac{1}{4}$; sans quoi, la valeur de v devenant imaginaire, on serait averti de la fausseté de l'une au moins des hypothèses adoptées, savoir celle de l'indépendance des causes d'erreur pour chaque juge, et celle de l'égalité des chances d'erreur, aussi pour chaque juge.

Au reste, bien que cette dernière hypothèse soit sans doute arbitraire et inadmissible en général, il est aisé de voir que l'on peut considérer la racine de l'équation (4) comme exprimant sensiblement la moyenne des vraies valeurs des trois quantités v, v', v'', du moins lorsque les différences entre ces valeurs ne sont pas fort grandes relativement. Pour prendre un exemple, supposons que les valeurs de v, v', v'' soient 0,6; 0,7; 0,8 : auquel cas la moyenne sera 0,7 et la valeur correspondante de p

devra être 0,36. En substituant cette valeur de p dans l'équation (4), on en tirera $\nu = 0,692$, valeur qui n'est inférieure que de $\frac{1}{125}$ à la moyenne véritable.

Il serait sans doute intéressant de connaître pour chaque tribunal composé de juges permanents une valeur aussi approchée de la moyenne des probabilités de vérité et d'erreur pour chaque juge; et dès lors on doit désirer que l'administration prenne des mesures à l'effet de faire constater, pour chaque tribunal de cette nature, le rapport du nombre des jugements rendus à l'unanimité, pendant une période décennale, au nombre total des jugements; bien entendu que l'on ferait une catégorie à part des jugements de pure forme, de ceux que l'on appelle *convenus*, des jugements par défaut, et ainsi de suite.

197. Il faut d'ailleurs remarquer que la formule (4), et toutes celles où l'on suppose les chances d'erreur des votants égales entre elles, deviendraient susceptibles d'application, si le conseil ou le tribunal n'étaient plus composés de juges permanents, mais de juges pris au hasard sur une liste nombreuse. Le lettre ν désignerait dans ces formules la moyenne entre les vraies valeurs de ν pour chacune des personnes comprises sur la liste. C'est-à-dire que si la liste comprenait n_1 personnes pour lesquelles ν a la valeur ν_1, n_2 pour lesquelles ν a la valeur ν_2, etc., la lettre ν désignerait la moyenne

$$\frac{n_1 \nu_1 + n_2 \nu_2 + \text{etc.}}{n_1 + n_2 + \text{etc.}} . \tag{o}$$

En effet, l'on peut concevoir que le premier juge désigné par le sort dépose son suffrage dans une urne A, le second dans une urne B, le troisième dans une urne C. Les urnes A, B, C sont substituées ainsi aux juges A, B, C du tribunal permanent. Mais alors la fraction (*o*) exprime évidemment la probabilité de la bonté du suffrage déposé dans l'urne A, et elle exprime encore la probabilité de la bonté des suffrages déposés dans les urnes B, C, si le nombre des personnes comprises sur la liste de tirage est assez considérable pour que le retranchement des personnes déjà désignées par le sort n'altère pas sensiblement la valeur de la moyenne v.

198. La probabilité que le tribunal de trois juges prononcera son jugement à l'unanimité, et qu'il jugera bien, a pour valeur $vv'v''$; la probabilité que le tribunal jugera encore bien, mais à la simple majorité, est exprimée par

$$(1-v)v'v'' + (1-v')vv'' + (1-v'')vv'.$$

En conséquence, si l'on désigne par V la probabilité que le tribunal jugera bien, soit à l'unanimité, soit à la simple majorité, on aura

$$V = vv' + vv'' + v'v'' - 2vv'v''. \qquad (5)$$

En d'autres termes, le tribunal constitue une personne morale, pour laquelle V représente ce que désignent respectivement les lettres v, v', v'' pour chacun des juges A, B, C.

Il devrait toujours y avoir entre les nombres v, v', v'' de tels rapports que la valeur de V, donnée par l'équation (5), fût supérieure à chacun de ces nombres; car si V, par exemple, était plus petit que v, il serait déraisonnable d'adjoindre les juges B et C au juge A, cette adjonction n'ayant pour effet que de diminuer la chance d'un *bien jugé*. Or, l'équation (5), mise sous la forme

$$V = v(v' + v'') - (2v - 1)v'v'',$$

nous montre qu'on aura nécessairement $V < v$, si l'on suppose à la fois

$$v' + v'' < 1, \quad v > \frac{1}{2};$$

mais, dans le cas plus probable où les trois nombres v, v', v'' seraient chacun plus grand que $\frac{1}{2}$, V surpasserait nécessairement le plus grand de ces nombres.

199. Afin d'indiquer au moins la marche générale du calcul, considérons encore le cas où le tribunal serait formé de quatre juges A, B, C, D. Appelons v, v', v'', v''' leurs chances de bien juger; admettons qu'on ait constaté leurs votes dans une longue série de jugements; que a désigne le rapport du nombre des cas où le juge A s'est trouvé seul de son avis, au nombre total des jugements compris dans la série; que b, c, d désignent les rapports analogues pour les juges B, C, D. On aura, pour déterminer les quatre inconnues v, v', v'', v''', les quatre équations

$$
\begin{aligned}
a &= (1 - v\ )v'v''v''' + v\ (1 - v')(1 - v'')(1 - v'''),\\
b &= (1 - v')v\,v''v''' + v'(1 - v\ )(1 - v'')(1 - v'''),\\
c &= (1 - v'')v\,v'\,v''' + v''(1 - v\ )(1 - v'\ )(1 - v'''),\\
d &= (1 - v''')v\,v'\,v'' + v'''(1 - v\ )(1 - v'\ )(1 - v'');
\end{aligned}
$$

et si l'on pose

$$v = \frac{1}{2} + z, \quad v' = \frac{1}{2} + z', \quad v'' = \frac{1}{2} + z'', \quad v''' = \frac{1}{2} + z''',$$

$$2a - \frac{1}{4} = \alpha, \quad 2b - \frac{1}{4} = \beta, \quad 2c - \frac{1}{4} = \gamma, \quad 2d - \frac{1}{4} = \delta,$$

on en tirera :

$$\alpha + \beta = 2(z''z''' - z\,z') - 8zz'.z''z''', \quad \Big\}$$
$$\gamma + \delta = 2(z\,z' - z''z''') - 8zz'.z''z'''; \quad \Big\}$$
(6)

d'où

$$8z\,z' = \gamma + \delta - (\alpha+\beta) \pm \sqrt{[\alpha+\beta-(\gamma+\delta)]^2 - 4(\alpha+\beta+\gamma+\delta)},$$
$$8z''z''' = \alpha + \beta - (\gamma+\delta) \pm \sqrt{[\alpha+\beta-(\gamma+\delta)]^2 - 4(\alpha+\beta+\gamma+\delta)}.$$

Des formules symétriques donneraient les produits

$$8zz'', \quad 8z'z''', \quad 8zz''', \quad 8z'z'',$$

qui ont chacun deux valeurs, à cause de l'ambiguïté du signe radical ; mais on ne peut satisfaire aux équations (6) qu'en prenant le même radical avec le même signe dans les expressions des deux produits zz', $z''z'''$; et pareillement on n'a que deux systèmes de valeurs pour chacun des groupes $(zz'', z'z''')$, $(zz''', z'z'')$. D'ailleurs ces valeurs peuvent être positives ou négatives.

On aura ensuite

$$z = \pm\sqrt{\frac{zz'.zz''}{z'z''}} = \pm\sqrt{\frac{zz'.zz'''}{z'z'''}} = \pm\sqrt{\frac{zz''.zz'''}{z''z'''}} ;$$

et les autres inconnues z', z'', z''' s'exprimeront d'une manière analogue.

En constatant les cas où A et B auraient été d'un même avis contre C et D, A et C d'un même avis contre B et D, A et D d'un même avis contre B et C, enfin les cas d'unanimité, on formerait quatre autres équations d'où l'on pourrait encore tirer les valeurs de v, v', v'', v'''; et si ces valeurs ne s'accordaient pas avec celles qui sont déduites des valeurs de a, b, c, d, ce serait une preuve qu'on doit rejeter l'hypothèse de l'indépendance des causes d'erreur pour chaque juge.

200. Afin d'éviter le partage égal des voix et la nécessité d'attribuer à l'un des juges une voix prépondé-

rante, ou d'appeler d'autres juges pour vider le partage, les tribunaux proprement dits sont ordinairement composés d'un nombre impair de juges. Si l'on désigne par V_m la probabilité du bien jugé, quand le tribunal est composé de $2m+1$ juges, pour chacun desquels la chance de ne pas se tromper est la même, et égale à v, on aura

$$V_m = v^{2m+1} + \frac{2m+1}{1} . v^{2m}(1-v) + \dots$$

$$+ \frac{(2m+1).2m(2m-1)\dots(m+2)}{1.2.3\dots m} . v^{m+1}(1-v)^m.$$

Si l'on connaissait cette probabilité V_m, on déterminerait la valeur de v en résolvant par rapport à v l'équation précédente, du degré $2m+1$. L'hypothèse sur laquelle elle repose, savoir l'égalité des valeurs de v pour chaque juge, est sans doute inadmissible en général; mais néanmoins la formule deviendrait susceptible d'application, ainsi qu'on l'a expliqué [197], si le tribunal se composait de juges pris au hasard sur une liste nombreuse.

Pour déterminer en pareil cas la valeur de v, quand V_m n'est pas connu, le procédé le plus simple serait de déterminer par l'expérience le rapport du nombre des jugements rendus à la simple majorité, au nombre total des jugements. Car, en désignant par q ce rapport, on aura

$$q = \frac{(2m+1)2m(2m-1)\dots(m+2)}{1.2.3\dots m} \left[v^{m+1}(1-v)^m + v^m(1-v)^{m+1} \right],$$

$$= \frac{(2m+1)2m(2m-1)\dots(m+2)}{1.2.3\dots m} . v^m(1-v)^m,$$

d'où l'on tire

$$v = \frac{1}{2} \pm \sqrt{\frac{1}{4} - \sqrt[m]{\frac{1.2.3...m.q}{(2m+1)\,2m(2m-1)...(m+2)}}}.$$

Si le tribunal était composé d'un nombre pair de votants, désigné par $2m$, on trouverait de même, en appelant q le rapport du nombre des cas de partage au
nombre total des délibérés,

$$v = \frac{1}{2} \pm \sqrt{\frac{1}{4} - \sqrt[m]{\frac{1.2.3...m.q}{2m(2m-1)(2m-2)...(m+1)}}}.$$

A cause de la symétrie du développement de la formule du binôme [5], il est aisé de voir que la probabilité du bien jugé, quand on sait que le jugement a été
rendu à la pluralité de i voix, a pour valeur

$$\frac{v^i}{v^i + (1-v)^i};$$

en sorte qu'elle est la même que si le jugement avait été
rendu à l'unanimité par un tribunal composé seulement
de i juges, pour chacun desquels la chance du bien jugé
aurait été égale à v. En d'autres termes, la probabilité
du bien jugé ne dépendra pas du nombre absolu des
suffrages, mais de la différence entre les suffrages affir-
matifs et les suffrages négatifs.

En conséquence, imaginons deux tribunaux, formés
de juges en nombres inégaux, en admettant toujours
l'hypothèse que la probabilité v de la bonté du jugement individuel ne change pas d'un tribunal à l'autre.
Quand les deux tribunaux auront jugé chacun un très-
grand nombre N d'affaires, si l'on fait une catégorie à
part des N′ affaires jugées à la pluralité de i voix par
le premier tribunal, et une autre des N″ affaires jugées
à la même pluralité par le second tribunal, supposé

moins nombreux, le nombre N″ sera en général plus petit que le nombre N′; mais le rapport du nombre des bien jugés au nombre des mal jugés sera sensiblement le même dans l'une et dans l'autre série.

201. Si les mêmes affaires, en grand nombre, étaient soumises successivement à la décision de plusieurs tribunaux, on pourrait calculer la probabilité du bien jugé, pour chaque tribunal, de même que l'on calcule la probabilité du bien jugé pour les différents juges dont un tribunal se compose, quand on a tenu note de la concordance ou de la discordance des voix dans une longue série d'affaires. Il semble donc que l'institution de l'appel et la publicité de la statistique judiciaire, dans un pays tel que la France, doivent conduire à la détermination de la quantité V, d'où l'on pourrait tirer la valeur moyenne de v. Mais il y a à cet égard plusieurs remarques essentielles à faire.

En premier lieu, les procès, et surtout les procès civils, présentent souvent à juger des questions complexes, et se transforment dans les différentes phases de la procédure. Le point de fait ou de droit soumis aux juges d'appel peut différer notablement du point jugé en première instance; et l'appelant peut gagner sa cause, sans que le jugement d'appel soit à proprement parler une infirmation de celui de première instance. Il en est autrement à l'égard des pourvois en cassation, attendu que le demandeur ne peut faire valoir que des moyens de droit tirés de la substance même de l'arrêt attaqué; mais d'un autre côté, si la cassation d'un arrêt indique que la cour d'appel a mal jugé (ou du moins a jugé contrairement à la doctrine de la cour de cassation) dans un des points de la question complexe qui lui était soumise, le rejet du pourvoi, comme le savent toutes les personnes à qui les principes de notre droit français ne sont point étrangers, n'indique pas que la cour d'appel ait bien jugé, ni que le fond de son arrêt soit approuvé par la cour de cassation.

Si l'on veut écarter cette première considération, dont en tout cas ni la statistique judiciaire, ni l'analyse combinatoire ne peuvent tenir compte, il faudra remarquer que l'appel ne saisit les juges du second ressort que de la minorité des affaires jugées en premier ressort. La méthode dont il s'agit ici ne pourra donc en aucun cas déterminer la quantité V pour les tribunaux de premier ressort que par rapport à la catégorie d'affaires dont il y a appel. A la vérité, si le pur caprice des plaideurs déterminait l'appel, la quantité V serait la même pour les procès dont on appelle et pour ceux dont on n'appelle pas. Il en serait de même si, pour déterminer l'appel ou l'acquiescement, il n'y avait, outre le caprice des plaideurs, que le degré d'importance pécuniaire du procès; car il est naturel de croire que les procès d'une faible importance pécuniaire présentent l'un dans l'autre autant de difficultés à résoudre que ceux dont l'importance est grande, et que des magistrats consciencieux apportent le même soin à les résoudre selon les principes de l'équité et du droit. Mais on doit admettre encore que le plaideur vaincu acquiesce souvent par le sentiment qu'il a de la faiblesse de sa cause; de sorte qu'il se trouve notablement plus de procès bien jugés en premier ressort parmi ceux aux jugements desquels on acquiesce que parmi ceux qui sont déférés aux juges du second ressort.

Le personnel des tribunaux se renouvelle avec le

temps; la législation varie; la jurisprudence s'affermit
sur certains points, et l'on voit surgir de nouvelles questions controversées; les quantités V et v doivent donc
varier avec le temps. Pour n'embrasser qu'une période
où ces quantités restent sensiblement invariables, et pour
avoir néanmoins à sa disposition un nombre suffisant
de décisions, il ne faut pas se restreindre à un petit nombre de tribunaux de première instance ou d'appel. Il
faut, par exemple, employer les chiffres que l'administration publie annuellement, et qui se rapportent à la
France entière. Cela revient à supposer qu'il n'y a en
France qu'un siége de première instance et un siége
d'appel, où sont appelés à siéger chaque tribunal de
première instance et chaque tribunal d'appel, de manière que la chance pour un plaideur de tomber sur
une cour d'appel déterminée soit égale au nombre des
appels plaidés annuellement devant cette cour, divisé
par le nombre annuel des appels pour toute la France.
Si le tribunal (i), dont la chance de bien juger est V_i,
juge annuellement m_i procès dont il y a appel, la quantité V qu'on déterminera pour le siége fictif de première
instance, tel que nous venons de le définir, sera égale à

$$\frac{m_1 V_1 + m_2 V_2 + \text{etc.}}{m_1 + m_2 + \text{etc.}}.$$

Pour le siége fictif d'appel on aura de même

$$V' = \frac{m'_1 V'_1 + m'_2 V'_2 + \text{etc.}}{m'_1 + m'_2 + \text{etc.}},$$

les nombres V'_i, m'_i, relatifs aux cours d'appel, étant
suffisamment définis d'après ce qui précède.

202. Sous l'empire de la loi du 16 août 1790, les
tribunaux de districts étaient réciproquement juges d'ap-

pel les uns des autres; la constitution de l'an III avait
maintenu le même système, en réduisant seulement le
nombre des tribunaux à un par département. A la faveur d'une telle organisation judiciaire, les quantités
V, V' devenaient égales entre elles; et en appelant q le
rapport du nombre des arrêts infirmés au nombre des
arrêts attaqués, on aurait eu

$$q = 2V - 2V^2, \quad \text{ou} \quad V = \frac{1}{2} \pm \sqrt{\frac{1}{4} - \frac{q}{2}}.$$

Rien ne serait donc plus facile que la détermination
de la moyenne V pour cette époque, si la statistique judiciaire avait pu être dressée dans ces temps de trou-
bles civils, qui devaient d'ailleurs apporter de notables
perturbations, même dans le cours de la justice ordinaire.

Un système plus compliqué, mais jusqu'à un certain
point analogue, règne encore en France au sujet de
l'appel des jugements de police correctionnelle. Dans les
départements où ne siége pas de cour royale, les jugements de cette espèce, rendus en premier ressort par
les tribunaux d'arrondissement, sont déférés en appel
au tribunal du chef-lieu de département, où cinq juges
doivent siéger pour vider l'appel. Les jugements rendus
en premier ressort par le tribunal du chef-lieu, où ne
siégent alors communément que trois juges, sont déférés, selon les distances, soit au tribunal d'un chef-lieu
voisin, soit à la cour royale, qui reçoit d'ailleurs indis-
tinctement les appels de tous les tribunaux de police
correctionnelle compris dans le département où elle
siége. Les complications mêmes de ce système d'appel
fournissent les données nécessaires pour la détermina-

tion très-approchée des quantités v, V; mais nous n'entrerons pas ici dans plus de détails à ce sujet ([1]).

203. En matière civile, si nous désignons par V la valeur moyenne de la chance du bien jugé, pour les tribunaux de première instance du royaume et pour les causes qui vont en appel; par V' la valeur moyenne de la chance du bien jugé pour les cours royales; par q le rapport du nombre des jugements infirmés au nombre total des causes d'appel, nous aurons

$$q = V + V' - 2VV'; \tag{7}$$

mais cette équation ne suffit pas pour déterminer séparément V, V'; et la même indétermination aurait lieu s'il s'agissait des appels des sentences des juges de paix, appels portés devant les tribunaux d'arrondissements.

L'indétermination ne pouvant être levée qu'à la faveur d'une hypothèse, nous supposerons d'abord, avec M. Poisson, que la chance moyenne v est la même pour les juges de première instance et pour les juges d'appel; nous admettrons en outre que tous les jugements de première instance sont rendus par trois juges, et tous ceux d'appel par sept juges : les nombres 3 et 7 étant effectivement les *minima* fixés par la loi et que l'on dépasse rarement. Cette double supposition donnera :

$$\left. \begin{aligned} V &= v^3 + 3v^2(1-v), \\ V' &= v^7 + 7v^6(1-v) + 21v^5(1-v)^2 + 35v^4(1-v)^3. \end{aligned} \right\} \tag{8}$$

([1]) Nous renvoyons, pour tous les développements qui ne peuvent trouver place dans ce chapitre et dans le suivant, au mémoire que nous avons publié dans le *Journal de mathématiques* de M. Liouville, t. III, p. 257.

Au moyen des *Comptes généraux* de l'administration de la justice civile en France, depuis le commencement de l'année judiciaire 1830-31 jusqu'à la fin de l'année civile 1840, nous avons formé le tableau suivant :

ANNÉES.	NOMBRE DES JUGEMENTS		RAPPORTS *q*.
	tant confirmés qu'infirmés.	infirmés en tout ou en partie.	
Année jud. 1830-31	8 657	2 815	0,3252
3 dern. mois de 1831	1 588	439	0,2765
1832	8 766	2 776	0,3167
1833	8 947	2 958	0,3307
1834	8 237	2 506	0,3042
1835	7 522	2 389	0,3176
1836	7 939	2 491	0,3138
1837	8 232	2 918	0,3545
1838	8 904	2 741	0,3078
1839	7 937	2 506	0,3157
1840	8 432	2 603	0,3087
TOTAUX et moyenne.	85 161	27 142	0,3187

Dans ce tableau se trouvent confondus les appels de jugements émanés des tribunaux de commerce, avec les appels de jugements rendus en premier ressort par les tribunaux civils, composés de magistrats permanents : le dépouillement des uns et des autres mettant en évidence ce fait remarquable que la valeur du rapport *q* est sensiblement la même pour les deux juridictions ; comme si les avantages résultant pour les juges civils de la permanence de leurs fonctions ainsi que de leurs études professionnelles, étaient presque exactement compensés par la justesse d'appréciation que la pratique des affaires commerciales donne aux notables commerçants investis temporairement de la mission de vider les démêlés que ce genre d'affaires suscite (¹).

(¹) Le fait dont il s'agit étant, à notre avis, un des plus curieux de ceux qui ressortent des *Comptes généraux*, il est bon de l'appuyer sur une preuve détaillée. A cet effet, nous avions, dans le mémoire cité tout à l'heure, distingué plus clairement que ne le faisaient les comptes officiels les appels de jugements émanés des deux juridictions, ce qui nous avait donné les résultats que voici :

ANNÉES.	TRIBUNAUX CIVILS.			TRIBUNAUX DE COMMERCE.		
	Nombre des jugements		RAPPORTS	Nombre des jugements		RAPPORTS
	tant confirmés qu'infirmés.	infirmés en tout ou en partie.	q.	tant confirmés qu'infirmés.	infirmés en tout ou en partie.	q.
An. jud. 1830-31	7 578	2 476	0,3268	1 079	339	0,3142
3 d. m. de 1831	1 364	388	0,2845	224	51	0,2866
1832	7 766	2 465	0,3174	1 000	311	0,3110
1833	8 087	2 617	0,3236	860	341	0,3965
1834	7 365	2 227	0,3024	872	279	0,3199
TOTAUX et moyenne.	32 160	10 173	0,3163	4 035	1 321	0,3274

En 1840, pour la première fois, on a distingué avec netteté,

En substituant pour q, dans l'équation (7), la valeur 0,3187, on déduit des équations (7) et (8)

$$v = 0,686; \quad V = 0,766; \quad V' = 0,855.$$

Par suite, la probabilité moyenne du bien jugé d'un arrêt de cour royale serait 0,950 pour un arrêt confirmatif, et seulement 0,642 pour un arrêt infirmatif.

204. Mais l'hypothèse à laquelle se rattachent les valeurs ainsi déterminées est évidemment trop défavorable aux cours royales, en ce qu'elle réduit leur supériorité sur les tribunaux de première instance à ne dépendre que de la supériorité du nombre des juges; tandis que la constitution hiérarchique des corps judiciaires doit con-

---

non-seulement les appels émanés des deux juridictions, mais encore les appels de jugements rendus par les tribunaux civils, en matière civile proprement dite, d'avec les appels de jugements rendus par les mêmes tribunaux jugeant commercialement, dans les villes où il n'existe pas de tribunaux de commerce. Les résultats de ce dépouillement sont consignés dans le tableau suivant :

| TRIBUNAUX. | NOMBRE DES JUGEMENTS | | RAPPORTS |
	tant confirmés qu'infirmés.	infirmés en tout ou en partie.	q.
1° Tribunaux civils, jugeant en matière civile............	6 778	2 107	0,3108
2° Tribunaux civils, jugeant en matière commerciale...	143	45	0,3147
3° Tribunaux de commerce..	1 511	451	0,2985

centrer dans les tribunaux supérieurs plus d'expérience et de lumières. D'autres documents statistiques viennent confirmer pleinement cet aperçu, et déterminer des limites entre lesquelles sont renfermées les valeurs de v et de V.

Ces documents consistent dans le relevé des arrêts de rejet rendus, tant par la section des requêtes que par la section civile de la cour de cassation, et des arrêts de cassation rendus par la section civile, ainsi que l'indique le tableau ci-après :

ANNÉES.	POURVOIS CONTRE DES ARRÊTS de cours royales et d'autres tribunaux supérieurs.			POURVOIS CONTRE DES JUGEMENTS de tribunaux civils et de commerce.		
	Rejets (chambre des requêtes).	Rejets (chambre civile).	Cassations.	Rejets (chambre des requêtes).	Rejets (chambre civile).	Cassations.
Ann. jud. 1830-31	287	52	75	39	11	17
3 d. mois de 1831	45	11	9	5	2	5
1832	239	41	50	42	10	28
1833	191	36	72	31	14	42
1834	267	54	77	45	34	50
1835	274	60	99	32	17	53
1836	286	69	79	31	23	45
1837	218	65	99	28	14	38
1838	312	76	87	33	20	39
1839	234	43	69	33	22	68
1840	248	58	87	28	13	61
TOTAUX.	2601	565	803	347	180	466

Il résulte de ce tableau que le rapport du nombre des arrêts de cassation au nombre des pourvois jugés est 0,202 pour les pourvois formés contre des arrêts de cours royales, jugeant en matière civile ou commerciale, et 0,467 pour les pourvois contre des jugements de tribunaux de première instance ou de commerce, non susceptibles d'appel. Le premier rapport peut être considéré comme déjà déterminé avec une assez grande précision : au contraire, la valeur du second rapport ne peut être acceptée que provisoirement.

Continuons de désigner par V et V' les valeurs moyennes de la chance du bien jugé, pour les tribunaux de première instance et pour les cours royales ; désignons par V'' la chance analogue pour la cour de cassation ; par q'' et q' les rapports auxquels on vient d'assigner plus haut des valeurs numériques : on aura

$$q' = V + V'' - 2VV'', \qquad (9)$$

$$q'' = V' + V'' - 2V'V'', \qquad (10)$$

et en éliminant V'',

$$V(1 - 2q'') - V'(1 - 2q') = q' - q''.$$

Il suffirait de combiner l'équation (7) avec celle-ci, pour déterminer séparément V et V', indépendamment de l'hypothèse du n° 203, si l'on pouvait admettre que les valeurs de V, V' sont les mêmes pour la série des affaires qui vont en appel devant les cours royales, et pour celle des affaires dont la cour est saisie par suite de pourvois en cassation. Mais ce calcul donnerait à V et à V' des valeurs imaginaires ; et en effet il suffit d'être un peu familiarisé avec les principes de notre organisation judiciaire pour présumer *à priori* que l'hypothèse est inadmissible : les questions délicates, à l'occasion desquelles sont formés le plus souvent les pourvois en cassation, devant exposer les tribunaux de première instance et les cours royales à plus de chances d'erreur qu'il n'y en a moyennement pour les affaires qui subissent seulement l'épreuve de l'appel.

205. Remarquons que, si l'on fait successivement dans l'équation (9) $V'' = 1$, $V'' = V$, on en tirera deux valeurs de V, l'une certainement plus petite, l'autre certainement plus grande que la vraie valeur ; car, d'une part, la cour de cassation est elle-même sujette à l'erreur, et il lui arrive de réformer sa propre jurisprudence ; d'autre part, il serait absurde de supposer $V'' < V$. On en conclut, d'après la valeur $q' = 0,467$,

$$V > 0,533; \quad V < 0,630. \qquad (11)$$

Le même raisonnement, appliqué à l'équation (10), donnera

$$V' > 0,798; \quad V' < 0,886. \qquad (12)$$

Mais, en vertu de l'équation (10), quand V' diminue, V'' augmente ; par conséquent on a $V'' > 0,886$, et l'on obtiendra une limite supérieure de V en faisant, dans l'équation (9), $V'' = 0,886$; car il n'y a nulle raison de supposer que V'' puisse tomber, à l'égard de la série des pourvois contre les jugements de tribunaux de première instance, au-dessous de la limite que le même rapport ne franchit pas, à l'égard de la série des pourvois formés contre des arrêts de cours royales. Dès lors les inégalités (11) pourront être remplacées par les suivantes :

$$V > 0,533; \quad V < 0,543,$$

auxquelles correspondent

$$v > 0,520; \quad v < 0,528.$$

Comme on le voit, cette analyse resserre les valeurs inconnues de V et de v, relativement à la série des affaires qui entraînent pourvoi, entre des limites fort rapprochées; et l'incertitude qu'elle laisse subsister sur les valeurs de ces quantités, est moindre que celle qui provient de l'incertitude des données mêmes de la statistique.

Aux inégalités (12) correspondent

$$v' > 0,649; \quad v' < 0,710 :$$

v' désignant, pour les juges des cours royales, l'analogue de v pour les juges de première instance; et il y a lieu de croire que les vraies valeurs tombent plus près des limites inférieures que des limites supérieures.

Pour la série des affaires qui entraînent appel, la valeur du rapport $\frac{V'}{V}$ doit être moindre qu'elle ne l'est pour la série des affaires qui entraînent pourvoi. D'une part, elles ne présentent pas en général d'aussi graves difficultés à résoudre; et, plus les difficultés sont grandes, plus la supériorité des lumières des juges d'appel doit être sensible. D'autre part, pour que l'on recoure au pourvoi en cassation, lorsqu'il s'agit d'affaires d'un faible intérêt, comme celles qui sont ordinairement jugées en dernier ressort par les tribunaux inférieurs, il faut que les moyens de cassation semblent bien forts aux parties intéressées. Dans la série des pourvois, si nous prenons pour V et V' leurs limites inférieures, qui n'en peuvent pas différer beaucoup, nous aurons sensiblement $V' = \frac{3}{2} V$; et, si nous combinions cette relation avec l'équation (7), ce qui donne

$$V = 0,668; \quad v = 0,614;$$

nous trouverions pour V' une valeur sensiblement égale à l'unité. Ainsi, nous pouvons certainement poser, pour la série des affaires qui vont en appel,

$$V > 0,668; \quad v > 0,614;$$
$$V < 0,766; \quad v < 0,686.$$

Il faut d'ailleurs se garder de confondre, ainsi qu'on l'a déjà fait remarquer [201], les valeurs de V et de v, pour les causes qui vont en appel ou en cassation, avec celles qui se rapporteraient à la généralité des causes jugées en première instance.

CHAPITRE XVI.

SUITE DE LA THÉORIE DE LA PROBABILITÉ DES JUGEMENTS. — APPLICATIONS A LA STATISTIQUE JUDICIAIRE, EN MATIÈRE CRIMINELLE. — DE LA PROBABILITÉ DES TÉMOIGNAGES.

—

206. Nous avons raisonné, dans le précédent chapitre, d'après l'hypothèse que les causes d'erreur sont indépendantes pour chaque juge; en sorte que les cas où le juge A rencontre la vérité ou l'erreur se combinent indifféremment avec ceux où les juges B, C, etc., rencontrent eux-mêmes l'erreur ou la vérité, de la même manière que chaque face d'un dé se combine indifféremment avec toutes les faces d'un autre dé. Or, cela est vrai seulement des causes d'erreur qui proviennent des circonstances sous l'empire desquelles chaque juge en particulier se trouve placé, de son état de santé physique et morale, du degré auquel son attention est excitée, de ses habitudes d'esprit, de ses préjugés individuels, etc. Mais il y a d'autres causes d'erreur qui sont de nature à influer en même temps sur tous ceux qui prendront connaissance de l'affaire, et par l'influence desquelles l'événement consistant dans l'erreur du juge A se combinera plus facilement ou plus fréquemment avec l'événement consistant dans l'erreur du juge B qu'avec l'événement contraire, et de même pour chacun des juges C, D, etc.

Revenons à notre exemple primitif [193], et supposons deux observateurs doués au même degré de perspicacité et d'expérience, dont on enregistre simultanément les pronostics météorologiques : v désigne pour chacun d'eux le rapport du nombre des pronostics vérifiés au nombre total des pronostics; p désigne le rapport entre le nombre des observations où les deux observateurs se sont trouvés d'accord, et le nombre total des observations. En vertu de l'équation (1) du numéro cité, l'on doit avoir

$$p = 1 - 2v + 2v^2, \quad \text{ou} \quad v = \frac{1}{2} \pm \sqrt{2p - 1}; \quad (1)$$

et comme le registre des pronostics, rapproché du registre des observations subséquentes, détermine les nombres v et p, on devra trouver entre v et p la relation exprimée par l'équation qui précède, s'il est vrai que les causes d'erreur soient indépendantes pour les deux observateurs.

Maintenant supposons que l'on répartisse la série des pronostics en plusieurs catégories, en les classant par mois, ou en distinguant les pronostics de beau temps des pronostics de pluie, etc. : chaque catégorie étant assez nombreuse pour pouvoir fournir une détermination suffisamment exacte des rapports v, p. Désignons par $p_1, p_2, \ldots p_n$; $v_1, v_2, \ldots v_n$ les valeurs des rapports p et v pour chaque catégorie; désignons aussi par k_i le rapport du nombre des observations comprises dans la catégorie (i) au nombre des observations comprises dans la série totale, de manière qu'on ait

$$k_1 + k_2 + \ldots + k_n = 1. \quad (k)$$

La véritable valeur du rapport ν sera exprimée par

$$k_1\nu_1 + k_2\nu_2 + \ldots + k_n\nu_n;$$

et en admettant présentement que, dans chaque catégéorie, les causes d'erreur agissent d'une manière indépendante sur chaque observateur, on aura rigoureusement

$$\nu = \frac{1}{2} + \frac{1}{2}\left(k_1\sqrt{2p_1-1} + k_2\sqrt{2p_2-1} + \ldots + k_n\sqrt{2p_n-1}\right) : (2)$$

de sorte que l'influence des causes qui inclinent à l'erreur les deux observateurs à la fois se trouvera éliminée.

Afin de simplifier le raisonnement, nous admettons que tous les nombres $\nu_1, \nu_2, \ldots \nu_n$ surpassent $\frac{1}{2}$, et qu'ainsi tous les radicaux doivent être pris positivement : l'hypothèse contraire sera plus loin l'objet d'un examen spécial.

Or, si l'on n'avait pas pu faire, ou si l'on n'avait pas fait la classification par catégories, et si l'on avait admis l'indépendance des causes d'erreur relativement à la série générale, on aurait tiré de l'équation (1)

$$\nu = \frac{1}{2} + \frac{1}{2}\sqrt{2(k_1p_1 + k_2p_2 + \ldots + k_np_n) - 1},$$

et il est facile de prouver [77] que cette valeur inexacte de ν surpasse toujours la vraie valeur donnée par l'équation (2).

207. Dans un cas où l'on pourrait déterminer directement par l'expérience la valeur du nombre ν, tel que celui que nous discutons ici pour l'ordre et la clarté des idées, on serait donc averti, avant toute classification des jugements par catégories, de l'erreur de l'hypothèse

sur l'indépendance des causes d'erreur pour chaque juge, en ce que la valeur de v, déduite de l'équation (1), surpasserait celle que donne l'observation directe; et la différence serait encore plus grande si la valeur de v, pour certaines catégories, pouvait descendre au-dessous de $\frac{1}{2}$, sans cesser d'être plus grande que $\frac{1}{2}$ pour la série générale.

Au contraire, dans le cas ordinaire où la valeur du nombre v ne peut être donnée qu'indirectement par le calcul, au moyen de l'équation (1) ou de toute autre analogue, rien n'avertirait le calculateur de l'erreur de son hypothèse, si la série générale des jugements n'était pas assez nombreuse pour pouvoir, à l'aide des documents statistiques, se subdiviser en séries partielles, assez nombreuses elles-mêmes pour offrir des rapports sensiblement permanents. Lorsque cette classification pourra s'opérer, il arrivera en général que le rapport p variera d'une catégorie à l'autre, et deviendra successivement $p_1, p_2, \ldots p_n$. On calculera alors la valeur de v par l'équation (2); et cette seconde valeur, toujours moindre que la première, sera cependant supérieure encore à la vraie valeur, si, dans chacune des catégories ou dans quelques-unes d'entre elles, l'hypothèse de l'indépendance des causes d'erreurs n'est pas encore sensiblement vraie. Quand ensuite la statistique se sera enrichie d'un plus grand nombre d'observations, on multipliera le nombre des catégories : on obtiendra une valeur de v plus faible que les précédentes, et plus approchée de la vraie valeur.

208. Posons, pour simplifier le calcul,

$$\frac{1}{2}\sqrt{2p-1}=z, \quad \frac{1}{2}\sqrt{2p_1-1}=z_1, \quad \frac{1}{2}\sqrt{2p_2-1}=z_2, \text{ etc.},$$

$$k_1z_1 + k_2z_2 + \text{etc.} = \zeta;$$

de sorte que les valeurs de v tirées des équations (1) et (2) soient respectivement

$$v = \frac{1}{2} + z, \quad v = \frac{1}{2} + \zeta:$$

on aura

$$z^2 - \zeta^2 = k_1k_2(z_1 - z_2)^2 + k_1k_3(z_1 - z_3)^2 + \ldots + k_2k_3(z_2 - z_3)^2 + \text{etc.}$$

Mais on peut prouver [69, *note*] que, si les nombres k_1, k_2, etc., sont assujettis à rester positifs et à vérifier l'équation (k), et si d'autre part a, b désignent les limites inférieure et supérieure des quantités z_1, z_2, etc., la valeur du second membre de l'équation précédente tombe entre zéro et

$$\frac{(b-a)^2}{4}.$$

De plus, les nombres p_1, p_2, etc., tombent nécessairement entre $\frac{1}{2}$ et 1, de sorte qu'on a $a = 0$, $b = \frac{1}{2}$, et par conséquent

$$z^2 - \zeta^2 < \frac{1}{16}, \quad \text{d'où} \quad \zeta > \sqrt{z^2 - \frac{1}{16}}.$$

Si, par exemple, la série générale, employée sans distinction de catégories, avait donné $v = 0,9$ ou $z = 0,4$, la véritable valeur de v (telle qu'on l'obtiendrait si l'on pouvait multiplier assez les catégories pour ne plus laisser subsister que l'influence des causes variables d'un juge à l'autre) serait nécessairement comprise entre 0,9 et

$$\frac{1}{2} + \sqrt{0,16 - \frac{1}{16}} = 0,812\,25.$$

Cette formule relative à la limite inférieure de v deviendra illusoire et n'apprendra rien quand z sera $< \frac{1}{4}$, ou n'excédera que de très-peu la valeur de cette fraction. En ce cas, on ne pourra attendre que du perfectionnement de la statistique des notions précises sur la valeur du rapport v. Lorsque cette valeur restera stationnaire, quoique l'accroissement du nombre des observations permette de multiplier le nombre des catégories, on sera averti que la limite est atteinte; que, dans chaque catégorie, on peut considérer les causes d'erreur comme agissant d'une manière irrégulière et variable sur chaque juge ou observateur.

209. Considérons maintenant un tribunal de trois juges, pour chacun desquels on est fondé à attribuer au rapport v la même valeur, soit que le tribunal se compose de trois juges permanents également éclairés, soit qu'il se compose de trois juges pris au hasard pour chaque affaire sur une liste générale, auquel cas v désigne, ainsi qu'on l'a expliqué [197], une moyenne entre les valeurs de la chance du bien jugé pour chaque individu inscrit sur la liste. Si p exprime le rapport du nombre des jugements rendus à l'unanimité, au nombre total des jugements, rapport connu d'après une longue suite d'observations, on aura [196]

$$v = \frac{1}{2} \pm \frac{1}{2} \sqrt{\frac{4p-1}{3}}.$$

Cette expression de v est tout à fait semblable, quant à la forme, à celle que donne l'équation (1); par conséquent on pourra y appliquer tous les raisonnements qui précèdent, en ce qui concerne l'abaissement successif des valeurs de v par la multiplication des catégories, et les limites de cet abaissement.

La probabilité du bien jugé, ou le rapport du nombre des bien jugés au nombre total des jugements, est pour ce tribunal

$$V = 3v^2 - 2v^3,$$

lorsque tous les jugements peuvent être confondus en une seule série. Concevons-les maintenant répartis en deux catégories, pour lesquelles v prend les valeurs v_1, v_2 : le rapport du nombre des bien jugés au nombre total des jugements deviendra

$$k_1 V_1 + k_2 V_2 = 3(k_1 v_1^2 + k_2 v_2^2) - 2(k_1 v_1^3 + k_2 v_2^3),$$

et il faut prouver qu'on a

$$k_1 V_1 + k_2 V_2 < V, \tag{3}$$

du moins dans le cas où les trois nombres v, v_1, v_2 seraient supposés $> \frac{1}{2}$.

Dans ce cas, en effet, le rapport p pour la série générale étant une moyenne entre les valeurs p_1, p_2 que prend ce rapport pour l'une et pour l'autre catégorie, la valeur de v tombera aussi entre v_1, v_2, de sorte qu'on pourra supposer

$$v_1 > v, \quad v > v_2. \tag{4}$$

D'un autre côté, on aura, par ce qui est démontré ci-dessus,

$$k_1 v_1 + k_2 v_2 < v, \quad \text{ou} \quad k_1 < \frac{v - v_2}{v_1 - v_2}. \tag{5}$$

Or, si l'inégalité (3) n'était pas satisfaite, et qu'on eût au contraire

$$k_1 V_1 + k_2 V_2 > V, \quad \text{ou} \quad k_1(V_1 - V_2) > V - V_2,$$

il serait permis d'en conclure

$$k_1 > \frac{V - V_2}{V_1 - V_2},$$

et par suite, à cause de l'inégalité (5),

$$(v - v_2)(V_1 - V_2) > (v_1 - v_2)(V - V_2); \qquad (6)$$

car, la fonction V étant croissante avec v, les inégalités (4) entraînent

$$V_1 - V_2 > 0, \quad V - V_2 > 0;$$

et dès lors on peut, sans intervertir les inégalités, multiplier ou diviser par les binômes $V_1 - V_2$, $V - V_2$. Maintenant, l'inégalité (6) se réduit, après qu'on y a substitué pour V, V_1, V_2 leurs valeurs, à

$$(v_1 - v)(v_1 - v_2)(v - v_2)[3 - 2(v + v_1 + v_2)] > 0.$$

Mais, tant que les fractions v, v_1, v_2 surpassent chacune $\frac{1}{2}$, selon l'hypothèse, le facteur entre crochets est négatif; tandis que les trois facteurs binômes sont positifs, en vertu des inégalités (4). Donc la précédente inégalité ne peut pas subsister; donc enfin l'inégalité (3) est vérifiée, si l'on exclut le cas infiniment peu probable de l'égalité des deux membres.

Ainsi, par la multiplication des catégories, la valeur que le calcul assigne à la chance moyenne du bien jugé, pour le tribunal, va en s'abaissant, comme la valeur assignée à la chance moyenne du bien jugé, pour chaque juge.

210. Jusqu'ici nous avons supposé connus, et immédiatement donnés par les documents statistiques, les

nombres k_1, k_2, etc., que l'on pourrait nommer les coefficients des catégories, et qui expriment les probabilités qu'un jugement pris au hasard dans la série générale, se rapportera aux catégories (1), (2), etc. Mais on peut aussi supposer inconnus les nombres k_1, k_2, etc., et se proposer de les déterminer au moyen d'un nombre suffisant d'éléments, choisis parmi ceux que fournit l'observation immédiate. C'est sur la solution d'un problème de cette nature que reposent les applications de la théorie des chances à la statistique judiciaire, en matière criminelle.

En effet, la série des accusés traduits devant un tribunal criminel se fractionne naturellement en deux catégories, celle des accusés coupables et celle des accusés innocents; k_1, k_2 désigneront les probabilités que l'on a de tomber sur un coupable ou sur un innocent, en prenant un nom au hasard sur la liste générale des accusés. Les nombres k_1, k_2, dont la somme est l'unité, ne sont pas donnés directement, et ne peuvent l'être, puisqu'on n'aura jamais un *criterium* infaillible de la culpabilité et de l'innocence des accusés; il est seulement très-vraisemblable *à priori* que, dans l'état de nos mœurs et d'après nos institutions judiciaires, k_1 l'emporte notablement sur k_2 : la traduction des accusés devant le tribunal qui doit les juger, n'ayant lieu qu'à la suite d'une instruction préliminaire, qui écarte les inculpés sur lesquels ne pèsent pas des charges très-sérieuses.

La chance v du bien jugé pour chacun des juges dont le tribunal se compose a pour valeur $k_1 v_1 + k_2 v_2$, v_1, v_2 désignant les valeurs de cette chance par rapport à la série des accusés coupables et par rapport à la série des accusés innocents. Il y a lieu de croire qu'en thèse gé-

nérale les nombres v_1, v_2 ne sont point égaux, ou, en
d'autres termes, que le rapport du nombre des coupables condamnés par un juge, au nombre des coupables
qu'il acquitte, n'est pas le même que le rapport du nombre des innocents qu'il acquitte, au nombre des innocents qu'il condamne. Dans tous les cas, ce serait à l'expérience à démontrer l'égalité des rapports v_1, v_2. On
a donc en général trois quantités inconnues k_1, v_1, v_2,
qu'il s'agit de déterminer d'après les données de l'observation.

211. Considérons toujours un tribunal de trois juges,
pour chacun desquels on est fondé à attribuer aux rapports v_1, v_2 les mêmes valeurs; admettons de plus, pour
un moment, que le juge qui condamne un accusé affirme par cela même qu'il est coupable, et que réciproquement le juge qui acquitte un accusé affirme par
cela même son innocence. Désignons par c le rapport
du nombre des accusés condamnés à l'unanimité, au
nombre total des accusés; par c' le rapport du nombre
des accusés condamnés à la simple majorité, au même
nombre total; enfin par a le rapport du nombre des
accusés acquittés à l'unanimité, au nombre total : on
aura entre les inconnues k_1, v_1, v_2 les trois équations

$$\left.\begin{array}{r} k_1 v_1^3 + (1 - k_1)(1 - v_2)^3 = c, \\ 3k_1 v_1^2(1 - v_1) + 3(1 - k_1)v_2(1 - v_2)^2 = c', \\ k_1(1 - v_1)^3 + (1 - k_1)v_2^3 = a, \end{array}\right\} \quad (7)$$

qui suffisent pour les déterminer complétement.

212. On objectera avec raison que le juge qui acquitte un accusé n'entend point d'ordinaire affirmer que
l'accusé est innocent, mais seulement qu'à ses yeux les
indices de culpabilité ne sont pas suffisants pour dé-

terminer une condamnation ; que réciproquement le juge qui condamne n'entend point affirmer, avec une absolue certitude, la culpabilité de l'accusé, mais seulement l'existence de tels indices, d'une présomption si forte de culpabilité, qu'on ne saurait, sans paralyser l'action de la justice et compromettre la sûreté publique, acquitter les accusés contre lesquels pèsent de tels indices et d'aussi fortes présomptions.

La conséquence de cette objection, c'est que les nombres k_1, v_1, v_2, déterminés par les équations précédentes, sont relatifs, non point, comme nous l'avions supposé d'abord, à deux catégories dont l'une comprendrait les accusés coupables, et l'autre les accusés innocents, mais bien à deux autres, dont la première comprendrait les accusés *condamnables*, et la seconde les accusés *non condamnables* ou *acquittables* : la première pouvant à la rigueur comprendre des innocents, et la seconde contenant très-vraisemblablement beaucoup de vrais coupables. Mais, d'un autre côté, si l'esprit saisit tout de suite la distinction absolue des accusés coupables et innocents, il s'en faut bien que l'on se forme aussi facilement une idée précise de la division catégorique en accusés condamnables et accusés acquittables. Comme c'est ici le point le plus délicat d'une théorie, d'ailleurs délicate dans toutes ses parties, on ne saurait y apporter trop d'attention.

Nous demanderons à ce sujet la permission de recourir encore à l'exemple fictif dont nous avons souvent fait usage. Quand un homme exercé aux pronostics météorologiques prédit le beau temps pour le lendemain, il n'entend pas sûrement affirmer d'une manière absolue qu'il fera beau, mais seulement que les chances de beau temps sont très-grandes, assez grandes, par exemple, pour entreprendre sans hésitation un voyage, une ascension alpestre. De même, le chirurgien qui opine pour l'amputation d'un membre malade n'affirme pas absolument l'impossibilité d'une autre cure; il affirme seulement que, dans son opinion, les chances d'une issue funeste, si le membre n'est pas amputé, sont assez grandes pour déterminer le sacrifice du membre affecté. La même remarque s'applique à la plupart des jugements des hommes, et n'a rien de spécial aux jugements en matière criminelle.

213. Cela posé, et pour revenir au sujet qui a motivé cette digression, concevons les accusés répartis en un assez grand nombre de catégories, pour que dans chacune les causes d'erreur agissent fortuitement et indépendamment sur chaque juge : chaque catégorie comprenant d'ailleurs des accusés coupables et des accusés innocents. Si, dans chacune de ces catégories, la valeur du rapport ν ne peut descendre au-dessous de $\frac{1}{2}$, soit pour les coupables, soit pour les innocents, les équations (7), appliquées à chaque catégorie, détermineront effectivement les nombres k_1, ν_1, ν_2, relatifs à la distinction des accusés en innocents et en coupables. Le calcul donnant les valeurs de ν_1, ν_2 par couples de la forme $\frac{1}{2} \pm z_1$, $\frac{1}{2} \pm z_2$, on saura qu'il faut toujours prendre z_1, z_2 avec le signe positif.

Les mêmes équations (7), appliquées à la série générale des accusés, ne donneraient sans doute qu'une approximation des rapports cherchés, selon la théorie exposée dans les numéros précédents; mais cette approximation se rapporterait toujours à la classification des accusés en coupables et en innocents.

Or, on doit admettre au contraire que, pour de nombreuses catégories d'accusés, la chance ν d'un vote conforme à la réalité du fait tombe au-dessous de $\frac{1}{2}$, et s'approche même indéfiniment de zéro. Il y a sans doute beaucoup d'accusés coupables qui ont la presque certitude d'obtenir un vote d'acquittement, soit à cause de la faiblesse des preuves juridiques qui pèsent sur eux, soit en raison de diverses causes (telles que la trop grande rigueur de la loi pénale) qui prédisposent à l'indulgence la généralité des juges. On ne peut guère plus se refuser à admettre que, pour un très-petit nombre d'accusés innocents, il y a presque la certitude d'être atteints par un vote de condamnation, tant sont grandes les charges qu'un enchaînement fatal de circonstances fait peser sur eux, et qui sont de nature à déterminer la conviction des juges les plus éclairés et les plus impartiaux.

En conséquence, il y a des accusés pour lesquels, si l'on faisait usage des équations (7), en les rattachant à la classification des accusés en innocents et en coupables, il faudrait choisir pour ν_1, ou même pour ν_2, celles des valeurs données par le calcul, qui tombent au-dessous de $\frac{1}{2}$. Il résulterait de là qu'on ne pourrait plus, même dans une première approximation, appliquer les équations (7) à la série générale des accusés, ou du moins qu'on aurait de justes raisons de douter si, entre les deux valeurs de ν, tirées de ces équations, on ne doit pas choisir de préférence celle qui tombe au-dessous de $\frac{1}{2}$, comme plus approchée de la vraie valeur.

Il n'y a qu'une manière de lever cette difficulté et de faire rentrer le second cas dans le premier : c'est de considérer comme acquittables les accusés coupables pour lesquels la chance d'une voix de condamnation tombe au-dessous de $\frac{1}{2}$, et pareillement de considérer comme condamnables les accusés innocents (vraisemblablement et heureusement en fort petit nombre) pour lesquels la chance d'une voix d'acquittement tomberait aussi au-dessous de $\frac{1}{2}$. Par suite de cette convention, et en changeant la signification primitive des lettres v_1, v_2; en concevant que v_1 est la chance d'une voix de condamnation pour les accusés condamnables, que v_2 est la chance d'une voix d'acquittement pour les accusés acquittables, les nombres v_1, v_2 ne peuvent, par la définition même, tomber au-dessous de $\frac{1}{2}$ pour aucune catégorie d'accusés; et quand, dans une première approximation, on applique les équations (7) à la série générale des accusés, on doit nécessairement choisir pour v_1, v_2, dans les couples de valeurs données par le calcul, celles qui surpassent $\frac{1}{2}$.

214. Ces explications ont l'avantage de fournir une définition précise et mathématique du sens qui s'attache aux mots *condamnable* et *acquittable* : elles font voir avec netteté comment la classification des accusés en condamnables et acquittables se rapporte à l'état des lumières, aux dispositions morales de la classe de ci-

toyens au sein de laquelle on prend les jurés ou les
juges criminels; de manière que, les juges venant à
être pris dans une autre classe ou à subir dans la même
classe d'autres influences, telles catégories d'accusés
pourront passer de la classe des accusés condamnables
à celle des acquittables, ou réciproquement.

Ainsi, le rapport du nombre des condamnés au nombre total des accusés, qui atteignait en Belgique la valeur 0,83 quand les crimes étaient jugés par des magistrats, s'est abaissé à 0,60 quand on a rétabli dans ce
pays l'institution du jury français; et de là on conclut,
suivant la remarque de M. Poisson, que la proportion
des accusés condamnables (dans le sens que nous donnons à cette expression) a décru brusquement par le
rétablissement de l'institution du jury, quoique les formes de l'instruction préliminaire soient restées les mêmes,
et que par conséquent la proportion des accusés réellement coupables n'ait pas dû varier sensiblement. En effet,
les jurés étant plus enclins à l'indulgence que des magistrats permanents, il y a de nombreuses catégories
d'accusés coupables pour lesquels la chance v_x d'un
vote de condamnation surpasse $\frac{1}{2}$ quand il s'agit de magistrats, et tombe au-dessous de $\frac{1}{2}$ quand le vote doit
être émis par des jurés. Les accusés compris dans ces
catégories appartiennent à la classe des accusés condamnables lorsqu'on applique les formules (7), ou leurs analogues, à des jugements rendus par une magistrature
permanente, et passent dans la classe des condamnés
acquittables lorsqu'on applique les mêmes formules à
des jugements par jurés.

Cette théorie nous met à même aussi de prévoir dans quel sens les résultats du calcul se modifieront, selon la nature des variations survenues dans la législation criminelle, ou dans d'autres circonstances qui influent sur les votes des jurés. Tout ce qui tend à augmenter les lumières des jurés doit augmenter les valeurs de v_1, v_2 : ainsi, toutes circonstances égales d'ailleurs, on trouvera v_1, v_2 moindres pour des jurés qui votent sans communication entre eux que pour des jurés qui délibèrent en commun et peuvent s'éclairer mutuellement. Au contraire, un adoucissement dans la législation pénale, qui amène un plus grand nombre de condamnations méritées, par suite une répression plus efficace de certains désordres, et que l'on doit regarder en conséquence comme une incontestable amélioration, peut bien faire baisser les valeurs de v_1, v_2, qui se rapportent à la classification des accusés en condamnables et acquittables. Il y avait une catégorie d'accusés coupables presque sûrs de l'acquittement, ou pour lesquels v_2 avait une très-grande valeur. La cause constante d'erreur, qui déterminait l'acquittement avec une presque certitude, étant soustraite, le sort de ces accusés reste soumis à l'influence des causes d'erreur qui agissent irrégulièrement et indépendamment sur chaque juré. La chance v_2 diminue pour les accusés de la catégorie dont il s'agit; et si elle diminue au point de tomber au-dessous de $\frac{1}{2}$, ces accusés passent dans la classe de ceux que nous qualifions de condamnables, mais pour lesquels v_1 peut avoir une valeur très-peu supérieure à $\frac{1}{2}$. Les valeurs moyennes de v_1, v_2 relatives à la série générale des ac-

cusés pourront donc baisser par suite de l'adoucissement de la législation pénale, quoiqu'il y ait un plus
grand nombre de jugements vrais, d'une absolue vérité.

En général, l'ignorance est une cause d'erreur dont
le mode d'action est irrégulier et variable d'un juré à
l'autre. Tout ce qui tendra à accroître les lumières des
jurés tendra à diminuer la part du hasard dans les verdicts des jurys, à accroître la proportion des verdicts
rendus à l'unanimité ou à une forte majorité, à accroître en conséquence les valeurs assignées par le calcul
aux rapports ν_1, ν_2. Au contraire, la soustraction des
causes d'erreur qui tiennent à des préjugés dominants,
à des penchants naturels du cœur humain, tout en augmentant le nombre des jugements vrais, pourra accroître la part du hasard, diminuer la proportion des verdicts
rendus à l'unanimité ou à une forte majorité, et par suite
diminuer les valeurs que le calcul assigne aux rapports
ν_1, ν_2.

215. Si la statistique judiciaire donnait pour nos
tribunaux correctionnels, formés en général de trois
juges, les valeurs des éléments c, c', a, on appliquerait
les équations (7) à la détermination des rapports k_1, ν_1,
ν_2; mais ces éléments ne sont pas donnés, et ne peuvent
l'être d'après nos lois. Au contraire, la statistique judiciaire nous fournit sur les appels de police correctionnelle tous les documents nécessaires pour déterminer
les mêmes rapports à l'égard des prévenus qui subissent
les deux degrés de juridiction. Nous ne pourrions entrer ici, au sujet de cette application curieuse, dans
tous les détails nécessaires, et nous renverrons au mémoire déjà cité [202].

216. L'application la plus intéressante que l'on puisse faire de la théorie de la probabilité des jugements, est celle qui a pour objet les décisions rendues par nos jurys en matière criminelle. Une tradition qui remonte au moyen âge a fait porter à douze le nombre des jurés, en France comme en Angleterre, quoique d'ailleurs l'institution du jury repose dans les deux pays sur des bases très-différentes. La législation française a varié plusieurs fois sur la fixation de la majorité exigée pour un verdict de culpabilité. D'après la loi actuellement en vigueur, la majorité simple, de sept voix contre cinq, suffit pour la déclaration de culpabilité.

Soient N le nombre total des accusés; N_1 celui des accusés condamnables, selon la définition que nous avons donnée du mot; N_2 le nombre des accusés acquittables; C celui des accusés condamnés à la majorité de plus de sept voix; C' celui des accusés condamnés à la majorité simple; A le nombre des accusés acquittés par suite du partage égal des voix; V_1, V_2 les probabilités d'un verdict de condamnation ou d'acquittement, selon qu'il s'agit d'accusés condamnables ou acquittables, les lettres v_1, v_2 conservant la signification que nous leur avons attribuée plus haut. Posons de plus

$$\frac{N_1}{N} = k_1, \quad \frac{N_2}{N} = k_2, \quad \frac{C}{N} = c, \quad \frac{C'}{N} = c', \quad \frac{A}{N} = a :$$

on aura

$$k_1 + k_2 = 1,$$

$$\left. \begin{array}{l} k_1[v_1^{12} + 12v_1^{11}(1-v_1) + 66v_1^{10}(1-v_1)^2 + 220v_1^9(1-v_1)^3 + 495v_1^8(1-v_1)^4] \\ k_2[(1-v_2)^{12} + 12(1-v_2)^{11}v_2 + 66(1-v_2)^{10}v_2^2 + 220(1-v_2)^9v_2^3 + 495(1-v_2)^8v_2^4] \end{array} \right\} = c,$$

$$792[k_1 v_1^7(1-v_1)^5 + k_2(1-v_2)^7 v_2^5] = c',$$

$$924[k_1 v_1^6(1-v_1)^6 + k_2(1-v_2)^6 v_2^6] = a.$$

Si les nombres a, c, c' étaient donnés par la statistique, ces équations suffiraient pour déterminer k_1, k_2, v_1, v_2, et par suite, V_1, V_2.

Les documents statistiques fournissent immédiatement le nombre $c + c'$, ainsi que le nombre c', du moins sous l'empire de la législation actuelle qui impose aux jurés, comme l'avait déjà fait l'une des législations antérieures, l'obligation de faire connaître si le verdict de condamnation a été rendu à la majorité simple. Mais la législation s'est toujours opposée formellement à ce que les jurés fissent connaître à quelle majorité était rendu un verdict d'acquittement. En conséquence, ni le rapport a, ni aucun autre analogue ne peut être donné par la statistique judiciaire ; et de là dérive la nécessité, pour arriver à des déterminations numériques, de réduire le nombre des inconnues, ainsi que l'a fait M. Poisson, dans son ouvrage sur cette matière, puisque sa méthode revient à supposer tacitement $v_1 = v_2$.

Cependant l'analyse que nous avons faite ailleurs, des données de la statistique concernant les appels de la police correctionnelle, s'accorde bien avec les considérations d'après lesquelles on doit supposer *à priori*, que v_2, V_2 surpassent respectivement v_1, V_1, et même que v_2, V_2 diffèrent très-peu de l'unité. Les causes qui amènent ce résultat avec des juges permanents, tels que ceux qui prononcent en matière de police correctionnelle, doivent à plus forte raison exercer leur influence sur les jurés. Néanmoins la constatation d'un tel résultat par l'observation directe aurait tant d'intérêt, que l'on doit désirer vivement l'adoption d'une mesure, laquelle, sans manifester le mode de partage des voix, pour chaque acquittement en particulier, fournirait pour une longue série d'affaires l'élément qui manque à la statistique criminelle.

Si, par exemple, pour chaque accusé condamné ou acquitté, le chef du jury était tenu de déposer dans une boîte scellée autant de billets blancs qu'il y a eu de voix pour l'acquittement, et autant de billets noirs qu'il y a eu de voix pour la condamnation, le dépouillement des billets pourrait se faire à la fin de chaque année, dans l'intérêt de la statistique judiciaire, sans qu'il y eût violation du secret des votes pour chaque affaire. Il n'est pas difficile de montrer que l'inscription sur les tableaux statistiques du résultat de ce dépouillement, équivaudrait, pour l'objet que nous avons en vue, à la connaissance de l'élément a.

Dans l'ignorance où nous sommes de la valeur de cet élément, ayant d'ailleurs toute raison de croire que la valeur de v_2 est comprise entre celle de v_1 et l'unité, nous ne pouvons que faire successivement les deux hypothèses $v_2 = 1$, $v_2 = v_1$. Les vraies valeurs des inconnues k_1, v_1, V_1 devront se trouver entre celles qui correspondent à ces suppositions extrêmes.

Dans l'hypothèse $v_2 = 1$, v_1 sera donné par l'équation du 5e degré

$$v_1^5 + 12v_1^4(1 - v_1) + 66v_1^3(1 - v_1)^2 + 220v_1^2(1 - v_1)^3$$
$$+ 495v_1(1 - v_1)^4 - 792\frac{c}{c'}(1 - v_1)^5 = 0; \quad (8)$$

on aura ensuite

$$V_1 = v_1^7[v_1^5 + 12v_1^4(1 - v_1) + 66v_1^3(1 - v_1)^2 + 220v_1^2(1 - v_1)^3$$
$$+ 495v_1(1 - v_1)^4 + 792(1 - v_1)^5], \quad (9)$$
$$k_1 = \frac{c + c'}{V_1}. \quad (10)$$

Si l'on suppose au contraire $v_2 = v_1 = v$, il viendra

$$c' = 792v^5(1-v)^5 \left[k_1(2v-1) + (1-v)^2 \right], \qquad (11)$$

$$c + c' = k_1[1 - 924v^6(1-v)^6] - (2k_1 - 1)(1-v)^7[(1-v)^5$$
$$+ 12(1-v^4)v + 66(1-v)^3v^2$$
$$+ 220(1-v)^2v^3 + 495(1-v)v^4 + 792v^5]. \qquad (12)$$

Dans le second membre de cette dernière équation on peut, sans erreur sensible, négliger le terme négatif, affecté du facteur $(1-v)^7$: l'élimination de k_1 entre les équations (11) et (12) se fait alors très-simplement, et la racine de l'équation finale en v s'obtient par tâtonnements, avec d'autant plus de facilité que l'on sait d'avance que cette racine ne peut pas différer beaucoup de celle de l'équation (8).

La valeur de V_1 sera toujours donnée par l'équation (9), où l'on pourra écrire v au lieu de v_1. Quoiqu'on ait supposé $v_2 = v_1$, la valeur de V_2 ne se confondra pas avec celle de V_1, à cause que là même majorité n'est pas requise pour l'acquittement et pour la condamnation. On aura

$$V_2 = V_1 + 924v^6(1-v)^6.$$

Sur un nombre N d'accusés, le nombre des accusés acquittés, quoique condamnables, aura pour expression

$$P = k_1(1 - V_1)N, \qquad (13)$$

et celui des accusés condamnés, bien qu'acquittables, sera exprimé par

$$Q = (1 - k_1)(1 - V_2)N, \qquad (14)$$

cette expression devenant nulle, quand on suppose $V_2 = 1$.

217. Dans le mémoire cité [202], nous avons appliqué ces formules à la statistique criminelle des six années

1825-3o, sous l'empire d'une législation qui admettait des verdicts de condamnation à la simple majorité, mais seulement lorsque la majorité des cinq magistrats, formant alors la cour d'assises, s'était réunie à la majorité du jury. On a eu pendant cette période $N = 42\,3oo$; le nombre des condamnés s'est élevé à $25\,777$; mais ce nombre ne peut pas être pris pour $C + C'$, attendu qu'il ne comprend pas les accusés en faveur desquels la majorité de la cour s'est séparée de la majorité du jury. D'un autre côté, la statistique de cette époque ne fait pas connaître directement le nombre C' : on ne peut le calculer qu'indirectement, moyennant une hypothèse qui laisse subsister de l'incertitude sur le résultat. Nous avons conclu de nos calculs $c + c' = 0,621$, $c' = 0,071$, $c = 0,55o$.

Pendant les quatre années 1832-35, sous l'empire de la loi du 4 mars 1831, qui exigeait la majorité de plus de sept voix pour la déclaration de culpabilité, et du nouveau Code pénal qui permet au jury d'abaisser la peine par la déclaration des circonstances atténuantes, on a eu $N = 28\,702$, $C = 17\,116$, d'où $c = 0,596$. On en doit conclure que la faculté accordée au jury de déclarer les circonstances atténuantes, et les autres adoucissements introduits dans la législation pénale, ont accru d'environ $0,046$ le rapport c.

La loi du 9 septembre 1835 a introduit le vote secret, ou plutôt elle l'a rendu facultatif pour les jurés. Elle n'a plus exigé que la majorité simple pour un verdict de condamnation, mais en laissant à la majorité de la cour la faculté d'annuler d'office le verdict de condamnation rendu à la majorité simple, et en obligeant les jurés à mentionner cette circonstance du verdict. Les

Comptes généraux des cinq années 1836-40, écoulées sous cette dernière phase de la législation criminelle, donnent directement les nombres C′, et l'on a les résultats inscrits dans le tableau suivant :

ANNÉES.	(N). NOMBRES des ACCUSÉS POUR CRIMES			(C + C′). NOMBRES des CONDAMNÉS POUR CRIMES			(C′). NOMBRES DES CONDAMNÉS à la simple majorité pour crimes		
	contre les personnes.	contre les propriétés.	sans distinction.	contre les personnes.	contre les propriétés.	sans distinction.	contre les personnes.	contre les propriétés.	sans distinction.
1836	2 072	5 160	7 232	1 132	3 491	4 623	71	150	221
1837	2 141	5 953	8 094	1 114	4 003	5 117	68	121	189
1838	2 189	5 825	8 014	1 229	3 932	5 161	82	114	196
1839	2 256	5 602	7 858	1 275	3 788	5 063	66	166	232
1840	2 108	6 118	8 226	1 233	4 243	5 476	60	125	185
TOTAUX.	10 766	28 658	39 424	5 983	19 457	25 440	347	676	1 023

On en conclut, pour les cinq années, et pour la série totale des accusés, sans distinction de la nature du crime, $c + c′ = 0,645$, $c′ = 0,026$, $c = 0,619$. La valeur du nombre c a crû dans le passage de la seconde phase à la troisième, comme dans le passage de la première phase à la seconde. Quant à la valeur de $c′$, elle se trouve beaucoup plus faible que la valeur calculée (hypothétiquement, il est vrai) pour la période anté-

rieure à 1831 : ce qui donne quelque fondement à
l'opinion que les jurés, sous l'empire de la législation
antérieure, *convenaient* souvent de formuler leur déclaration *à la simple majorité*, lorsqu'il y avait per-
plexité dans leurs esprits, afin d'obliger la cour à se prononcer, et de rejeter sur elle la responsabilité du verdict.

218. Si l'on fait, dans l'équation (8), $c = 0,619$,
$c' = 0,026$, on en tirera, pour l'une des hypothèses
extrêmes $\nu_2 = 1$,

$$\nu_1 = 0,816, \quad \text{d'où} \quad V_1 = 0,987, \quad k_1 = 0,653; \quad (15)$$

ce qui donne, d'après l'équation (13), $P = 335$ accusés
acquittés, quoique condamnables, durant cette période
quinquennale, le nombre total des accusés acquittés
étant 13 984.

L'autre hypothèse extrême $\nu_1 = \nu_2 = \nu$ donne $\nu = 0,817$,
ce qui ne diffère de la valeur précédente de ν_1 que d'une
quantité insignifiante, eu égard à l'ordre d'approximation
que ces déterminations comportent. La même observation s'applique à la valeur de k_1 qui devient 0,652. On
a $V_2 = 0,997$, ce qui donne, d'après l'équation (14),
$Q = 41$ accusés condamnés, quoique acquittables, le
nombre total des condamnés étant 25 440. Il ne faut
pas perdre de vue la définition que nous avons donnée
des mots *condamnable* et *acquittable*, et l'on doit surtout se garder de confondre les accusés acquittables avec
les accusés innocents. Les *Comptes généraux* nous ap-
prennent que, dans ces cinq années, le nombre total
des accusés condamnés à la majorité simple ayant été
de 1023, les cours d'assises ont usé, en faveur de 20 de
ces accusés, du droit que leur confère la loi de 1835.
De ces 20 accusés, réputés acquittables par la majorité

des trois magistrats tenant les assises, 12 ont été acquittés ultérieurement par un autre jury, et 8 ont été condamnés de nouveau, malgré l'influence que l'arrêt antérieur de la cour d'assises devait exercer sur les nouveaux jurés, et quoique les magistrats, comme les jurés, soient d'autant plus enclins à l'indulgence qu'il s'est écoulé plus de temps entre le délit et le jugement.

219. Les résultats précédents se rapportent à la série générale des accusés, sans distinction de catégories, et à l'hypothèse essentiellement fautive où les causes d'erreur agissent toutes d'une manière fortuite et indépendante sur chaque juré. Nous avons vu [207] comment le perfectionnement de la statistique judiciaire, en permettant de subdiviser la série générale des jugements en catégories de plus en plus nombreuses, donne aussi les moyens de faire la part des causes d'erreur dont les juges subissent solidairement l'influence. Ainsi les *Comptes généraux* classent d'abord les accusés en deux grandes catégories, selon qu'il s'agit de crimes qualifiés *contre les personnes*, ou de crimes qualifiés *contre les propriétés*. Chacune de ces catégories se subdivise en plusieurs autres, d'après l'espèce du crime; et une foule d'autres divisions peuvent encore être établies, selon le sexe, l'âge, le degré d'instruction des accusés, leur état de récidive, la nature des peines, etc.

Pour abréger, nous ne nous occuperons que de la distinction entre les accusés de crimes contre les personnes et les accusés de crimes contre les propriétés. Pour les premiers, le tableau donne

$$c + c' = 0{,}556, \quad c' = 0{,}032, \quad c = 0{,}524,$$

et pour les seconds

$$c + c' = 0{,}679, \quad c' = 0{,}024, \quad c = 0{,}655.$$

Nous affecterons d'un ou deux accents les lettres v, k, etc., selon qu'elles se rapportent à la première catégorie ou à la seconde, et nous aurons d'abord, dans l'hypothèse $1 = v'_2 = v''_2$;

$$\begin{aligned} v'_1 &= 0,796; \\ v''_1 &= 0,821; \end{aligned} \Bigg\} \quad \text{d'où} \quad \Bigg\{ \begin{aligned} V'_1 &= 0,979; & k'_1 &= 0,568; \\ V''_1 &= 0,989; & k''_1 &= 0,682. \end{aligned}$$

Il est à remarquer que les grandes différences que présentent les valeurs des données c, c', pour les deux catégories, affectent l'élément k_1 beaucoup plus que l'élément v_1.

Si nous cherchons ce que deviennent, pour la série générale, les valeurs de v_1, k_1, calculées au moyen des valeurs précédentes, et des formules

$$v_1 = k' v'_1 + k'' v''_1, \quad k_1 = k' k_1' + k'' k''_1,$$

dans lesquelles k' désigne le rapport du nombre des accusés de crimes contre les personnes au nombre total des accusés, et k'' le rapport du nombre des accusés de crimes contre les propriétés au même nombre total, nous trouverons

$$\begin{aligned} k' &= 0,2731; \\ k'' &= 0,7269; \end{aligned} \Bigg\} \quad \text{d'où} \quad \Bigg\{ \begin{aligned} v_1 &= 0,814; \\ k_1 &= 0,651. \end{aligned}$$

En comparant ces valeurs avec le système (15), on voit que la différence est très-faible; de sorte qu'on peut regarder les valeurs moyennes des éléments v_1, k_1, pour la série générale, comme déterminées avec une approximation suffisante, d'après la nature des données, sans qu'il soit besoin de multiplier davantage le nombre des catégories.

On a de plus $P' = 127, P'' = 215$, d'où

$$P' + P'' = 342;$$

ce qui diffère peu de la valeur P = 335, fournie par la série générale.

D'après la remarque déjà faite, nous pouvons, sans erreur sensible, ou avec une erreur de l'ordre de celles que comporte l'incertitude des données, prendre les valeurs précédentes de v'_1, v''_1, k'_1, k''_1, pour celles de v', v'', k'_2, k''_2, dans l'autre hypothèse extrême

$$v'_1 = v'_2 = v', \quad v''_1 = v''_2 = v''.$$

Il viendra dans cette hypothèse,

$$\left. \begin{array}{l} V'_2 = 0,996; \\ V''_2 = 0,998; \end{array} \right\} \quad \text{d'où} \quad \left\{ \begin{array}{l} Q' = 19, \\ Q'' = 18, \end{array} \right. \quad Q' + Q'' = 37;$$

au lieu du nombre Q = 41, trouvé pour la série générale. Ce serait tout au plus un accusé sur mille, condamné quoique acquittable, c'est-à-dire, d'après notre définition, quoique la chance d'un vote de condamnation tombât, pour cet accusé, au-dessous de $\frac{1}{2}$.

Dans ce petit nombre d'accusés condamnés, quoique acquittables, il est légitime et consolant de croire que la plupart étaient coupables ; mais nous n'avons aucun moyen d'évaluer, même approximativement, la probabilité de leur culpabilité réelle.

D'un autre côté, cette catégorie d'accusés condamnés, quoique acquittables, ne comprend pas nécessairement tous les accusés qui ont pu être condamnés, quoique innocents. Il n'est malheureusement pas impossible que, pour quelques accusés innocents, la chance d'un vote de condamnation tombe au-dessus de $\frac{1}{2}$, et soit même très-voisine de l'unité. Le calcul appliqué à la statistique judiciaire n'a aucun moyen d'atteindre cette éventualité, et d'en assigner la chance.

220. En terminant ce que nous avions à dire sur cette matière, nous croyons utile d'ajouter encore quelques explications à celles qui ont déjà été données sur la signification des lettres v_1, v_2, et sur le sens de la distinction fondamentale établie entre les accusés condamnables et les accusés acquittables.

Ne considérons d'abord, pour simplifier, que des accusés compris dans une même catégorie, pour lesquels les causes d'erreur agissent toutes d'une manière fortuite et variable d'un juge à l'autre. Admettons aussi qu'à l'égard de ces accusés on puisse ne faire qu'une seule catégorie de tous les citoyens appelés ou susceptibles d'être appelés à remplir les fonctions de juré. Le rapport du nombre des votes de condamnation au nombre des votes d'acquittement sera le même, soit que l'on fasse juger successivement, par un même juré pris au hasard, un très-grand nombre d'accusés, soit qu'on interroge sur le même accusé un très-grand nombre de jurés. Dans l'un et l'autre cas, ce rapport sera $\dfrac{v_1}{v_2}$, v_1 désignant la chance d'un vote de condamnation, et v_2 la chance d'un vote d'acquittement, pour la catégorie d'accusés et pour la catégorie de jurés dont il s'agit.

Donc, puisque nous entendons et devons entendre par accusés condamnables ceux pour lesquels v_1 surpasse $\dfrac{1}{2}$, et par conséquent v_2, les accusés condamnables sont ceux qui seraient certainement condamnés, au moins à la majorité simple, si les débats avaient lieu devant un nombre très-grand de jurés, pour chacun desquels les chances v_1, v_2 conserveraient les mêmes valeurs; et il n'est pas difficile de voir que cette conclu-

sion subsiste encore dans le cas où il n'est plus permis
de supposer que les chances v_1, v_2 conservent les mêmes
valeurs, pour tous les citoyens parmi lesquels le sort
désigne ceux qui doivent remplir les fonctions de juré.

En effet, v_1, v_2 désignent alors des moyennes de la
forme

$$k^{(1)}v_1^{(1)} + k^{(2)}v_1^{(2)} + \text{etc.},$$
$$k^{(1)}v_2^{(1)} + k^{(2)}v_2^{(2)} + \text{etc.},$$

$v_1^{(1)}, v_1^{(2)}\ldots\ldots v_2^{(1)}, v_2^{(2)}\ldots\ldots$ étant les valeurs de v_1, v_2 pour
chaque catégorie de jurés, et $k^{(1)}, k^{(2)}, \ldots\ldots$ expri-
mant, pour chaque catégorie, le rapport du nombre
des citoyens qui la composent au nombre total des citoyens compris sur la liste générale des jurés. Mais, ces
mêmes valeurs moyennes expriment aussi les probabilités
qu'un juré pris au hasard sur la liste générale con-
damnera ou acquittera l'accusé, et quand la première
surpassera $\frac{1}{2}$ (c'est-à-dire, quand l'accusé sera condamnable dans le sens de la définition), on sera sûr que la
condamnation aurait lieu, au moins à la majorité simple,
si l'on pouvait convoquer aux débats un très-grand nombre de jurés, pris au hasard sur la liste générale.

Selon cette manière de définir les quantités v_1, v_2 et
leurs analogues, les questions traitées dans ce chapitre
prennent un sens purement arithmétique, facilement
saisissable, même par les personnes étrangères à l'analyse mathématique, et l'on écarte ces considérations
délicates qui tiennent à l'emploi des mots *vérité* et *erreur*, quand il s'agit de jugements comme ceux que rendent les tribunaux, pour lesquels il n'y a pas en général
de *criterium* de vérité. Néanmoins nous avons cru devoir préférer une méthode au moyen de laquelle la

théorie des jugements des tribunaux se rattache, avec les modifications convenables, à la théorie des chances de vérité et d'erreur, dans les jugements en général, et qui, en facilitant la comparaison de notre analyse avec celle des auteurs qui ont traité le même sujet, rend plus manifestes, suivant nous, les imperfections des théories anciennes, et peut mettre sur la voie des améliorations que comporte celle que nous voudrions y substituer.

221. Bien loin que les dédains de certains légistes pour le calcul des chances judiciaires soit fondé, le point de vue sous lequel le législateur envisage l'organisation des tribunaux est au fond le même que celui du géomètre. Le législateur ne se préoccupe que des résultats moyens et généraux du système qu'il institue; et le géomètre sait que ses formules n'ont de valeur qu'autant qu'elles s'appliquent à de grands nombres, sans qu'elles puissent avoir de prise sur un cas particulier. Le législateur ne peut interroger que la statistique judiciaire, s'il veut trouver la confirmation authentique de ses prévisions; sans la statistique, les formules du géomètre resteraient stériles, ou du moins on n'en pourrait tirer que quelques propositions générales, et non des résultats numériques.

Le législateur sait ou doit savoir que les institutions judiciaires ne préviendront jamais ces méprises fatales qui chargent l'innocence de toutes les apparences du crime; qu'elles n'empêcheront pas, en matière civile, ces erreurs de jurisprudence qui prennent leur source dans un préjugé dominant; que leur unique destination est de garantir un jugement conforme à celui de la majorité des hommes impartiaux et éclairés pour l'époque; d'offrir même en matière criminelle une garantie suffisante que le jugement de condamnation aurait l'assentiment d'une grande majorité ; de restreindre l'influence des anomalies du sort sur la destinée de l'accusé.

Tous les faits que le législateur ne peut atteindre par les combinaisons dont il dispose, le géomètre ne peut pas davantage les soumettre au calcul ; et ce qui est saisissable pour l'un est saisissable pour l'autre, à l'aide des documents statistiques.

De la probabilité des témoignages.

222. Les longues explications dans lesquelles nous sommes entré au sujet de la probabilité des jugements, ne nous laissent que peu de chose à dire concernant la probabilité des témoignages.

Il en est de la faillibilité d'un témoin honnête comme de celle d'un juge intègre : le témoignage de l'un, comme le vote de l'autre, ne peuvent être viciés que par une erreur de jugement. Conséquemment il y a lieu d'appliquer à la probabilité des témoignages, quand les témoins ne sont pas suspects de mauvaise foi, la théorie que nous avons donnée de la probabilité des jugements.

Supposons que la même personne A soit appelée un grand nombre de fois en témoignage, et que, par des moyens quelconques, on puisse distinguer avec certitude les témoignages vrais des témoignages erronés ; soient m le nombre total des témoignages, n celui des témoignages vrais : la fraction $\frac{n}{m} = \nu$ exprimera la chance de la vérité du témoignage pour le témoin A. En d'autres termes, s'il était appelé de nouveau à témoigner, dans des circonstances semblables, le rapport $\dfrac{n_{\mathrm{x}}}{m_{\mathrm{x}}}$ du nombre des témoignages reconnus vrais, au nombre total des témoignages, ne différerait pas sensiblement de la fraction v, pourvu que les nombres m_{x}, n_{x} fussent suffisamment grands, aussi bien que les nombres m et n.

Soit v' l'analogue de v pour un second témoin B; et admettons, comme au n° 193, que les causes qui influent sur la vérité ou sur l'erreur du témoignage de A soient complétement indépendantes de celles qui influent sur la vérité ou sur l'erreur du témoignage de B ; on aura :

1° Pour la probabilité de l'accord des deux témoins,

$$p = 1 - (v + v') + 2vv'; \qquad (\mathrm{I})$$

2° Pour celle de leur désaccord,

$$q = v + v' - 2vv' = 1 - p ;$$

3° Pour la probabilité de la vérité du témoignage, quand ils sont d'accord,

$$V = \frac{vv'}{vv' + (1 - v)(1 - v')};$$

et ainsi de suite. Si les nombres v, v' sont inconnus *à priori*, mais que le nombre p ait été déterminé par l'expérience avec une suffisante exactitude, on saura au moins que les nombres v, v' doivent satisfaire à l'équation de condition (I).

223. Soit un troisième témoin C, pour lequel la chance de la vérité du témoignage est désignée par v''. Concevons que les trois témoins A, B, C soient appelés à témoigner simultanément dans une nombreuse série d'affaires : il pourra arriver que chacun des témoins A, B, C se trouve successivement en opposition avec les

deux autres, ou qu'ils tombent tous trois d'accord. En appelant a, b, c, p, les probabilités de ces quatre combinaisons, on aura [195] :

$$\left.\begin{aligned}
a &= v\,(\mathbf{1} - v' - v'') + v'v'', \\
b &= v'\,(\mathbf{1} - v - v'') + v\,v'', \\
c &= v''(\mathbf{1} - v - v') + v\,v',
\end{aligned}\right\} \tag{II}$$

et $p = \mathbf{1} - (a + b + c)$. Admettons que l'observation ait fait connaître les nombres a, b, c : on pourra tirer des équations (II) les valeurs des chances v, v', v'', dans des cas où la détermination directe de ces chances serait impossible, faute d'un *criterium* pour discerner les témoignages vrais des témoignages erronés. Mais nous ne nous arrêterons pas à discuter les conséquences de cette remarque, comme nous l'avons fait pour la probabilité des jugements proprement dits : et cela par la raison bien simple qu'il n'y a, dans la matière des témoignages, nulle statistique pratiquement possible, et par conséquent nul moyen de convertir les formules en nombres.

Quand le témoin C est opposé à A et à B, la probabilité de l'erreur de C devient

$$\frac{vv'(\mathbf{1} - v'')}{vv'(\mathbf{1} - v'') + (\mathbf{1} - v)\,(\mathbf{1} - v')v''}.$$

Elle se réduit à v, dans le cas de $v' = v''$: les témoignages de B et de C, témoignages contradictoires et d'égale valeur, se neutralisent, et la probabilité de la vérité du témoignage de A reste la même que si les témoignages de B et de C n'existaient pas. Pour entendre cette proposition dans son véritable sens, il faut supposer que, le nombre des épreuves étant très-grand, on a fait un relevé à part des cas où le témoin A s'est trouvé d'accord avec B et en désaccord avec C. Le rapport du nombre des témoignages vrais de A, au nombre total, dans cette série partielle, ne différera pas sensiblement de la valeur ν tirée de la série complète.

Si les trois témoins sont d'accord, la probabilité de la vérité du témoignage prendra la valeur

$$V = \frac{\nu\nu'\nu''}{\nu\nu'\nu'' + (1-\nu)(1-\nu')(1-\nu'')}.$$

En général, quand on a n témoins, tous d'accord, la probabilité de la vérité du témoignage devient ·

$$V = \frac{\nu\nu'\nu''\ldots\nu^{(n-1)}}{\nu\nu'\nu''\ldots\nu^{(n-1)} + (1-\nu)(1-\nu')\ldots(1-\nu^{(n\cdots1)})}.$$

Si toutes les fractions $\nu, \nu',\ldots \nu^{(n-1)}$ surpassent $\frac{1}{2}$, la valeur de V s'approche en général indéfiniment de l'unité pour des valeurs indéfiniment croissantes du nombre n. On peut cependant supposer que $\nu^{(n-1)}$ décroisse, pour des valeurs croissantes de n, en s'approchant indéfiniment de la valeur $\frac{1}{2}$, suivant une loi telle que V converge vers une valeur différente de l'unité.

224. Admettons maintenant que l'on classe les témoignages d'après la nature du fait attesté : il arrivera certainement que la chance de la vérité du témoignage porté par le témoin A, que l'on suppose toujours de bonne foi, ne sera pas la même pour chaque catégorie de faits. L'expérience le démontrerait, si l'on possédait un *criterium* en matière de témoignages, et si l'on pouvait éprouver avec ce *criterium* des séries assez nombreuses de témoignages : mais, au défaut de l'expérience, la connaissance que nous avons des lois de la

nature humaine nous l'indique suffisamment. L'amour
du merveilleux, l'entraînement des préjugés, l'exalta-
tion de l'esprit de secte et de parti, tout ce qui met en
jeu les sympathies et les antipathies du cœur humain,
influera sur les témoins, le plus souvent à leur insu,
fera illusion à leurs sens, égarera leur jugement, et les
exposera à des erreurs involontaires. Tous les auteurs
ont senti la nécessité de tenir compte, dans l'appréciation des témoignages, de la nature du fait attesté ; mais
ils ont raisonné comme s'il fallait combiner la probabilité du fait, abstraction faite de tout témoignage, avec
la probabilité de la vérité du témoignage, supposée la
même pour le même témoin, quelle que soit la nature
du fait attesté, tandis que c'est ce dernier élément qui
varie pour chaque catégorie de faits. Au surplus, l'impuissance où nous sommes d'assigner la loi de la variation, d'une catégorie à l'autre, rend évidemment impraticable toute application numérique.

225. Dans la théorie de la probabilité des jugements,
nous n'avons pas tenu compte explicitement de la possibilité de la prévarication du juge, et nous n'avons pas
fait de distinction entre le jugement intérieur que ses
lumières lui suggèrent, et le vote qu'il émet. Au fond,
cette distinction n'est pas nécessaire, et il est permis
de considérer la chance de prévarication comme une
chance d'erreur du vote ou du jugement extérieur. Sans
même qu'il y ait, à proprement parler, prévarication,
le vote d'un juge ou d'un juré, en matière criminelle,
peut être en opposition avec le jugement qu'il porte
intérieurement : en ce sens, par exemple, qu'un sentiment de pitié le détermine à acquitter l'accusé, et à répondre *non coupable*, quand il croit intérieurement
à sa culpabilité.

Nous pouvons également considérer la chance de prévarication ou de corruption du témoin, comme se confondant avec les autres chances qui influent sur la vérité ou sur l'erreur du témoignage. Dans certaines occasions, et surtout en l'absence de la solennité du serment, le témoin pourra mentir, comme le juré, sans qu'il y ait, à proprement parler, prévarication de sa part, mais parce qu'il croira, à tort ou à raison, avoir de bons motifs de dissimuler la vérité. Les auteurs ont trouvé à propos de faire pour les témoins ce qu'ils n'ont pas fait pour les juges, de distinguer entre la chance d'erreur du témoin et la chance de mensonge, sans doute parce qu'on a bien plus sujet de craindre un mensonge de la part d'un témoin, qu'une prévarication formelle de la part d'un juge; mais cette distinction, dont on peut se passer pour la théorie, est surtout sans utilité dans la pratique, vu l'impossibilité absolue de déterminer numériquement et séparément, tant la chance de mensonge que la chance d'erreur.

Nous n'en dirons pas davantage sur ce sujet, et nous nous garderons de vouloir appliquer le calcul à la probabilité des faits réputés connus par une chaîne de témoignages, ou par la *tradition*. Non-seulement les valeurs des éléments qui entrent dans de tels calculs ne sont nullement assignables, mais les combinaisons mêmes de ces éléments dans le calcul reposent sur des hypothèses gratuites, par lesquelles on établit une indépendance fictive entre des faits réellement solidaires, et dont la solidarité répugne à toute application légitime de la théorie des chances.

CHAPITRE XVII.

DE LA PROBABILITÉ DE NOS CONNAISSANCES, ET DES JUGEMENTS FONDÉS SUR LA PROBABILITÉ PHILOSOPHIQUE. — RÉSUMÉ.

226. Toutes les facultés par lesquelles nous acquérons nos connaissances, sont ou paraissent être sujettes à l'erreur : les sens ont leurs illusions ; l'attention sommeille ; la mémoire est capricieuse ; des fautes de calcul ou de raisonnement nous échappent plusieurs fois de suite. Aussi nous méfions-nous justement de nous-mêmes, et ne regardons-nous comme des vérités acquises que celles qui ont été contrôlées, acceptées par un grand nombre de juges compétents, placés dans des circonstances diverses. A toutes les époques de la philosophie, les sceptiques se sont prévalus de cette maxime du sens commun pour nier la possibilité de discerner le vrai du faux ; tandis que d'autres philosophes en concluaient que nos connaissances, sans être jamais rigoureusement certaines, peuvent acquérir des probabilités de plus en plus voisines de la certitude ; et tandis que d'autres encore regardaient l'assentiment unanime comme l'unique et solide fondement de nos connaissances. Bien que la critique philosophique de la connaissance humaine ne soit pas l'objet de ce livre, nous ne pouvons nous dispenser de dire quelques mots des questions fon-

damentales qu'elle soulève, en tant que ces questions se rattachent à la théorie des chances et des probabilités, dont nous avons voulu indiquer, non-seulement les principes, mais toutes les applications importantes.

Admettons que chacune des facultés par lesquelles la connaissance nous parvient puisse être assimilée à un juge ou à un témoin faillible. Une intelligence supérieure qui en comprendrait tous les ressorts, qui pénétrerait, par exemple, dans le mystérieux artifice de la mémoire, serait capable d'assigner la chance de vérité ou d'erreur attachée au jeu de chaque fonction, à l'emploi de chaque faculté, pour chaque individu et dans telles circonstances déterminées. Elle reconnaîtrait peut-être que, pour certains individus et dans certaines circonstances, la chance d'erreur s'évanouit; car, enfin, rien ne nous autorise à affirmer absolument qu'il n'y a pas d'opération intellectuelle, si simple qu'elle soit, qui ne se trouve affectée d'une chance d'erreur.

Une intelligence à qui manquerait une telle capacité, mais qui serait en possession d'un *criterium* infaillible, pourrait par cela même déterminer expérimentalement les chances d'erreurs inhérentes à l'exercice de chacune de nos facultés, si d'ailleurs elle pouvait effectuer des séries d'expériences assez nombreuses, sous des conditions psychologiques convenablement déterminées; mais elle ne saurait jamais acquérir *à posteriori* la certitude absolue que, sous telles conditions, la chance d'erreur s'évanouit, ou que la possibilité de l'erreur est rigoureusement nulle.

Quand même l'intelligence dont nous parlons ne serait pas en possession d'un *criterium* de vérité, l'observation pourrait la conduire à déterminer numériquement les chances inconnues d'erreur, ou tout au moins des moyennes entre les valeurs que ces chances sont susceptibles de prendre, quand on passe d'une personne à une autre, et d'une catégorie à une autre, pourvu qu'on admît que la chance de vérité surpasse toujours la chance d'erreur : ce qu'il faut nécessairement accorder, si l'on accorde que, dans leur jeu normal, les facultés de l'homme ont pour destination et pour résultat de le conduire à la vérité; de sorte que la perception ou le jugement erronés soient des anomalies, les suites d'un trouble accidentel des facultés et des fonctions. Nous rentrons ainsi dans la théorie mathématique des jugements ou des témoignages, qui a fait l'objet des précédents chapitres.

227. Mais il ne faut pas s'y méprendre : cette théorie serait ici de peu d'intérêt, lors même que nous aurions les lumières nécessaires pour assigner *à priori* les valeurs numériques des chances qui y figurent comme éléments, ou en supposant que nous fussions en état de déterminer expérimentalement ces valeurs; car, ce qui nous importe, c'est de peser dans chaque cas particulier les valeurs des motifs qui nous portent à croire, à refuser ou à suspendre notre assentiment; et la théorie mathématique exposée jusqu'à présent, ne nous fournirait le plus souvent à cet égard que des indications trompeuses.

Supposons, pour prendre un exemple, qu'il ait été parfaitement constaté par l'expérience que deux personnes A et B sont sujettes chacune à se tromper une fois sur vingt dans un calcul numérique, de forme bien déterminée, tel que celui qu'exige l'un des cas de résolution d'un triangle rectiligne : il ne s'ensuivra pas que, lorsque B a contrôlé avec attention le calcul de A et l'a trouvé juste, la probabilité de l'erreur du résultat soit précisément le carré de $\frac{1}{20}$ ou $\frac{1}{400}$. En effet, par cela même que B se propose de contrôler un résultat déjà obtenu, il y a lieu de supposer que son attention est excitée à un plus haut degré, qu'il se prémunit mieux contre les chances d'erreur. Quand même B opérerait dans l'ignorance du résultat trouvé par A et sans intention de contrôle, il serait fort extraordinaire que, parmi toutes les fautes de calcul possibles, il lui échappât précisément celle qui a échappé au calculateur A, ou qu'il lui en échappât une autre, affectant précisément de la même manière le même chiffre du résultat final. En conséquence, si les résultats trouvés par les deux calculateurs concordaient exactement, la probabilité de la justesse du résultat commun, conclue de ces notions de combinaisons et de chances, pourrait être de beaucoup supérieure à $\frac{399}{400}$. Le calcul de cette probabilité serait un problème compliqué, dont la solution dépendrait de la forme du calcul numérique qui a amené les deux résultats concordants, du nombre des chiffres employés, etc. Si, au contraire, les fautes de calcul tenaient à quelque vice de méthode commun aux deux opérateurs, à quelque erreur des tables dont ils se servent, la probabilité d'une erreur commune aux deux résultats concordants pourrait surpasser $\frac{1}{400}$, ou il arriverait plus d'une fois sur 400 que les deux opérateurs tomberaient sur des résultats faux, quoique concordants.

Supposons maintenant que le résultat trouvé par les deux calculateurs satisfasse à une loi simple, suggérée par la théorie, déjà vérifiée pour des cas analogues, et dont on attendait la confirmation : tout le monde s'accordera à regarder comme excessivement peu probable, ou même comme impossible, qu'une erreur fortuite de calcul donne précisément ce qu'il faut pour faire cadrer le résultat avec la loi théorique. On ne doutera point de la justesse du résultat obtenu, et l'on ne s'enquerra point si les deux calculateurs sont sujets à se tromper une fois sur vingt ou une fois sur cent.

228. Nous avons pris pour exemple un calcul numérique, c'est-à-dire la plus mécanique en quelque sorte des opérations intellectuelles; mais il est clair qu'une discussion analogue peut s'appliquer à tous les actes de l'esprit qui ont pour objet la connaissance : bien que l'évaluation des chances d'erreur, tant *à priori* qu'*à posteriori*, paraisse devoir offrir des difficultés d'autant moins surmontables qu'il s'agit d'opérations plus complexes, ou dans lesquelles les facultés mises en jeu tiennent à des ressorts plus cachés de notre organisation intellectuelle.

Il est arrivé aux plus grands géomètres de tomber dans des méprises, et des propositions admises comme vraies, en mathématiques pures, ont été plus tard abandonnées comme fausses ou inexactes. Cependant il serait fort extraordinaire, et par cela seul fort improbable, que tant de géomètres, depuis plus de vingt siècles, se fussent trompés en trouvant irréprochable la démonstration que donne Euclide du théorème de Pythagore. Mais si l'on considère que ce théorème se démontre de plusieurs manières, qu'il se coordonne avec tout un système de propositions parfaitement liées, on aura la plus entière conviction, non-seulement que la démonstration est conforme aux lois régulatrices de la pensée humaine, mais encore que ce théorème appartient à un ordre de vérités subsistantes, indépendamment des facultés qui nous les révèlent, et des lois par lesquelles ces facultés sont régies.

Des remarques analogues peuvent s'appliquer aux témoignages historiques. Nous croyons fermement à l'existence de ce personnage que l'on nomme *Auguste*, non-seulement parce qu'une foule d'historiens en ont parlé et se sont accordés sur les circonstances principales de son histoire, mais encore parce qu'Auguste n'est pas un personnage isolé, et que son histoire rend raison d'une foule d'événements contemporains et postérieurs qui manqueraient de fondement et ne se relieraient plus entre eux, si l'on supprimait un anneau si important de la chaîne historique.

A supposer que quelques esprits singuliers mettent en doute le théorème de Pythagore ou l'existence d'Auguste, notre croyance n'en sera nullement ébranlée : nous n'hésiterons pas à en conclure qu'il y a désordre dans quelques-unes de leurs facultés intellectuelles ; qu'ils sortent des conditions normales dans lesquelles nos facultés doivent fonctionner, pour remplir leur destination.

229. Ce n'est donc pas sur la répétition des mêmes jugements, ni sur l'assentiment unanime ou presque unanime qu'est fondée uniquement notre croyance à certaines vérités : elle repose principalement sur la perception d'un ordre rationnel suivant lequel ces vérités s'enchaînent, et sur la persuasion que les causes d'erreur sont des causes anomales, irrégulières, subjectives, qui

ne pourraient donner naissance à une telle coordination régulière et objective.

En cela consiste le principe de la critique philosophique de la connaissance. Nos sens et en général toutes les facultés par lesquelles nos connaissances s'étendent ou se perfectionnent, sont guidées, contrôlées dans leur exercice par une faculté supérieure et régulatrice que l'on nomme *la raison;* et la raison, considérée dans l'homme, est ce qui le pousse à s'enquérir de la raison des choses, la faculté de percevoir l'enchaînement des causes et des effets, des principes et des conséquences.

Ainsi, les aberrations de la sensibilité chez quelques individus, dans certains états physiologiques anomaux, et celles mêmes qui se reproduisent normalement et périodiquement dans l'état de sommeil, ne sont nullement capables, malgré les objections usées de l'ancien pyrrhonisme, d'ébranler notre foi dans le témoignage des sens. C'est que les notions que les sens nous donnent sur les objets extérieurs, dans l'état de veille et lorsqu'ils fonctionnent normalement, s'accordent parfaitement entre elles; que des impressions de natures diverses, venues par des sens différents, se relient, se systématisent, se coordonnent bien dans les types extérieurs que l'entendement conçoit. C'est que la mémoire constate l'identité des notions que les sens nous ont données, depuis cette période obscure de la première enfance où leur éducation s'est achevée, malgré la variabilité des affections pénibles ou agréables qui ont accompagné pour chacun de nous, aux diverses époques de la vie, la perception des mêmes objets externes. C'est que la même identité, dans la perception des mêmes objets externes, pour tous les hommes jouissant de l'intégrité de leurs facultés , se manifeste clairement dans notre commerce continuel avec nos semblables; tandis qu'il n'y a nulle liaison régulière entre le songe de la veille et celui du lendemain, entre nos songes et ceux des autres hommes. C'est qu'enfin, malgré le peu de connaissance que nous avons du principe de la sensibilité et du jeu de nos fonctions psychologiques, nous en savons assez pour démêler que les perturbations de la sensibilité, dans le sommeil ou dans d'autres circonstances de la vie organique, résultent de la suspension ou de l'oblitération de certaines facultés, de la lésion de certains organes. *Exceptio firmat regulam.*

Quelquefois les sens nous exposent à des illusions qu'on pourrait appeler normales, parce qu'elles sont universellement partagées, et qu'elles ne résultent point d'un trouble accidentel dans l'économie des fonctions. Telles sont les illusions d'optique en vertu desquelles le ciel prend l'apparence d'une voûte aplatie, et la lune nous semble beaucoup plus grande à l'horizon que près du zénith. On a proposé plusieurs explications de ces illusions et de beaucoup d'autres ; mais, lors même qu'elles seraient inexplicables, le concours des autres sens et l'intervention de la raison ne tarderaient pas à rectifier les erreurs de jugement qui peuvent les accompagner d'abord. Dans la contradiction apparente d'une faculté et d'une autre, notre esprit n'éprouve aucun embarras à se décider. Il reconnaît la prééminence d'une faculté sur l'autre, et il n'hésite pas à concevoir les phénomènes de la manière qui se prête seule à une coordination systématique et régulière, de la manière qui satisfait seule aux lois suprêmes de la raison.

230. C'est encore à la raison, conçue comme une faculté juge de toutes les autres, que le philosophe

demande si les notions que le système des facultés inférieures nous donne sur les objets externes de la connaissance ne sont vraies que d'une vérité humaine, accommodée à notre condition, aux lois de notre propre
nature, ou si au contraire ces facultés ont été données
à l'homme pour atteindre, dans une certaine mesure, à
la connaissance effective de ce que les choses sont ex-
térieurement et objectivement.

Nous voyons les astres à travers l'atmosphère terrestre qui dévie les rayons lumineux qu'ils nous envoient,
et en altère pour nous les positions relatives. En vertu
de cette cause perturbatrice, qu'on nomme la réfraction astronomique, les étoiles ne nous semblent plus
décrire autour de l'axe du monde, d'un mouvement uniforme, des cercles parfaits. Mais, lors même que les expériences des physiciens ne nous auraient pas instruits
des lois de la réfraction, il nous eût suffi de remarquer
que les anomalies du mouvement diurne des étoiles
changent avec l'horizon de l'observateur, pour en conclure sans hésitation que ces anomalies ne sont qu'apparentes, qu'elles tiennent aux conditions de l'observation et n'ont aucune réalité objective. Maintenant
admettrons-nous avec Bacon la possibilité d'une telle conformation de l'œil humain, que les positions relatives
des astres, corrigées de la réfraction, s'en trouvent encore faussées, et qu'ainsi les lois du mouvement diurne,
dans leur simplicité imposante, ne soient qu'une illusion? En conclurons-nous que peut-être tout l'édifice
des sciences astronomiques, qui repose sur les lois du
mouvement diurne, pèche par la base? Cette conséquence répugne à la raison; car comment pourrait-il
arriver qu'un vice de conformation de l'œil humain, bien

loin de troubler l'ordre et la régularité des phénomènes extérieurs, y introduisît l'ordre, la régularité, la simplicité qui ne s'y trouveraient pas? Aussi avons-nous la ferme conviction que l'observation ne nous induit point en erreur; que les astres sont rapportés par nous à leurs véritables lieux optiques, après que nous avons tenu compte de la déviation causée par l'interposition de l'atmosphère, et de quelques autres perturbations provenant des mouvements dont la terre est animée.

Si c'était ici le lieu, nous montrerions que des inductions analogues justifient pleinement, aux yeux de la raison la plus sévère, la croyance de sens commun à la réalité objective des notions fondamentales d'espace et de temps, et qu'elles font évanouir les systèmes de l'école sceptique moderne, qui n'a voulu voir dans ces notions que des lois propres à l'esprit humain, des formes de nos pensées, sans réalité extérieure.

231. Dans cette critique de nos facultés intellectuelles et des idées qui en sont le produit, critique qui nous paraît être l'objet essentiel de la spéculation philosophique, l'esprit humain ne procède point par voie de démonstration, comme lorsqu'il s'agit d'établir un théorème de géométrie, ou de faire sortir, par un raisonnement en forme, la conclusion des prémisses. L'existence des corps, la réalité objective de l'espace et du temps ne sont pas choses démontrables; et il en faut dire autant des lois les plus avérées de la physique, de la loi de gravitation, par exemple : car qui empêcherait l'esprit mal fait, qui exige en pareille matière une démonstration géométrique, d'attribuer au hasard l'accord tant de fois constaté entre l'hypothèse newtonienne et l'observation des phénomènes?

Il y a donc, indépendamment de la preuve qu'on appelle *apodictique,* ou de la démonstration formelle, une certitude qu'on appelle *philosophique* ou *rationnelle,* parce qu'elle résulte d'un jugement de la raison, qui, en appréciant diverses suppositions ou hypothèses, admet les unes à cause de l'ordre et de l'enchaînement rationnel qu'elles introduisent dans le système de nos connaissances, et rejette les autres comme inconciliables avec cet ordre rationnel dont l'intelligence humaine poursuit, autant qu'il dépend d'elle, la réalisation au dehors. Ainsi se légitiment, aux yeux de la raison, certaines croyances naturelles et instinctives, pendant que d'autres sont rejetées parmi les préjugés ou les illusions des sens; et en définitive toutes nos connaissances reposent sur cette certitude philosophique, puisqu'il n'y a pas de vérités démontrées qui ne le soient à l'aide de notions ou vérités premières, acceptées et non démontrables.

232. Mais, tandis que la certitude dérivée et secondaire, acquise par la voie de la démonstration logique, est fixe et absolue, n'admettant pas de nuance ni de degré, ce jugement de la raison, sur lequel nous prétendons que repose la certitude des vérités de sens commun, et qui produit sous de certaines conditions une conviction inébranlable, semble dans maintes occasions ne conduire qu'à des probabilités qui vont en s'affaiblissant par nuances insaisissables, et qui n'agissent pas de la même manière sur tous les esprits.

Par exemple, telles théories physiques sont, dans l'état de la science, réputées plus probables que d'autres, parce qu'elles nous semblent mieux satisfaire à l'enchaînement rationnel des faits observés, parce qu'elles sont plus simples ou qu'elles mettent en évidence des analogies plus remarquables ; mais la force de ces analogies, de ces inductions, ne frappe pas au même degré tous les esprits, même les plus éclairés et les plus impartiaux. La raison est saisie de certaines probabilités , qui pourtant ne suffisent pas pour déterminer une entière conviction. Ces probabilités changent par les progrès de la science. Telle théorie combattue finit par obtenir l'assentiment unanime ; mais les uns cèdent plus tard que d'autres : preuve qu'il entre dans les éléments de cette probabilité quelque chose qui varie d'un esprit à l'autre.

Sur d'autres points, nous sommes condamnés à n'avoir jamais que des probabilités. Telle est la question de l'habitation des planètes par des êtres vivants et animés. Nous sommes frappés des analogies que les autres planètes ont avec notre terre ; il nous répugne d'admettre que, dans les plans de la nature, un petit globe perdu au milieu de l'immensité des espaces célestes soit le seul à la surface duquel se développent les merveilles de l'organisation et de la vie ; mais nous ne pouvons guère attendre des progrès de la science aucune lumière nouvelle sur des choses que la nature semble avoir voulu mettre hors de la portée de tous nos moyens d'observation. Tout près de nous relativement, un globe dont les dimensions sont comparables à celles de la terre paraît être placé dans de telles conditions physiques, que nul être organisé, analogue à ceux qui peuplent notre terre, n'y pourrait vivre. Selon que l'esprit sera plus frappé des analogies ou des dissemblances, il adhérera avec plus ou moins de fermeté à l'opinion philosophique de la pluralité des mondes.

233. Cette probabilité subjective, variable, qui parfois exclut le doute, et d'autres fois n'est plus qu'une

lueur vacillante, cette probabilité que nous voudrions nommer *philosophique*, parce qu'elle tient à l'exercice de cette faculté supérieure par laquelle nous nous rendons compte de la raison des choses, doit-elle être réputée au fond la même que la probabilité dont nous nous sommes occupés jusqu'ici, qui tient à la notion des chances et du hasard, ou, comme nous l'avons tant de fois expliqué, à celle de l'indépendance des causes concourantes? Il suffirait que l'identité n'apparût pas clairement, pour qu'on dût, conformément aux règles de la critique philosophique, rester en deçà des réductions possibles, plutôt que de s'exposer à confondre des principes réellement distincts. Voyons si l'on ne peut pas pousser l'analyse jusqu'à faire ressortir formellement cette distinction.

234. Pour mieux fixer les idées, prenons un exemple fictif et très-simple. Supposons qu'une grandeur variable soit susceptible de prendre les valeurs exprimées par la suite des nombres depuis 1 jusqu'à 10 000, et que quatre observations ou mesures de cette grandeur aient donné quatre nombres en progression géométrique : on sera très-porté à croire qu'un tel résultat n'est point fortuit; qu'il n'a pas été amené par une opération comparable à quatre tirages faits au hasard dans une urne qui contiendrait 10 000 billets, sur chacun desquels serait inscrit l'un des nombres de 1 à 10 000; mais qu'il indique au contraire l'existence d'une loi régulière dans la variation de la grandeur mesurée et dans l'ordre de succession des mesures.

Les quatre nombres amenés par l'observation pourraient offrir, au lieu d'une progression de l'espèce de celles qu'on appelle géométriques, une autre loi arithmétique quelconque. Ils pourraient former, par exemple, quatre termes d'une progression par différences égales, ou quatre termes de la série des nombres carrés, cubiques, triangulaires, pyramidaux, etc. Le nombre des lois de ce genre est illimité, et même on pourra toujours en trouver une qui lie entre eux mathématiquement les quatre nombres amenés : c'est ce qu'enseigne la théorie de l'interpolation.

Si pourtant la loi mathématique, à laquelle il faut recourir pour lier entre eux les quatre nombres observés, était d'une expression de plus en plus compliquée, il deviendrait de moins en moins probable, en l'absence de tout autre indice, que la succession de ces nombres n'est pas l'effet du hasard ou du concours de causes indépendantes.

Au contraire, quand la loi nous apparaît comme très-simple, lors même que les nombres observés n'y satisferaient pas rigoureusement, pourvu que les observations soient en nombre suffisant, nous n'hésitons pas à admettre l'existence de la loi, et à imputer aux erreurs de l'observation, ou à quelques causes perturbatrices que la théorie signalera plus tard, les écarts entre les nombres observés et ceux qui satisferaient en rigueur à la loi dont la simplicité nous frappe.

Mais en quoi consiste précisément la simplicité d'une loi? Comment comparer et échelonner, sous ce rapport, les lois infiniment variées que l'esprit est capable de concevoir, et auxquelles, lorsqu'il s'agit de nombres, il est possible d'assigner une expression mathématique? Le problème peut paraître insoluble en soi, et il l'est certainement pour nous, à cause de l'imperfection de nos connaissances.

Lors même qu'il serait soluble, et que la gradation dont nous parlons serait établie, il n'en résulterait nullement un mode d'évaluation numérique de la probabilité de l'existence de la loi à laquelle des observations en nombre limité satisfont rigoureusement ou approximativement.

235. Le système planétaire nous offre un exemple bien remarquable, qui rentre presque exactement dans l'hypothèse abstraite du numéro précédent, et qui peut contribuer encore à éclaircir ce sujet. On a remarqué depuis longtemps que si l'on range les planètes (Mercure excepté) dans l'ordre de leurs distances au Soleil, les intervalles des orbites, ou les différences entre les moyennes distances du Soleil à deux planètes consécutives, suivent à peu près une progression géométrique dont la raison est 2 : de sorte que, si l'on prend pour unité l'intervalle de l'orbite de Vénus à celle de la Terre, les intervalles suivants seront exprimés par les nombres 2, 4, 8, etc., conformément au tableau suivant :

1	2	4	8	16	32
(Vénus)	(La Terre)	(Mars)—	(Vesta, etc.)	(Jupiter)	(Saturne)
—(La Terre).	—(Mars).	(Vesta, Junon,	—(Jupiter).	—(Saturne).—	(Uranus).
		(Cérès et Pallas).]			

Du moins, cette progression, à laquelle les distances moyennes, dans le sens des astronomes, ou les demigrands axes ne satisfont qu'approximativement, se vérifie rigoureusement, *entre les limites des excentricités;* c'est-à-dire qu'on peut assigner, pour chaque planète, une valeur du rayon vecteur comprise entre les distances périhélie et aphélie, telle que la série satisfasse à la progression des intervalles doubles. Il semble bien difficile d'attribuer au hasard un rapport si simple, et de n'y pas voir une loi constitutive du système planétaire, malgré l'ignorance où la théorie nous laisse des causes qui ont présidé à sa formation.

On sait qu'avant la découverte des quatre planètes télescopiques, et même bien avant que celle de la planète Uranus, en ajoutant un nouveau terme à la série, eût singulièrement corroboré la probabilité de la loi dont il s'agit, des esprits éminents, frappés de la lacune que laissait dans la série l'intervalle entre Mars et Jupiter, avaient soupçonné l'existence d'une planète intermédiaire. Par la découverte des quatre planètes télescopiques, dont les distances moyennes au Soleil diffèrent peu entre elles, et qu'on est porté, d'après plus d'un indice, à regarder comme les débris d'une planète détruite, les anciennes conjectures se sont trouvées vérifiées ; et il est devenu bien plus difficile encore de ne voir, dans le fait de la progression des intervalles doubles, qu'une rencontre fortuite.

Cependant la planète de Mercure fait exception, puisque l'intervalle de l'orbite de cette planète à celle de Vénus est sensiblement égal à l'intervalle des orbites de Vénus et de la Terre, tandis qu'il n'en devrait être que la moitié d'après la loi présumée. Afin de sauver cette anomalie, Bode, astronome allemand du dernier siècle, a imaginé de présenter la loi autrement. Si l'on exprime par 10 la distance moyenne de la Terre au Soleil, celle de Mercure au même astre aura sensiblement pour valeur 4, celle de Vénus 4 + 3 ou 7, et la distance d'une planète quelconque au Soleil sera exprimée par la formule

$$4 + 3.2^{i-1}, \qquad (a)$$

i désignant le numéro d'ordre de la planète, *à commencer par Vénus*, ainsi que l'indique le tableau ci-après :

4	7	10	16	28	52	100	196
Mercure.	Vénus.	La Terre.	Mars.	Vesta, Junon, Cérès et Pallas.		Jupiter. Saturne.	Uranus.

Il est visible que la formule (a), à cause de la constante 4 qu'elle renferme, a moins de simplicité qu'une
progression géométrique dont les termes ne subiraient
pas l'addition d'un nombre constant; et qu'en outre
l'anomalie pour Mercure n'est pas sauvée quant au fond,
puisqu'on ne saurait tirer de la formule la distance de
Mercure au Soleil, par l'attribution d'une valeur convenable à l'indice i. D'ailleurs, on peut noter que Mercure fait également exception dans le système des sept
planètes non télescopiques, tant par la grandeur de
l'excentricité de son orbite, presque égale à celle des
orbes de Junon et de Pallas, que par la notable distance
du pôle de son orbite à la région du ciel où sont grou-
pés maintenant les pôles des six autres orbes planétaires
[145 et 156].

Maintenant nous demandons si l'on conçoit la possibilité d'assigner une valeur numérique à la probabilité
de la loi de Bode, présentée sous une forme ou sous
l'autre; si l'on peut tenir compte numériquement de la
confirmation apportée à cette loi par la découverte des
nouvelles planètes, ou de l'infirmation qu'elle reçoit de
l'anomalie pour Mercure? Évidemment, de toute cette
discussion ressortent des probabilités que la philosophie
naturelle ne saurait négliger, qui ne sont pourtant pas
de nature à déterminer une conviction complète, et
qu'il serait chimérique de vouloir exprimer par des
nombres.

236. Quand on remplace les notions de pure arithmétique par des considérations géométriques, les remarques de l'avant-dernier numéro prennent une nouvelle

force. Supposons que dix points déterminés sur une surface plane, par des observations en même nombre, se trouvent appartenir à une circonférence de cercle : on n'hésitera pas à admettre que cette coïncidence n'a rien de fortuit; qu'elle indique une loi d'après laquelle les points observés, et ceux que détermineraient ultérieurement, dans les mêmes circonstances, des observations analogues, doivent effectivement appartenir à une ligne circulaire. Si les dix points s'écartaient fort peu, les uns dans un sens, les autres dans l'autre, d'une circonférence de cercle, on attribuerait les écarts à des erreurs d'observation ou à des causes perturbatrices d'un ordre inférieur, plutôt que d'abandonner la loi.

On serait encore plus frappé du résultat observé, et l'on hésiterait moins à lui attribuer une cause régulière, si le cercle occupait certaines positions remarquables, si, par exemple, son centre coïncidait avec le centre de figure de l'aire plane sur laquelle tous les points doivent se trouver.

Au lieu de tomber sur une circonférence de cercle, les points pourraient être situés sur une ellipse, sur une parabole, sur une infinité de courbes différentes, susceptibles d'une définition géométrique; et même la théorie nous apprend qu'on pourra toujours trouver, parmi les courbes qualifiées de géométriques, une courbe telle, qu'elle passe par tous les points observés, quel qu'en soit le nombre, et lors même que leur détermination individuelle résulterait de causes fortuites et indépendantes.

La probabilité que la détermination des points observés s'opère sous l'influence de causes régulières, dépendra donc de la simplicité qu'on attribuera à la courbe

qui les relie, exactement ou à peu près. Or, incontes-
tablement, toute classification des lignes sous ce rapport
n'est qu'artificielle, soit qu'on se règle sur le degré de
leurs équations, sur le nombre des termes qui les composent, sur celui des paramètres qui y entrent, etc. Une
parabole peut être réputée, à certains égards, une courbe
plus simple qu'un cercle. Une courbe à équation trans-
cendante, une spirale, par exemple, peut être en un
sens regardée comme plus simple, et comme plus propre
à exprimer une loi de la nature dans la production de
certains phénomènes, qu'une infinité de courbes à équations algébriques. Lors donc que le sentiment de la
simplicité d'une courbe observée, par opposition à celui
de l'infinie multitude des courbes possibles, entraîne
un jugement de probabilité, cette probabilité n'est nullement exprimable en nombres, à la manière de celles
qui résultent de l'énumération des cas favorables ou défavorables à la production d'un événement parmi des
cas également possibles, ou entre lesquels du moins
nous n'avons, à cause des données que nous possédons,
aucune raison de préférence.

237. M. Poisson s'est proposé (¹) d'assigner la probabilité qu'un événement *remarquable* est dû à une
cause spéciale, régulière, et non aux combinaisons du
hasard. « Lorsqu'il s'agira, dit-il, de trente boules ex-
« traites d'une urne qui contient des nombres égaux de
« boules blanches et de boules noires, les événements
« *remarquables* seront l'arrivée de 30 boules de la même
« couleur, celle de 30 boules alternativement blanches
« et noires, celle de 15 boules d'une couleur, suivies

(¹) *Recherches sur la probabilité des jugements*, p. 114 et suiv.

« de 15 boules de l'autre couleur, etc. Dans le cas d'une
« trentaine de caractères d'imprimerie, rangés à la suite
« l'un de l'autre, les événements *remarquables* seront
« ceux où ces lettres se trouveront disposées, soit dans
« l'ordre alphabétique, soit dans l'ordre inverse, ou
« bien ceux où elles formeront une phrase de la langue
« française, ou d'une autre langue..... » En partant
de là, et en admettant qu'on connaît le nombre des événements *remarquables*, et celui des événements *non*
remarquables, M. Poisson assigne, d'après les règles
communément admises dans la théorie des probabilités
à posteriori, la probabilité que l'apparition d'un événement remarquable n'est point l'effet du hasard.

Mais le défaut du raisonnement consiste à supposer :
d'une part, qu'on peut tracer une ligne de démarca-
tion entre les événements remarquables et les événement non remarquables ; d'autre part, que les événements réputés remarquables sont remarquables au même
degré, et doivent être placés sur la même ligne. Qui
pourrait dire au contraire, en épuisant toutes les combinaisons possibles sur l'ordre des trente boules, quand
une combinaison cesse d'être *remarquable* ? La combinaison de caractères d'imprimerie, dans laquelle un
voyageur reconnaîtrait quelques mots parlés par une
peuplade sauvage, doit-elle être comptée parmi les combinaisons remarquables, et serait-elle pour nous aussi
remarquable que celle qui nous offrirait des mots usuels
de notre langue ? Regarderions-nous comme également
probable que l'une ou l'autre n'est pas le résultat de
causes fortuites ?

238. Au surplus, dans les deux exemples de M. Pois-
sons, les combinaisons, remarquables ou non, sont en

nombre limité; tandis que nous avons fait voir précédemment que, dans la plupart des cas, un jugement de
probabilité analogue repose sur le caractère de simplicité que présente une loi observée, entre un nombre
infini de lois qui devraient être réputées également
possibles, si la loi donnée par l'observation n'avait
pas une raison intrinsèque d'existence, n'était que le
résultat de la combinaison fortuite de causes indépendantes. Ici les lois remarquables, comme les lois non
remarquables (à supposer qu'on pût faire des unes et
des autres deux catégories tranchées, et mettre sur la
même ligne toutes celles qu'on aurait rangées dans la
même catégorie), seraient en nombre illimité et indéfini; et l'on ne saurait concevoir d'aucune manière que
le rapport de ces deux nombres converge vers une limite
finie et assignable, tandis que les deux termes du rapport
croissent indéfiniment : toute application des notions de
la probabilité mathématique au jugement de probabilité
dont il est question pour le moment, serait donc fausse
et illusoire.

239. Mais, de ce que les géomètres n'ont point à s'occuper de telles probabilités qui résistent à l'application
du calcul, il faut se garder de conclure qu'elles doivent
être réputées sans valeur aux yeux du philosophe. Loin
de là, comme nous l'avons indiqué, toute la critique de
la connaissance humaine, en dehors de la voie étroite
des déductions logiques, repose sur des probabilités de
cette nature, qui tantôt frappent tous les esprits, déterminent ou justifient la conviction irrésistible qu'on appelle *de sens commun,* et dans d'autres cas ne sont
appréciables que par des intelligences exercées. Le géomètre lui-même n'est le plus souvent guidé dans l'inves-

tigation de vérités nouvelles que par des probabilités de cette dernière sorte, qui lui font pressentir la vérité cherchée, avant qu'il n'ait réussi à lui donner l'évidence démonstrative, et à l'imposer sous cette forme à tous les esprits capables d'embrasser une série de raisonnements rigoureux.

240. Résumons en quelques mots les principaux points de doctrine que nous avons pris à tâche d'établir dans cet essai.

1° L'idée de *hasard* est celle du concours de causes indépendantes, pour la production d'un événement déterminé. Les combinaisons de diverses causes indépendantes, qui donnent également lieu à la production d'un même événement, sont ce qu'on doit entendre par les *chances* de cet événement.

2° Quand, sur une infinité de chances, il n'y en a qu'une qui puisse amener l'événement, cet événement est dit *physiquement impossible.* La notion de l'impossibilité physique n'est point une fiction de l'esprit, ni une idée qui n'aurait de valeur que relativement à l'état d'imperfection de nos connaissances : elle doit figurer comme élément essentiel dans l'explication des phénomènes naturels, dont les lois ne dépendent pas de la connaissance que l'homme peut en avoir.

3° Lorsque l'on considère un grand nombre d'épreuves du même hasard, le rapport entre le nombre des cas où le même événement s'est produit, et le nombre total des épreuves, devient sensiblement égal au rapport entre le nombre des chances favorables à l'événement et le nombre total des chances, ou à ce qu'on nomme la *probabilité mathématique* de l'événement. Si l'on pouvait répéter l'épreuve une infinité de fois, il serait physiquement impossible que les deux rapports différassent d'une quantité finie. En ce sens, la probabilité mathématique peut être considérée comme mesurant la *possibilité* de l'événement, ou la facilité avec laquelle il se produit. En ce sens pareillement, la probabilité mathématique exprime un rapport subsistant hors de l'esprit qui le conçoit, une loi à laquelle les phénomènes sont assujettis, et dont l'existence ne dépend pas de l'extension ou de la restriction de nos connaissances sur les circonstances de leur production.

4° Si, dans l'état d'imperfection de nos connaissances, nous n'avons aucune raison de supposer qu'une combinaison arrive plutôt qu'une autre, quoiqu'en réalité ces combinaisons soient autant d'événements qui peuvent avoir des probabilités mathématiques ou des possibilités inégales, et si nous entendons par *probabilité* d'un événement le rapport entre le nombre des combinaisons qui lui sont favorables, et le nombre total des combinaisons mises par nous sur la même ligne, cette probabilité pourra encore servir, faute de mieux, à fixer les conditions d'un pari, d'un marché aléatoire quelconque; mais elle cessera d'exprimer un rapport subsistant réellement et objectivement entre les choses; elle prendra un caractère purement subjectif, et sera susceptible de varier d'un individu à un autre, selon la mesure de ses connaissances. Rien n'est plus important que de distinguer soigneusement la double acception du terme de *probabilité*, pris tantôt dans un sens objectif, et tantôt dans un sens subjectif, si l'on veut éviter la confusion et l'erreur, aussi bien dans l'exposition de la théorie que dans les applications qu'on en fait.

5° La probabilité mathématique, prise objectivement, ou conçue comme mesurant la possibilité des événements amenés par le concours de causes indépendantes, ne peut en général, et lorsqu'il s'agit d'événements naturels, physiques ou moraux, être déterminée que par l'expérience. Si le nombre des épreuves d'un même hasard croissait à l'infini, elle serait déterminée exactement, avec une certitude comparable à celle de l'événement dont le contraire est physiquement impossible. Quand le nombre des épreuves est seulement très-grand, la probabilité n'est donnée qu'approximativement; mais on est encore autorisé à regarder comme extrêmement peu probable que la valeur réelle diffère notablement de la valeur conclue des observations. En d'autres termes, il arrivera très-rarement que l'on commette une erreur notable en prenant pour la valeur réelle la valeur observée.

6° Lorsque le nombre des épreuves est peu considérable, les formules données communément pour l'évaluation des probabilités *à posteriori* deviennent illusoires : elles n'indiquent plus que des probabilités subjectives, propres à régler les conditions d'un pari, mais sans application dans l'ordre de production des phénomènes naturels.

7° Il ne faut pourtant pas conclure de la remarque précédente, que le nombre des épreuves doive toujours être très-grand, pour donner avec une exactitude suffisante et avec un degré suffisant de vraisemblance, les valeurs réelles de la probabilité d'un événement; seulement cette vraisemblance n'équivaudra pas à une probabilité prise dans le sens objectif. On ne pourra pas assigner la chance que l'on a de se tromper, en prononçant que la

valeur réelle tombe entre des limites déterminées : en
d'autres termes, on ne pourra pas assigner le rapport
du nombre des jugements erronés au nombre total des
jugements portés dans des circonstances semblables.

8° Indépendamment de la probabilité mathématique,
prise dans les deux sens admis plus haut, il y a des probabilités non réductibles à une énumération de chances,
qui motivent pour nous une foule de jugements, et même
les jugements les plus importants; qui tiennent principalement à l'idée que nous avons de la simplicité des
lois de la nature, de l'órdre et de l'enchaînement rationnel des phénomènes, et qu'on pourrait à ce titre qualifier de probabilités *philosophiques*. Le sentiment confus de ees probabilités existe chez tous les hommes
raisonnables; lorsqu'il devient distinct, ou qu'il s'applique à des sujets délicats, il n'appartient qu'aux intelligences cultivées, ou même il peut constituer un attribut
du génie. Il fournit les bases d'un système de critique
philosophique entrevu dans les plus anciennes écoles,
qui réprime ou concilie le scepticisme et le dogmatisme,
mais qu'il ne faut pas, sous peine d'aberrations étranges,
faire rentrer dans le domaine des applications de la probabilité mathématique.

FIN.

TABLE

des valeurs de la fonction $P = \dfrac{2}{\sqrt{\pi}} \displaystyle\int_0^t e^{-t^2} dt,$

calculée d'après celle des valeurs de la fonction $\displaystyle\int_t^\infty e^{-t^2} dt$, donnée par Kramp dans l'*Analyse des réfractions astronomiques*, Strasbourg, an VII.

t	P	Différences.	t	P	Différences.
0,00	0,000 00	....	0,20	0,222 70	1086
0,01	0,011 28	1128	0,21	0,233 51	1081
0,02	0,022 57	1128	0,22	0,244 30	1078
0,03	0,033 84	1127	0,23	0,255 02	1072
0,04	0,045 11	1127	0,24	0,265 70	1068
0,05	0,056 37	1126	0,25	0,276 32	1062
0,06	0,067 62	1125	0,26	0,286 90	1058
0,07	0,078 86	1124	0,27	0,297 42	1052
0,08	0,090 08	1122	0,28	0,307 88	1046
0,09	0,101 28	1120	0,29	0,318 28	1040
0,10	0,112 46	1118	0,30	0,328 63	1034
0,11	0,123 62	1116	0,31	0,338 92	1029
0,12	0,134 76	1114	0,32	0,349 13	1021
0,13	0,145 87	1111	0,33	0,359 28	1015
0,14	0,156 95	1108	0,34	0,369 36	1008
0,15	0,168 00	1105	0,35	0,379 38	1002
0,16	0,179 01	1102	0,36	0,389 33	995
0,17	0,189 99	1098	0,37	0,399 21	988
0,18	0,200 94	1094	0,38	0,409 01	980
0,19	0,211 84	1090	0,39	0,418 74	973

t	P	Différences.	t	P	Différences.
0,40	0,428 39	964	0,70	0,677 80	696
0,41	0,437 97	958	0,71	0,684 67	686
0,42	0,447 47	950	0,72	0,691 43	677
0,43	0,456 89	942	0,73	0,698 10	667
0,44	0,466 23	935	0,74	0,704 68	657
0,45	0,475 48	925	0,75	0,711 16	648
0,46	0,484 66	917	0,76	0,717 54	638
0,47	0,493 74	909	0,77	0,723 82	628
0,48	0,502 75	901	0,78	0,730 01	619
0,49	0,511 67	891	0,79	0,736 10	609
0,50	0,520 50	883	0,80	0,742 10	600
0,51	0,529 24	874	0,81	0,748 00	590
0,52	0,537 90	865	0,82	0,753 81	581
0,53	0,546 46	856	0,83	0,759 52	571
0,54	0,554 94	847	0,84	0,765 14	562
0,55	0,563 32	838	0,85	0,770 67	552
0,56	0,571 62	830	0,86	0,776 10	543
0,57	0,579 82	820	0,87	0,781 44	534
0,58	0,587 92	811	0,88	0,786 69	525
0,59	0,595 94	801	0,89	0,791 84	516
0,60	0,603 86	792	0,90	0,796 91	506
0,61	0,611 68	782	0,91	0,801 88	497
0,62	0,619 41	773	0,92	0,806 77	488
0,63	0,627 05	763	0,93	0,811 56	479
0,64	0,634 59	754	0,94	0,816 27	471
0,65	0,642 03	744	0,95	0,820 89	462
0,66	0,649 38	735	0,96	0,825 42	453
0,67	0,656 63	725	0,97	0,829 87	445
0,68	0,663 78	715	0,98	0,834 23	436
0,69	0,670 84	706	0,99	0,838 51	428

t	P	Différences.	t	P	Différences.
1,00	0,842 70	419	1,30	0,934 01	211
1,01	0,846 81	411	1,31	0,936 06	206
1,02	0,850 84	403	1,32	0,938 06	200
1,03	0,854 78	394	1,33	0,940 01	195
1,04	0,858 65	387	1,34	0,941 91	190
1,05	0,862 44	379	1,35	0,943 76	185
1,06	0,866 14	370	1,36	0,945 56	180
1,07	0,869 77	363	1,37	0,947 31	175
1,08	0,873 33	356	1,38	0,949 02	170
1,09	0,876 80	347	1,39	0,950 67	166
1,10	0,880 20	340	1,40	0,952 28	161
1,11	0,883 53	333	1,41	0,953 85	157
1,12	0,886 79	326	1,42	0,955 38	152
1,13	0,889 97	318	1,43	0,956 86	148
1,14	0,893 08	311	1,44	0,958 30	144
1,15	0,896 12	304	1,45	0,959 69	140
1,16	0,899 10	298	0,46	0,961 05	136
1,17	0,902 00	290	1,47	0,962 37	132
1,18	0,904 84	284	1,48	0,963 65	128
1,19	0,907 61	277	1,49	0,964 90	124
1,20	0,910 31	270	1,50	0,966 105	1207
1,21	0,912 96	264	1,51	0,967 276	1171
1,22	0,915 53	258	1,52	0,968 413	1137
1,23	0,918 05	252	1,53	0,969 516	1103
1,24	0,920 50	245	1,54	0,970 585	1069
1,25	0,922 90	240	1,55	0,971 622	1037
1,26	0,925 24	234	1,56	0,972 628	1006
1,27	0,927 51	228	1,57	0,973 602	974
1,28	0,929 73	222	1,58	0,974 546	944
1,29	0,931 90	217	1,59	0,975 461	915

t	p	Différences.	t	p	Différences.
1,60	0,976 348	887	1,90	0,992 790	311
1,61	0,977 206	858	1,91	0,993 089	299
1,62	0,978 038	832	1,92	0,993 378	289
1,63	0,978 842	804	1,93	0,993 655	277
1,64	0,979 621	779	1,94	0,993 922	267
1,65	0,980 375	754	1,95	0,994 179	257
1,66	0,981 104	729	1,96	0,994 426	247
1,67	0,981 810	706	1,97	0,994 663	237
1,68	0,982 492	682	1,98	0,994 891	228
1,69	0,983 152	660	1,99	0,995 111	220
1,70	0,983 790	638	2,00	0,995 3223	2109
1,71	0,984 406	616	2,01	0,995 5248	2025
1,72	0,985 002	596	2,02	0,995 7194	1946
1,73	0,985 578	576	2,03	0,995 9064	1870
1,74	0,986 134	556	2,04	0,996 0859	1795
1,75	0,986 671	537	2,05	0,996 2580	1721
1,76	0,987 190	519	2,06	0,996 4235	1655
1,77	0,987 690	500	2,07	0,996 5821	1586
1,78	0,988 174	484	2,08	0,996 7344	1523
1,79	0,988 640	466	2,09	0,996 8805	1461
1,80	0,989 090	450	2,10	0,997 0206	1401
1,81	0,989 524	434	2,11	0,997 1548	1342
1,82	0,989 943	429	2,12	0,997 2836	1288
1,83	0,990 346	403	2,13	0,997 4070	1234
1,84	0,990 735	389	2,14	0,997 5253	1183
1,85	0,991 111	376	2,15	0,997 6386	1133
1,86	0,991 472	361	2,16	0,997 7471	1085
1,87	0,991 820	348	2,17	0,997 8511	1040
1,88	0,992 156	336	2,18	0,997 9507	996
1,89	0,992 479	323	2,19	0,998 0459	952

t	P	Différences.	t	P	Différences.
2,20	0,998 1371	912	2,50	0,999 593 05	2234
2,21	0,998 2244	873	2,51	0,999 614 29	2124
2,22	0,998 3079	835	2,52	0,999 634 50	2021
2,23	0,998 3878	799	2,53	0,999 653 71	1921
2,24	0,998 4642	764	2,54	0,999 671 98	1827
2,25	0,998 5373	731	2,55	0,999 689 34	1736
2,26	0,998 6071	698	2,56	0,999 705 84	1650
2,27	0,998 6739	668	2,57	0,999 721 51	1567
2,28	0,998 7375	636	2,58	0,999 736 40	1489
2,29	0,998 7986	611	2,59	0,999 750 54	1414
2,30	0,998 8568	582	2,60	0,999 763 96	1342
2,31	0,998 9124	556	2,61	0,999 776 71	1275
2,32	0,998 9655	531	2,62	0,999 788 81	1210
2,33	0,999 0162	507	2,63	0,999 800 29	1148
2,34	0,999 0646	484	2,64	0,999 811 18	1089
2,35	0,999 1107	461	2,65	0,999 821 52	1034
2,36	0,999 1548	441	2,66	0,999 831 31	979
2,37	0,999 1968	420	2,67	0,999 840 60	929
2,38	0,999 2369	401	2,68	0,999 849 41	881
2,39	0,999 2751	382	2,69	0,999 857 76	835
2,40	0,999 3115	364	2,70	0,999 865 67	791
2,41	0,999 3462	347	2,71	0,999 873 16	749
2,42	0,999 3793	331	2,72	0,999 880 26	710
2,43	0,999 4108	315	2,73	0,999 886 98	672
2,44	0,999 4408	300	2,74	0,999 893 35	637
2,45	0,999 4694	286	2,75	0,999 899 38	603
2,46	0,999 4966	272	2,76	0,999 905 08	570
2,47	0,999 5226	260	2,77	0,999 910 48	540
2,48	0,999 5472	246	2,78	0,999 915 59	511
2,49	0,999 5707	235	2,79	0,999 920 42	483

t	P	Différences.	t	P	Différences.
2,80	0,999 924 99	457	2,90	0,999 958 90	258
2,81	0,999 929 31	432	2,91	0,999 961 34	244
2,82	0,999 933 39	408	2,92	0,999 963 65	231
2,83	0,999 937 25	386	2,93	0,999 965 82	217
2,84	0,999 940 90	365	2,94	0,999 967 86	204
2,85	0,999 944 34	344	2,95	0,999 969 80	194
2,86	0,999 947 60	326	2,96	0,999 971 62	182
2,87	0,999 950 67	307	2,97	0,999 973 33	171
2,88	0,999 953 58	291	2,98	0,999 974 95	162
2,89	0,999 956 32	274	2,99	0,999 976 47	152

$$t = 3,00 \qquad P = 0,999\ 977\ 909\ 3\ldots$$
$$4,00 \qquad 0,999\ 999\ 984\ 582\ 8\ldots$$
$$5,00 \qquad 0,999\ 999\ 999\ 998\ 432\ 53\ldots$$

TABLE DES CHAPITRES.

ERRATA.

PAGES.	LIGNES.	FAUTES.	CORRECTIONS.
21	16	4 194 304	1 073 741 824
43	18	N — N	N — N'
128	21	$14'',4$	$15'',2$
271	15	$45'',6$	$44''8$

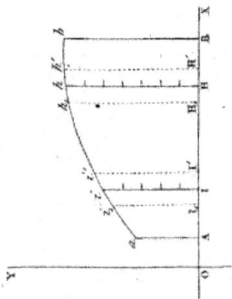

Fig. 6.

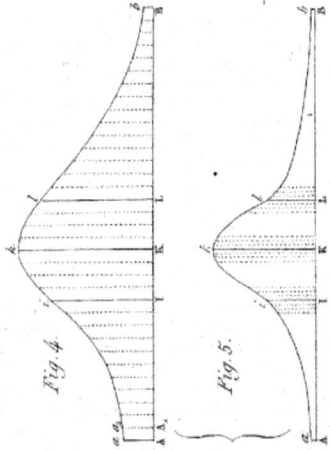

Fig. 4.

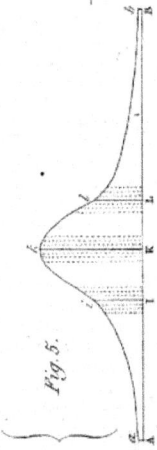

Fig. 5.

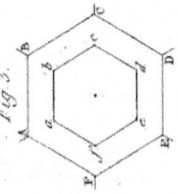

Fig. 3.

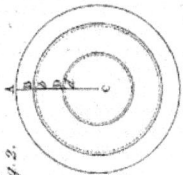

Fig. 2.

Fig. 1.

Fig. 13.

Fig. 14.

Fig. 20.

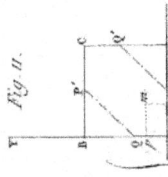

Fig. 11.

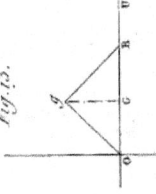

Fig. 12.

Fig. 19.

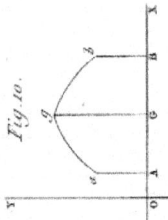

Fig. 10.

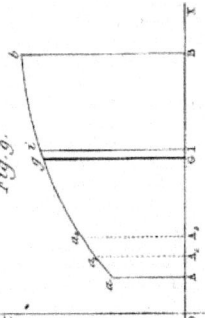

Fig. 9.

Fig. 7.

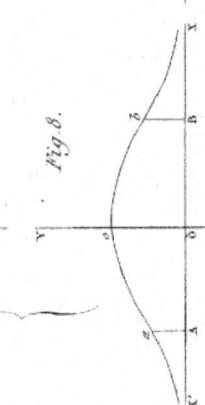

Fig. 8.

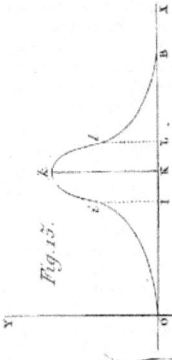

Fig. 15.

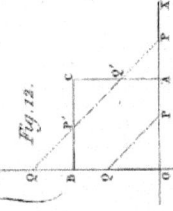

Fig. 17.

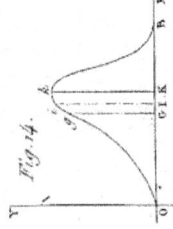

Fig. 18.

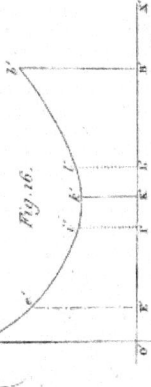

Fig. 16.

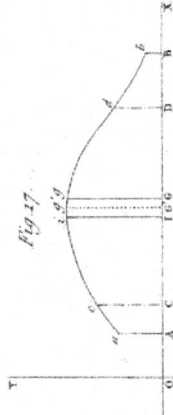

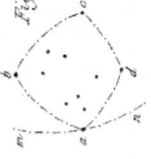

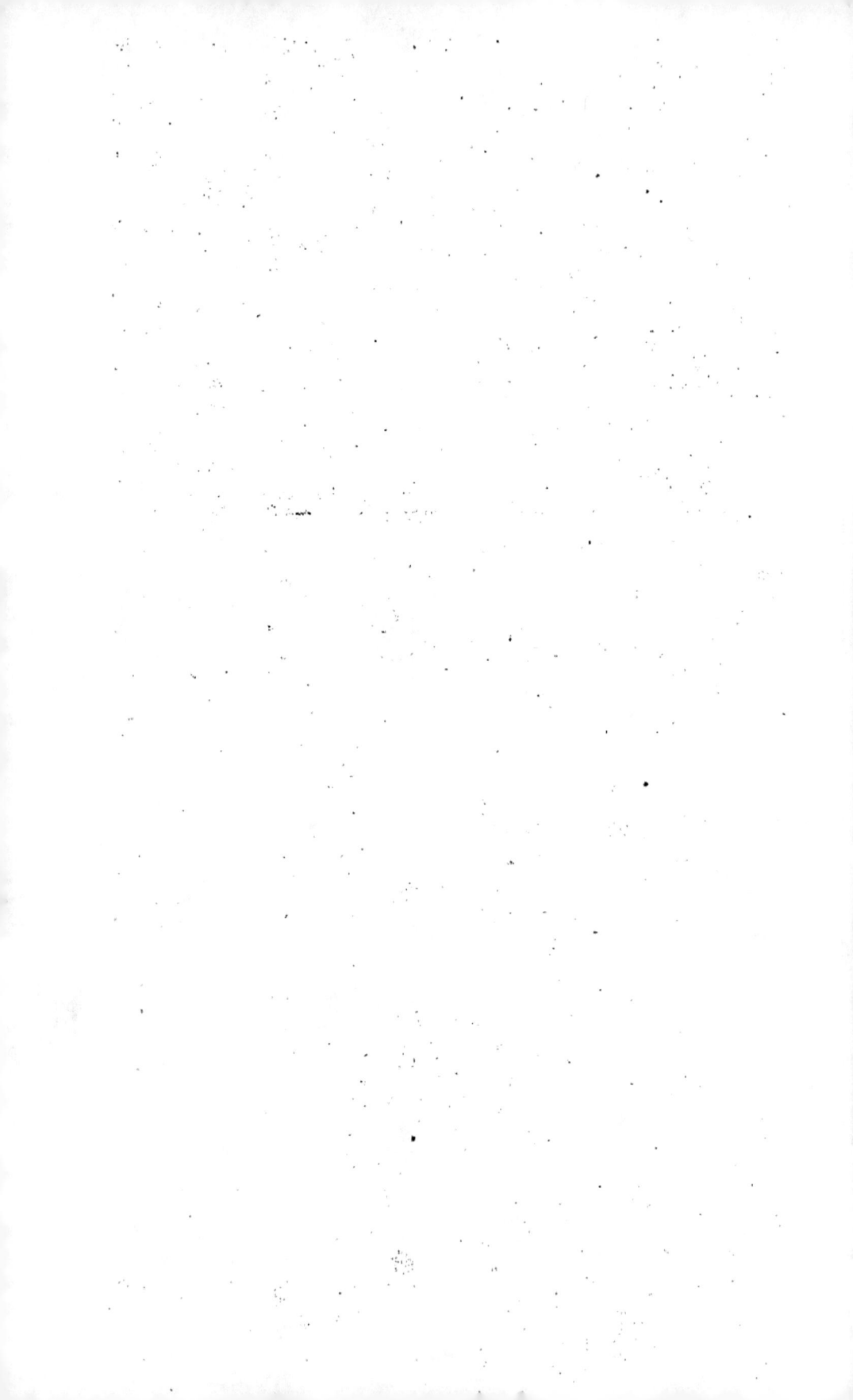

www.ingramcontent.com/pod-product-compliance
Lightning Source LLC
Chambersburg PA
CBHW060522220326
41599CB00022B/3401